高等职业教育系列教材
新能源专业系列

分布式发电及微电网应用技术

主　编　胡　平　杨洪权
副主编　段　峻　王学奎
参　编　桑宁如　白　彬

机械工业出版社

本书全面系统地介绍了分布式能源及微电网的基本概念、关键技术、相关标准、实用设计方法和原则，同时对典型工程设计实例进行了讲解和分析。全书共 8 章，内容包括分布式发电、微电网技术、微电网的保护策略、微电网的监控与能量管理、分布式电源并网与控制、微电网的储能系统、电力系统动态模拟及能源互联网。本书内容全面、通俗易懂，对推广微电网技术将起到很好的推动作用。

　　本书旨在为本领域的同行提供可借鉴的相关理论和经验，可以作为高职院校光伏发电技术及应用、电气自动化技术、供用电技术、应用电子技术等专业的教材，同时可以作为企业对员工的岗位培训教材，也可供高等院校电气工程类专业师生、省市级电网运行与调度工作者及科研院所工程技术人员参考学习。

　　本书配有授课电子课件，需要的教师可登录 www. cmpedu. com 免费注册、审核通过后下载，或联系编辑索取（QQ：1239258369，电话：010-88379739）。

图书在版编目（CIP）数据

分布式发电及微电网应用技术/胡平，杨洪权主编 .—北京：机械工业出版社，2018.8（2025.1重印）
高等职业教育系列教材
ISBN 978-7-111-60837-0

Ⅰ . ①分… Ⅱ . ①胡… ②杨… Ⅲ . ①发电-高等职业教育-教材 ②电网-高等职业教育-教材 Ⅳ . ①TM6 ②TM727

中国版本图书馆 CIP 数据核字（2018）第 205121 号

机械工业出版社（北京市百万庄大街22号　邮政编码100037）
策划编辑：鹿　征　　　　　责任编辑：鹿　征
责任校对：樊钟英　佟瑞鑫　责任印制：张　博
北京建宏印刷有限公司印刷
2025 年 1 月第 1 版第 8 次印刷
184mm×260mm · 12 印张 · 296 千字
标准书号：ISBN 978-7-111-60837-0
定价：49.00 元

电话服务　　　　　　　　网络服务
客服电话：010-88361066　机 工 官 网：www. cmpbook. com
　　　　　010-88379833　机 工 官 博：weibo. com/cmp1952
　　　　　010-68326294　金 书 网：www. golden-book. com
封底无防伪标均为盗版　机工教育服务网：www. cmpedu. com

高等职业教育新能源专业系列教材

编委会成员名单

组　长	杨卫军	陕西工业职业技术学院
副组长	孙学耕	厦门海洋职业技术学院
编　委	孙晓雷	芜湖职业技术学院
	夏东盛	陕西工业职业技术学院
	黄建华	湖南理工职业技术学院
	梁　强	德州职业技术学院
	郭　勇	福建信息职业技术学院
	刘　勇	山东电子职业技术学院
	周宏强	山东理工职业技术学院
	陈祥章	徐州工业职业技术学院
	马宏骞	辽宁机电职业技术学院
	杨国华	无锡商业职业技术学院
	李万军	西安航空职业技术学院
	阎秀婧	甘肃林业职业技术学院
	杜　辉	北京电子科技职业学院
	桑宁如	杭州瑞亚教育科技有限公司

前　言

微电网是一种集合了微电源、负荷、储能系统及控制装置的一种区域型电网结构。相比于传统的大电网建设来说，微电网是一个能够实现自我保护、控制、管理的自治系统，而且除了孤立运行，还能够实现和外部网络的连接。其主要特点是通过多个分布式电源以及对应的负载按照一定的网络拓扑方法构建新型网络，并且借助于静态开关实现和传统电网连接。因此微电网的开发以及延伸技术能够促进分布式电源以及可再生能源的大规模组网，能够实现多种能源形式的供给组织可靠性以及稳定性的提高，是当前最为有效的主动式配电网方式，同时也是传统电网向智能电网过渡的重要技术。

微电网技术有着广阔的市场前景，欧美等发达国家均已经开展了相关的技术研究，而且已经在概念验证、方案控制、运行特性等方面取得了较好的突破。近两年，随着智能电网建设的推进，微电网技术引起了业内技术人员的极大兴趣和关注，微电网自治、友好的特征为其进一步推广和应用提供了技术基础，尤其是随着微电网技术的不断发展和成熟，微电网在未来智能电网建设中的自愈、用户侧互动以及需求响应等方面的作用越来越重要。而随着新能源发电技术的广泛应用，微电网也越来越向更高电压等级、更大容量和规模发展。

本书立足于微电网技术的基本特征和编者多年来从事微电网系统关键技术研究的成果，从应用角度出发，介绍了微电网系统的分布式能源及微电网系统结构、控制技术、保护机理、能量管理与调度，以及基于微电网架构的能源互联网技术，最后通过微电网示范工程的介绍，将上述理论和实践相结合，为工程技术人员提供工程设计参考。

本书是校企合作、共同开发的成果，杭州瑞亚教育科技有限公司为本书提供了翔实的工程技术案例和实验设备，给予了大力支持。

本书由陕西工业职业技术学院的胡平和杨洪权两位博士担任主编，陕西工业职业技术学院段峻老师和广东机电职业技术学院王学奎老师担任副主编，杭州瑞亚教育科技有限公司桑宁如老师、白彬老师参与编写。长安大学电子信息工程学院电气工程系段晨东教授和张彦宁副教授、陕西工业职业技术学院季三飞老师和谭王景老师为本书提出了不少宝贵的意见和建议；在编写过程中，参考了国内外大量的微电网技术领域论文和专著，在此一并表示感谢。此外，本书部分仿真和试验图例源于编者研究的实际项目成果。

微电网技术属于学科跨度大、技术不断创新的领域，很多关键技术和路径还在不断的探索和研发过程中，限于编者自身的知识水平，书中难免存在一些疏漏之处，恳请读者指正。

编　者

目　录

第 1 章 分布式发电

本章简介

本章主要介绍分布式发电的基本概念以及发展意义，详细介绍了不同种类的分布式电源，包括燃气轮机、内燃机、微电机发电，光伏发电，燃料电池发电，生物质发电，风力发电和分布式储能技术。在此基础上，介绍了分布式电源的并网要求和保护控制，最后简单说明了分布式发电尤其是清洁能源的良好的应用前景。

1.1 分布式发电的基本概念

到目前为止，国内外还没有分布式发电（Distributed Generation，DG）统一的和严格的定义。由于这种发电技术正处于发展期，因此在概念和名称术语叙述和采用上尚未完全统一。CIGRE 欧洲工作组 WG37 - 33 将分布式电源定义为：不受供电调度部门的控制、与 77kV 以下电压等级电网联网、容量在 100MW 以下的发电系统。英国则采用"嵌入式发电"（Embedded Generation）的术语，但文献中较少使用。此外，有的国外文献和教科书将容量更小、分布更为分散的（如小型户用屋顶光伏发电及小型户用燃料电池发电等）称为分散发电（Dispersed Generation）。本教程所采用的 DG 和 DR 的术语，与 IEEE1547 -2003《分布式电源与电力系统互联》中的定义相同。

分布式发电通常是指分散安装在用电负荷附近，或满足电网运行要求接入配电网，出力在几十千瓦到几十兆瓦的中小型发电形式。分布式发电也称为分散式发电或分布式供能。分布式电源（Distributed Resource，DR）是指分布式发电与储能装置（Energy Storage，ES）的联合系统（DR = DG + ES）。它们的规模一般都不大，所用的能源包括天然气（含煤气、沼气）、太阳能、生物质能、氢能、风能、小水电等洁净能源或可再生能源，而储能装置主要为蓄电池，还可能采用超级电容、飞轮储能等。此外，为了提高能源的利用效率同时降低成本，往往采用冷热电联供（Combined Cooling Heating and Power，CCHP）的方式或热电联产（Combined Heat and Power，CHP 或 Co - generation）的方式。因此，国内外也常常将冷、热、电等各种能源一起供应的系统称为分布式能源（Distributed Energy Resource，DER）系统，而将包含分布式能源的电力系统称为分布式能源电力系统。由于能够大幅提高能源利用效率、节能、多样化地利用各种洁净能源和可再生能源，未来分布式能源系统的应用将会越来越广泛。分布式发电直接接入配电系统（380V 或 10kV 配电系统，一般低于 66kV 电压等级）并网运行较为多见，但也有直接向负荷供电而不与电力系统相连，形成独立供电系统（Stand - alone System），或形成所谓的孤岛运行方式（Islanding Operation Mode）。采用并网方式运行，一般不需要储能系统，但采取独立（无电网孤岛）运行方式时，为保持小型供电系统的频率和电压稳定，储能系统往往是必不可少的。

目前，分布式发电的概念常常与可再生能源发电和热电联产的概念发生混淆，有些大型的风力发电和太阳能发电（光伏或光热发电）直接接入输电电压等级的电网，则称为可再生能源发电而不称为分布式发电；有些大型热电联产机组，无论其为燃煤机组或燃气机组，它们都直接接入高压电网，进行统一调度，属于集中式发电，而不属于分布式发电。

1.2　分布式发电技术

分布式发电技术利用各种可用资源进行小规模的分布式发电，其分类方式有多种。按使用的能源分类，分布式发电技术可分为：①利用可再生能源发电，如光伏发电技术、风力发电技术、生物质发电技术；②燃用化石能源发电，如燃气轮机、内燃机、微燃机发电技术，燃料电池发电技术；③利用二次能源及垃圾燃料等发电，如氢能发电技术。

1.2.1　光伏发电技术

光伏（Photo - Voltaic，PV）发电技术是一种将太阳光辐射能通过光伏效应，经光伏电池直接转换为电能的发电技术，它向负荷直接提供直流电或经逆变器将直流电转变成交流电供人们使用。光伏发电系统除了其核心部件光伏电池、电池组件、光伏阵列外，往往还有能量变换、控制与保护以及能量储存等环节。光伏发电技术经过多年发展，目前已获得很大进展，并在多方面获得应用。目前的光伏发电系统大多为小规模、分散式独立发电系统或中小规模并网光伏发电系统，基本上均属于分布式发电的范畴。光伏发电系统的建设成本至今仍然很高，发电效率也有待提高，目前商业化单晶硅和多晶硅的电池效率为13%～17%（薄膜光伏电池的效率为7%～10%），影响了光伏发电技术的规模应用。但由于光伏发电是在白天发电，它所发出的电力与负荷的最大电力需要有很好的相关性，因此今后必将获得大量应用。

太阳能光伏发电的原理主要是利用半导体的光生伏打效应。太阳能电池实际上是由若干个 p-n 结构成的。当太阳光照射到 p-n 结时，一部分被反射，其余部分被 p-n 结吸收，被吸收的辐射能有一部分变成热，另一部分以光子的形式与组成 p-n 结的原子价电子碰撞，产生电子空穴对，在 p-n 结势垒区内建电场的作用下，将电子驱向 n 区，空穴驱向 p 区，从而使得 n 区有过剩的电子，p 区有过剩的空穴，在 p-n 结附近就形成与内建电场方向相反的光生电场。光生电场除一部分抵消内建电场外，还使 p 型层带正电，n 型层带负电，在 n 区和 p 区之间的薄层产生光生电动势，这种现象称为光生伏打效应。若分别在 p 型层和 n 型层焊上金属引线，接通负载，在持续光照下，外电路就有电流通过，如此形成一个电池元件，经过串并联，就能产生一定的电压和电流，输出电能，从而实现光电转换。

单体光伏电池的输出电流、电压和功率分别只有几安、几伏和几瓦，即使组装成组件，将电池串联、并联起来，输出功率也不大。使用时往往将多个组件组合在一起，形成所谓的模块化光伏电池阵列。

光伏发电具有无需燃料、环境友好、无转动部件、维护简单、维护费用低、由模块组成、可根据需要构成及扩大规模等突出优点，其应用范围十分广泛，如可用于太空航空器、通信系统、微波中继站、光伏水泵、边远地区的无电缺电区以及城市屋顶光伏发电等。光伏发电系统由光伏电池阵列、控制器、储能元件（蓄电池组等）、直流-交流逆变器（DC - AC

2

逆变器）、配电设备和电缆等组成，如图1-1所示。

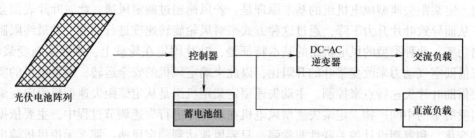

图 1-1 光伏发电系统示意图

一般可将光伏发电系统分为小规模分散式独立供电系统和中小规模并网发电系统，以及光伏发电与小风电和柴油发电机等构成的混合供电系统。并网系统可不用蓄电池等储能元件，但独立供电系统中的储能元件是不可缺少的，因此光伏发电系统各部分的作用和功能对不同系统而言并不完全相同。

1.2.2 风力发电技术

我国自20世纪50年代开始实施风力发电，最初是用于农村和牧区的家庭自用小风力发电机，之后在新疆、内蒙古、吉林、辽宁等省建立了一些容量在10kW以下的小型风电场，还在西藏、青海等地建立了一些由小型风力发电、光伏发电和柴油机发电共同构成的联合发电系统。这些小型发电系统往往远离大电力系统而以分散的独立小电力系统的形式运行，因此可归入分布式发电的范畴。在国外，也有在城市郊区建设少量（几台）大单机容量（1MW以上）的风力发电机组，并接入低压配电网。这些风力发电也可归入分布式发电的范畴。

风能是一种干净的、储量丰富和可再生的能源。风能发电的主要形式有两种：一是独立运行，二是风力并网发电。小型独立风力发电系统一般不并网发电，只能独立使用，单台装机容量约为100W~5kW，通常不超过10kW。风力发电机由机头、转体、尾翼、叶片组成。叶片用来接受风力并通过机头转为电能；尾翼使叶片始终对着来风的方向从而获得最大的风能；转体能使机头灵活地转动以实现尾翼调整方向的功能；机头的转子是永磁体，定子绕组切割磁力线产生电能。因风量不稳定，故小型风力发电机输出的是13~25V变化的交流电，须经充电器整流，再对蓄电瓶充电，使风力发电机产生的电能变成化学能。然后用有保护电路的逆变电源，把电瓶里的化学能转变成交流220V市电，才能保证稳定使用。

目前商用大型风力发电机组一般为水平轴风力发电机，它由风轮、增速齿轮箱、发电机、偏航装置、控制系统、塔架等部件所组成。风轮的作用是将风能转换为机械能，它由气动性能优异的叶片（目前商业机组一般为2~3个叶片）装在轮毂上所组成，低速转动的风轮通过传动系统由增速齿轮箱增速，将动力传递给发电机。上述这些部件都安装在机舱平面上，整个机舱由高大的搭架举起，由于风向经常变化，为了有效地利用风能，必须要有迎风装置，它根据风向传感器测得的风向信号，由控制器控制偏航电机，驱动与塔架上大齿轮咬合的小齿轮转动，使机舱始终对风。工作原理是：当风流过叶片时，由于空气动力的效应带动叶轮转动，叶轮透过主轴连接齿轮箱，经过齿轮箱（或增速机）加速后带动发电机发电。目前也有厂商推出无齿轮箱式机组，可降低震动、噪音，提高发电效率，但成本相对较高。

以调节方式作为标准进行划分，大型风电机组可以分为3类：定桨失速、变桨变速、主动失速。定桨距失速型风电机组的基本原理是：若风速超过额定风速，此时叶片表面会出现漩涡，从而导致叶片升力下降，通过这种方式来对风轮旋转速度进行调节，并最终限制发电机输出功率。此种类型的风电机组的基本特征是，叶片固定在轮载上，难以实施变桨调节，仅可以借助空气动力来改变桨叶的升阻比，以此来确定风机的安全运转，而发电机的实际输出主要借助叶片失速特点来控制。主动失速型定桨距机组是从定桨距失速型机组向变桨距控制机组发展中的中间产物。定桨失速型风电机在对叶片进行失速调节过程中，主要依据的是风速的变化，和翼型设计的关联性非常强，只要风速达到额定风速，那么无论风机输出功率如何，叶片都会产生失速现象，因此，在风机失速的时候，风机输出功率的取值并不固定。鉴于此，主动失速型风电机组被人们发明出来，该风电机组的基本特征是：基本设计和定桨失速型风电机组类似，但在控制系统与叶片结构当中，设计了主动失速桨距角调节功能。变桨变速型风电机组该风电机组的基本特点是：风机叶片借助轮毂和回转支承来装配，通过变桨控制系统的调节，叶片能够进行绕轴转动，在对叶片桨距角进行调节以后，风机的功率也会发生相应的调整。

1.2.3　生物质发电技术

生物质（Biomass）能源由于其数量巨大，环境污染小，并具有可再生性，成为目前比较好的选择之一。生物质能发电是生物质能利用的主要方式之一，它主要利用农业、林业和工业废弃物、甚至城市垃圾为原料，采取直接燃烧或气化等方式发电。生物质（Biomass）发电系统是以生物质为能源的发电工程总称，包括沼气发电、薪柴发电、农作物秸秆发电、工业有机废料和垃圾焚烧发电等。这类发电的规模和特点受生物质资源的制约。可用于转化为能源的主要生物质资源包括薪柴、农作物秸秆、人畜粪便、酿造废料、生活和工业的有机废水及有机垃圾等。生物质发电系统装置主要包括以下几部分。

1）能源转换装置。不同生物质发电工程的能源转换装置是不同的，如垃圾焚烧电站的转换装置为焚烧炉，沼气发电站的转换装置为沼气池或发酵罐。

2）原动机。如垃圾焚烧电站用汽轮机，沼气电站用内燃机等。

3）发电机。

4）其他附属设备。

生物质发电的工艺流程如图1-2所示。

图1-2　生物质发电系统工艺流程

生物质发电的优点包括：①生物质是可再生的，因此其能源资源不会枯竭；②粪便、垃圾、有机废弃物对环境是有污染的，大量的农作物秸秆在农田里燃烧会造成大气污染和一定的温室效应，如用于发电则可化害为利，变废为保；③由于生物质资源比较分散，不易收集，能源密度低，因此所用发电设备的装机容量一般也较小，比较适合作为小规模的分布式发电，体现了发展循环经济和能源综合利用的方针，是能源利用的极好形式，同时也解决了部分电力需求。

针对当前我国生物质能发电转换规模小、资源利用率低的现状，相关部门可以采取以下措施：①加大可再生资源开发的宣传力度。通过文字、图片、影视、现场试验、实地参观等感性的方式向广大的群众宣传，提高他们对可再生资源的认识，理解生物质发电对国家、社会和个人的作用。②政府支持，法律保障。我国的生物质能发电尚处于发展初期，还有许多的困难需要克服，其益于环境的外部经济性往往无法通过市场调节来实现。此外，建议通过立法，强制电力公司建设供应或购买（上网）再生能源电力，以吸引民间资本，提高生物质能发电投资商的信心。③加快对国外先进技术、装置的吸收转化，提高技术水平。在引进国外技术设备的同时，应积极进行消化吸收和技术改进，以适应我国国情。同时，应积极加大我国在生物质方面的研究力度，在政策上和资金上大力支持。④示范试点，逐步推广。逐步加强示范推广工作，确定并扶持一批可再生能源开发利用的示范点或示范区，在获取足够多的经验后，再逐步推广。

1.2.4　燃气轮机、内燃机、微燃机发电技术

燃气轮机、内燃机、微燃机发电技术是以天然气、煤气层或沼气等为常用燃料，以燃气轮机（Gas Turbine 或 Combustion Turbine）、内燃机（Gas Engine 或 Internal Combustion Reciprocating Engines）和微燃机（Micro-turbine）等为发电动力的发电系统。

1. 燃气轮机

燃气轮机是以连续流动的气体为工质带动叶轮高速旋转，将燃料的能量转变为有用功的内燃式动力机械，是一种旋转叶轮式热力发动机。燃气轮机的工作过程是，压气机（即压缩机）连续地从大气中吸入空气并将其压缩；压缩后的空气进入燃烧室，与喷入的燃料混合后燃烧，成为高温燃气，随即流入燃气涡轮中膨胀做功，推动涡轮叶轮带着压气机叶轮一起旋转；加热后的高温燃气的做功能力显著提高，因而燃气涡轮在带动压气机的同时，尚有余功作为燃气轮机的输出机械功。燃气轮机由静止起动时，需用起动机带着旋转，待加速到能独立运行后，起动机才脱开。

燃气轮机有轻型燃气轮机和重型燃气轮机两种类型。轻型燃气轮机为航空发动机的转型，有装机快、体积小、启动快、快速反应性能好、简单循环效率高，适合在电网中调峰、调节或应急备用。重型燃气轮机为工业型燃机，优点是运行可靠、排烟温度高、联合循环效率高，主要用于联合循环发电、热电联产。

燃气轮机技术十分成熟，其性能也在逐步改进、完善。一般大容量的燃气轮机（如30MW以上）的效率较高，即使无回热利用，效率也可达40%。特别是燃气-蒸汽联合循环发电技术更为完善，目前已有燃气、蒸汽集于一体的单轴机组，装置净效率可提高到58%～60%。这种联合循环式燃气余热的蒸汽轮机具有凝汽器、真空泵、冷却水系统等，使结构趋于复杂，因此容量小于10MW的燃气轮机往往不采用燃气-蒸汽联合循环的发电方式。燃气轮机发电的优点是：每兆瓦的输出成本较低，效率高，单机容量大，安装迅速（只需几个月时间），排放污染小，启动快，运行成本低，寿命较长。目前，以天然气为燃料的燃气轮机应用极其广泛。

2. 内燃机

内燃机是通过在热功转换空间内部的燃烧过程将燃料中的化学能转变为热能，并通过一定的机构使之再转化为机械功的一种热力发动机。

内燃机的工作原理是将燃料与压缩空气混合，点火燃烧，使其推动活塞做功，通过气缸连杆和曲轴驱动发电机发电。由于较低的初期投资，柴油发电机在容量低于5MW的发电系统中占据了主导地位。然而随着对排放的要求越来越高，天然气内燃机的市场占有量不断提升，其性能也在逐步提高。在效率方面，相同转速条件下，柴油发电机有较高的压缩比，因而具有更高的发电效率。天然气内燃机发电机组瞬时负荷的反应能力较差，但却能较好地对恒定负荷供电。柴油发电机由于其较高的功率密度，在同样的输出功率下，比天然气内燃机发电机体积更小；对于相同的输出功率，柴油发电机比天然气内燃机发电机更经济。然而，由于按产生相同热量比较，天然气较柴油更便宜，因此对于恒定大负荷系统，包括初期投资和运行费用在内，使用天然气发电机可能会更经济。尽管天然气内燃机发电机的效率没有柴油机发电机高，但在热电联供系统中却有更高的效率，各种燃料类型的内燃机发电效率在34%~41%、热效率在40%~50%，因此总效率可以达到90%，而柴油发电机只有85%。

在分布式发电系统中，内燃机发电技术是较为成熟的一种。它的优点包括初期投资较低，效率较高，适合间歇性操作，且对于热电联供系统有较高的排气温度等。另外，内燃机的后期维护费用也相对低廉。往复式发电技术在低于5MW的分布式发电系统中很有发展前景，其在分布式发电系统中的安装成本大约是集中式发电的一半。除了较低的初期成本和较低的生命周期运营费用外，内燃机发电技术还具有更高的运行适应性。目前，内燃机发电技术广泛应用在燃气、电力、供水、制造、医院、教育以及通信等行业。

3. 微燃机

微燃机是指发电功率在几百千瓦以内（通常为100~200kW），以天然气、甲烷、汽油、柴油为燃料的小功率燃气轮机。微燃机由径流式叶轮机械、单筒形燃烧室和回热器构成，可分为单轴型和分轴型两种。微燃机与燃气轮机的区别主要为：

1）微燃机输出功率较小，其轴净输出功率一般低于200kW。

2）微燃机使用单级压气机和单级径流涡轮。

3）微燃机的压比是3∶1~4∶1，而不是燃气轮机的13∶1~15∶1。

4）微燃机转子与发电机转子同轴，且尺寸较小。

微燃机发电系统由燃烧系统、涡轮发电系统和电力电子控制系统组成。助燃用的洁净空气通过高压空气压缩机加压同时加热到高温高压，然后进入燃烧室与燃料混合燃烧。燃烧后的高温高压气体到涡轮机中膨胀做功，驱动发电机。发电机随转轴以很高的速度（50000~100000r/min）旋转，从而产生高频交流电，再利用电力电子装置，将高频交流电通过整流装置转换为直流电，再经逆变器将直流电转换为工频交流电。

微燃机技术涉及高转速的涡轮转子、高效紧凑的回热器、无液体润滑油的空气润滑轴承、微型无绕线的磁性材料发电机转子、低污染燃烧技术、高温高强度材料及可变频交直流转换的发电控制技术等。

微燃机可长时间工作，且仅需要很少的维护量，可满足用户基本负荷的需求，也可作为备用调峰以及用于废热发电装置。另外，微燃机体积小、重量轻、结构简单、安装方便、发电效率高、燃料适应性强、燃料消耗率低、噪声低、振动小、环保性好、使用灵活、启动快、运行维护简单。基于这些优势，微燃机正得到越来越多的应用，特别适合用于微电网。

4. 热电联产与冷热电三联产

热电联产（Combined Heat and Power，CHP）是指热能与电能的联合生产。CHP 系统已在能源密集工业（如造纸、纸浆和石油等）应用了一百多年，满足了他们对于蒸汽和电力的需求。生产电能的动力装置的排热与余热用于工业生产供热与冬季采暖，使不同品质的能量得到阶梯利用。燃煤热电联产的能源利用率达到 70% 以上，而即便当今世界上最高效率的燃煤发电产厂，也只有 50% 的效率。为进一步提高能源利用效率，在热电联产的基础上，发展起来了通过锅炉产生的蒸汽在背压汽轮机或抽汽汽轮机发电的冷热电三联产技术，其排汽或抽汽，除满足各种热负荷外，还可做吸收式制冷机的工作蒸汽，生产冷水用于空调或工艺冷却，便于减少冷凝损失、降低煤耗、提高能源利用率。

1.2.5 燃料电池发电技术

燃料电池（Fuel Cell）是一种电化学装置，它直接将存储在燃料和氧化剂中的化学能转化为电能。燃料电池按照电解质的不同，可分为碱性燃料电池（AFC）、磷酸燃料电池（PAFC）、熔融碳酸盐燃料电池（MCFC）、固态氧化物燃料电池（SOFC）、质子交换膜燃料电池（PEMFC）等。燃料电池的分类及特性参见表 1-1。

表 1-1　燃料电池的分类及特性

电池类型	碱性燃料电池	质子交换膜燃料电池	磷酸燃料电池	熔融碳酸盐燃料电池	固体氧化物燃料电池
英文名及简称	Alkaline Fuel Cell（AFC）	Proton Exchange Membrane Fuel Cell（PEM）	Phosphoric Acid Fuel Cell（PAFC）	Molten Carbonate Fuel Cell（MCFC）	Solid Oxide Fuel Cell（SOFC）
电解质	KOH	质子交换膜 PEM	磷酸	$Li_2CO_3 - K_2CO_3$	YSZ（氧化锆等）
电解质形态	液体	固体	液体	液体	固体
燃料气体	H_2	H_2	H_2、天然气	H_2、天然气、煤气	H_2、天然气、煤气
工作温度/℃	50 ~ 200	60 ~ 80	150 ~ 220	650	900 ~ 1050
应用场合	空间技术、机动车辆	机动车辆、电站、便携式电源	机动车、轻便电源、发电	发电	发电

燃料电池在技术上尚未完全过关，电池寿命有限，材料价格也较贵。尽管国外已有各种类型和容量的商品化燃料电池可供选择，但目前在国内基本上处于实验室阶段，尚无大规模的国产商业化产品可用。

燃料电池发电技术在电动汽车等领域有所应用，其工艺流程如图 1-3 所示。

燃料电池作为一种高效、清洁的新能源技术，以其无与伦比的优越性已经受到世界各国政府和科研机构的高度重视，是当今科技界最前沿的研究热点之一。燃料电池涉及电化学以

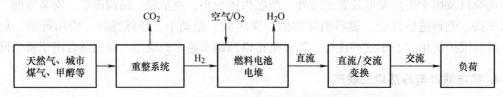

图 1-3　燃料电池发电的基本流程

及电催化、热力学、膜科学与工程、微尺度传热与传质学、多相流体力学、自动控制等诸多学科，是典型的学科交叉技术。

1.2.6　分布式储能技术

当分布式发电以独立或孤岛方式运行时，储能系统是必不可少的，因此电能储存技术和设备正越来越多地受到人们的关注。储能技术可以把分布式能源进行聚集式储存，即便能源生产是离散的，能源的使用依然是集中式和高密度的。机械能、热能、化学能、电能、核能等主要类型的能量，都能储存在一些普通种类的能量形式中，但储能技术能够应用于从煤炭到风能任何形式的能源供应，也能够设置于从交通到供暖的任何用途当中。储能技术包含本体技术与应用技术，本体技术是储能技术的基础。储能本体形式按照能量储存形式，可以分为机械储能、电磁储能、化学储能和相变储能。机械储能至今未实现大规模商业化应用。其中，压缩空气储能相对比较成熟，飞轮储能尚处于研发阶段。截至目前，其他机械储能装机量为 1.57GW，但与快速增长的储热和电化学储能相比，增长较为缓慢。机械储能包括抽水储能、压缩空气储能、飞轮储能。化学储能目前来看主要有电化学储能、氢储能等；电化学储能又包括锂离子电池、液流电池、铅酸电池、钠硫电池等典型的二次电池体系，以及新兴的二次电池体系（钠离子电池、锂硫电池、锂空气电池等）。分布式储能有多种方式或载体，例如电池、飞轮、抽水、超级电容以及压缩空气等，而电池储能方式在千瓦级至兆瓦级储能具有其他储能方式不可比拟的优势。锂离子电池储能作为电池储能最具前景的方式之一，小容量单体成组或成网在储能系统的安全性，可靠性和可管性方面有着大容量单体不可比拟的优势，这一点已被众多实际应用证实，例如特斯拉 Model S 电动力汽车采用了 8127 节 18650（即直径为 18mm、高为 65mm 的圆柱形电池）小容量单体电池。

不同工况提出的储能技术需求不同，应结合储能本体的技术特点进行储能选型。按照放电时间尺度划分，储能技术可分为功率型储能和能量型储能。功率型储能适用于短时间内对功率需求较高的场合，如微电网离网运行时暂态支撑；能量型储能适用于对能量需求较高的场合，如抑制分布式电源的功率波动、提升分布式能源汇聚效应等。

由储能元件组成的储能装置和由电力电子器件组成的电网接入装置成为储能系统的两大部分。储能装置主要实现能量的储存、释放或快速功率交换。电网接入装置实现储能装置与电网之间的能量双向传递与转换，实现电力调峰、能源优化、提高供电可靠性和电力系统稳定性等功能。储能系统的容量范围比较宽，从几十千瓦到几百兆瓦；放电时间跨度大，从毫秒级到小时级；应用范围广，贯穿整个发电、输电、配电、用电系统；大规模电力储能技术的研究和应用才刚起步，是一个全新的课题，也是国内外研究的热点领域。

1.3 分布式发电与并网技术

当分布式电源接入电网并网运行时，在某些情况下可能对配电网产生一定的影响，对需要高可靠性和高电能质量的配电网来说，分布式发电的接入必须慎重。因此需要对分布式发电接入配电网并网运行时可能存在的问题，对配电网的当前运行和未来发展可能产生正面或负面影响进行深入的研究，并采取适当的措施，以促进分布式发电的健康发展。分布式发电接入配电网时，除基本要求外，还需要满足一些其他要求，主要包括对配电网事故情况下的响应要求、电能质量方面的要求、形成孤岛运行方式时的要求、控制和保护方面的要求以及投运试验的要求等。

1.3.1 分布式电源接入配电网存在的问题

（1）影响电压

若要保证电能的质量，必须将电压保持在特定的范围内。将分布式电源接入配电网会极大地影响配电网馈线上的电压。与分散在多个节点上相比，聚集在同一节点上的相同渗透率的分布式电源，对电压的支持效果会更明显。在稳定状态下，配电网馈线的每处负荷节点上的电压都会变高。

（2）影响继电保护

分布式电源接入配电网时，为保证设备的正常运作，在发生故障时要切断电网中的分布式电源。在架空线和地下电缆的混合线路中切断分布式电源，变压器会空载运作，电缆与线圈发生铁磁谐振，出现不规则的高电压和大电流，此时会极大地影响电力设备的安全和功能。

（3）影响配电网规划

分布式发电会影响发电系统的负荷预测和规划，增加其不确定性，并增加配电网规划工作的难度和复杂性。分布式电源接入配电网会在某种程度上变更配电网的内部结构和运作方式。因此，为保证电网的安全性和稳定性，应该把分布式电源单元集中到现成的配电网中，统一调配分布式电源。

1.3.2 分布式电源接入配电网的基本要求

1）与配电网并网时，可按系统能接受的恒定功率因素或恒定无功功率输出的方式运行。分布式发电本身允许采用自动电压调节器，但在运行电压调节时应遵循已有的相关标准和规程，不应造成在公共连接点（Point of Common Coupling，PCC）处的电压和频率频繁越限，更不应对所联配电网的正常运行造成危害。一般而言，不应由分布式发电承担 PCC 处的电压调节，该点的电压调节应由电网企业来负担，除非与电网企业达成专门的协议。

2）采用同期或准同期装置与配电网并网时，不应造成电压过大的波动。

3）分布式发电的接地方案及相应的保护应与配电网原有的方式相协调。

4）容量达到一定大小（如几百千伏安至 1MVA）的分布式发电，应将其连接处的有功功率、无功功率的输出量和连接状态等方面的信息传给配电网的控制调度中心。

5）分布式发电应配备继电器，以使其能检测何时应与电力系统解列，并在条件允许时以孤岛方式运行。

6）与配电网间的隔离装置应该是安全式的，以免设备检修时造成人员伤亡。

1.3.3 分布式发电与电能质量

分布式发电其实对电能质量有一些有利的影响，比如当系统中关联负载较大时，分布式电源能够及时快速地提供电能，使系统尽可能减少故障，从而提高电网的稳定性。同时，分布式电源的接入提高了接入点的短路容量水平，增加电网强度，降低电压波动与闪变。分布式电源的接入减少了馈线中的传输功率，同时加上 DEG 无功出力的支持，对负荷节点起到电压支撑的作用。而且，分布式电源与电能质量调节器的优化配置可以实现统一控制，如分布式发电设备应用到配电系统柔性交流输电技术中去，不仅提高了电能质量水平，而且减少了设备投资。但是，DG 的渗透也给配电网电能质量水平带来了严重的影响。DEG 会引起一些电力扰动，如电流的剧烈变化引起的瞬变、发电机组输出功率的周期性变化导致的电压波动、发电机有功和无功功率变化引起的长时间电压变动、单相发电机组引起的不平衡问题、短路电流水平增大引起的不平衡问题、短路电流水平增大引起的电压暂降特征的改变等。与分布式发电相关的电能质量问题主要考虑以下方面。

1. 供电的暂时中断

在许多情况下，分布式发电被设计成当电网企业供电中断时作为备用发电来向负荷供电，较典型的情况是采用柴油发电机作为备用电源。但从主供电源向备用电源转移往往不是一种无缝转移，开关切换需要一定的时间，所以可能仍然存在一定时间的中断。

如果正常运行时，分布式发电与电网企业的主供电电源并列运行，情况有可能好一些，但需要支付一定的成本费用，并且还要受到容量和运行方式的限制。如果分布式发电处于热备用状态，且与系统并列运行或同时还带部分负荷，一旦系统出现故障，若分布式发电容量太小，或转移的负荷太大，则可能需要切除部分负荷，也可将负荷分组，在电源转移时仅带少量不可中断的负荷，否则会引起孤立系统电压和频率的下降并越限，无法维持正常运行。

2. 电压调节

由于分布式发电的发电机具有励磁系统，可在一定程度上调节无功功率，从而具有电压调节能力。因此，一般认为分布式发电可以提高配电网馈线的电压调节能力，而且调节速度可能比调节变压器分接头或投切电容器快，但实际上并非完全如此。

当分布式发电远离变电站时，对变电站母线电压的调节能力就很弱；有些发电机采用感应电机（如风力发电机），可能还要吸收无功，而不适用于电压调节；逆变器本身不产生无功功率，需要由其他无功功率设备作补偿；电网企业往往不希望分布式发电对公共连接点处的电压进行调节，因为担心其对自己的无功调节设备产生干扰；在多个分布式发电之间有时也会产生调节时的互相干扰；小容量的分布式发电通常也无能力进行电压调节，而往往以恒定功率因数或恒定无功功率的方式运行；大容量的分布式发电虽然可以用来调节公共连接点处的电压，但必须将有关信号和信息传到配电系统的调度中心，以进行调度和控制的协调。问题是分布式发电的启停往往受用户控制，若要来承担公共连接点处的电网调节任务，一旦停运，公共连接点处的电压调节就有可能成问题。

3. 谐波问题

采用基于晶闸管和线路换相的逆变器的分布式发电会有谐波问题，但采用基于 IGBT 和电压源换相的逆变器越来越多，使谐波问题大大缓解。后者有时在切换过程中会出现某些频率谐振，在电源波形上也会出现高频的杂乱信号，造成时钟走时不准等。这种情况需要在母线上安装足够容量的电容器，将高频成分滤除。由于分布式发电的发电机本身有时也会产生 3 次谐波，如与发电机相连的供电变压器在发电机侧的绕组是星形的，则 3 次谐波就有可能形成通路。若该绕组是三角形的，则 3 次谐波会在绕组中相互抵消。

4. 电压暂降

电压暂降（Voltage Dip 或 Voltage Sag）是最常见的电能质量问题，分布式发电是否有助于减轻电压暂降，取决于其类型、安装位置以及容量大小等。

1.3.4 分布式电源并网规程

分布式电源可以独立地带负荷运行，也可与配电网并网运行。一般而言，并网运行对分布式发电的正常运行无论从技术上看还是从经济上看均十分有利，目前分布式发电在电网中的比例越来越大，并网运行的方式逐渐成为一种普遍的运行方式。当其并网运行时，对与之相连配电网的正常运行会产生一定影响，反之，配电网的故障也会直接影响到其本身的正常运行。为了将分布式发电可能产生的负面影响降低到最小，并尽可能发挥其积极的作用，同时也为了保证其本身的正常运行，按照一定的规程进行极为重要。为此，世界上的一些发达国家和专门的学会、标准化委员会，如 IEEE、IEC 以及日本、澳大利亚、英国、德国等纷纷制定相应的并网规则和规程，中国也开展了这方面的工作。

这里特别指出的是，IEEE 主持制定了 IEEE 1547—2003《分布式电源与电力系统互联标准》，并以此作为美国国家层面的标准。该标准于 2003 年获得批准并发布实施。IEEE 1547 规定了 10MVA 及以下分布式电源并网技术和测试要求，其中包含 7 个子标准：IEEE 1547.1 规定了分布式电源接入电力系统的测试程序，于 2005 年 7 月颁布；IEEE 1547.2 是 IEEE 1547 标准的应用指南，提供了有助于理解 IEEE 1547 的技术背景和实施细则；IEEE 1547.3 是分布式电源接入电力系统的监测、信息交流与控制方面的规范，于 2007 年颁布实施，促进了一个或多个分布式电源接入电网的协同工作能力，提出了监测、信息交流以及控制功能、参数与方法方面的规范；IEEE 1547.4 规定了分布式电源独立运行系统设计、运行以及与电网连接的技术规范，该标准提供了分布式电源独立运行系统接入电网时的规范，包括与电网解列和重合闸的能力；IEEE 1547.5 规定了大于 10MVA 的分布式电源并网的技术规范，提供了设计、施工、调试、验收以及维护方面的要求，目前尚是草案；IEEE 1547.6 是分布式电源接入配电二级网络时的技术规程，包括性能、运行、测试、安全以及维护方面的要求，目前尚是草案；IEEE 1547.7 是研究分布式电源接入对配电网影响的方法，目前亦是草案。

日本 2001 年制定了 JEAG 9701—2001《分布式电源相容并网技术导则》，对分布式发电的并网起到了很好的指导作用。

1.3.5 分布式发电并网的控制和保护

分布式发电并网系统包括两个含义：在分布式发电和电网之间建立设备之间的物理连接，即硬件；分布式发电与外界形成电气连接手段。同时，依靠这些电接触的硬件，也可以实现分布式发电单元的监控、控制、测量、保护和调度功能。每个分布式发电在电网系统中的应用不一定包含所有组件，具体由市场需求选择，技术特点以及相关规范和标准驱动。分布式发电网络有两个方面的问题：一是网络本身的结构和性能；二是分布式发电在电网之后对电力系统的运行、控制和保护等方面的影响。

当分布式发电与配电网运行时，有时配电网会出现故障，此时为使其与配电网配合良好，除了配电网本身需要配备一定的控制和保护装置外，分布式发电也应配备能检测出配电网中故障并作出反应的装置和保护继电器。

分布式发电系统应配备什么样的保护装置，与容量的大小和系统的复杂程度有关。但至少应配备有过电压继电器和欠电压继电器，主要检测电网侧扰动，以判断配电系统是否有故障存在。另外，还须配备高/低频继电器，以检测与电网相连的主断路器是否已跳开，即是否已形成孤岛状态，因为主断路器断开后会产生较大的频率偏移。过电流继电器的配置取决于不同类型的分布式发电提供故障电流的能力。有些电力电子型分布式发电在故障时并不能提供较大的短路电流，采用过电流继电器就不合适。对于较大容量的分布式发电和较复杂的系统，除了上述保护装置外，还可配备一些其他继电保护装置，如用于防止发电机因不平衡而损坏的负序电压继电器，防止发电铁磁谐振的瞬时过电压（峰值）继电器，用于检测单相接地故障防止发电机成孤岛运行方式的中性线零序电压继电器，用于控制主断路器闭合的同步继电器。

除了上述主要用于发电机并网的保护装置外，发电机本身也应该安装一些保护装置，如快速检测发电机接地故障的差动接地继电器，以及失磁继电器、逆功率继电器、发电机过电流继电器等。发生故障时，分布式发电配备的故障检测继电器在经过一定的时延将其与系统解列。

1.3.6 分布式发电并网运行时与电网的相互影响

1. 对电能质量的影响

在分布式电源并网技术的实际应用过程中，需要根据实际情况对其中存在的问题进行有效分析，从而有效地改善电能质量。

（1）电压调整

由于分布式发电是由用户来控制的，因此用户将根据自身需要频繁地启动和停运，这会使配电网的电压常常发生波动。分布式发电的频繁启动会使配电线路上的潮流变化大，从而加大电压调整的难度，调节不好会使电压超标。未来的分布式发电可能会大量采用电力电子型设备，电压的调节和控制与常规方式会有很大不同（有功和无功可分别单独调节，用调节晶闸管触发角的方式来调无功，且调节速度非常快），需要相应的控制策略和手段与其配合。若分布式电源为采用异步电机的风电机组，由于需要从配电网吸收无功功率，且该无功功率随风的大小和相应的有功功率变动而波动，因此电压调节变得困难。

（2）电压闪变

当分布式发电与配电网并网运行时，因由配电网的支撑，一般不易发生电压闪变，但切换成孤岛方式运行时，如无储能元件或储能元件功率密度或能量密度太小，就易发生电压闪变。

（3）电压不平衡

如电源为电力电子型，则不适当的逆变器控制策略会产生不平衡电压。

（4）谐波畸变和直流注入

电力电子型电源易产生谐波，造成谐波污染。此外，当分布式发电无隔离变压器而与配电网直接相连，有可能向配电网注入直流，使变压器和电磁元件出现磁饱和现象，并使附近机械负荷产生转矩脉动（Torque Ripple）。

2. 对继电器保护的影响

1）分布式发电须与配电网的继电保护装置配合。配电网中大量的继电保护装置早已存在，不可能做大量的改动，分布式发电必须与之配合并尽可能地适应。

2）可能使重合闸不成功。如配电网的继电保护装置具有重合闸功能，则当配电网故障时，分布式发电的切除必须早于重合时间，否则会引起电弧的重燃，使重合闸不成功（快速重合闸时间为 0.2 ~ 0.5s）。

3）会使保护区缩小。当有分布式发电功率注入配电网时，会使继电器原来的保护区缩小，从而影响继电保护装置的正常工作。

4）使继电保护误动作。传统的配电网大多为放射型，末端无电源，不会产生转移电流，因而控制开关动作的继电器不需要具备方向敏感功能，如此当其他并联分支故障时，会引起分布式发电分支上的继电器误动，造成该无故障分支失去配电网主电源。

3. 对配电网可靠性的影响

分布式发电可能对配电网可靠性产生不利的影响，也可能产生有利的作用，需要视具体情况而定，不能一概而论。

（1）不利情况

①大系统停电时，由于燃料（如天然气）中断或失去辅机电源，部分分布式发电会同时停运，这种情况下无法提高供电的可靠性。②分布式发电与配电网的继电保护配合不好，可能使继电保护误动，反而使可靠性降低。③不适当的安装地点、容量和连接方式会降低配电网可靠性。

（2）有利情况

①分布式发电可部分消除输配电的过负荷和堵塞，增加输电网的输电裕度，提高系统可靠性。②在一定的分布式发电配置和电压调节方式下，可缓解电压暂降，提高系统对电压的调节性能，从而提高系统的可靠性。③特殊设计分布式发电可在大电力输配电系统发生故障时继续保持运行，从而提高系统的可靠性水平。

一般而言，人们相信分布式电源系统能支持所有重要的负荷，即当失去配电网电源时，分布式电源会即刻取代它从而保证系统电能质量不下降，但实际上很难做到这一点，除非配备适当且适量的储能装置。燃料电池的反应过程使其本身难以跟随负荷的变化做出快速反应，更不用说在失去配电网电源时保持适当的电能质量，即使是微燃机、燃气轮机等也难以平滑地从联网运行方式转变到孤岛运行方式。

4. 对配电系统实时监视、控制和调度方面的影响

传统配电网的实时监视、控制和调度是由电网统一来执行的，由于原先配电网是一个无源的放射形电网，信息采集、开关操作、能源调度等相对比较简单。分布式发电的接入使此过程复杂化。需要增加哪些信息，这些信息是作为监视信息还是作为控制信息，由谁执行等，均需要依据分布式发电并网规程重新予以审定，并通过具体的分布式发电并网协议最终确定。

5. 孤岛运行问题

孤岛运行往往是分布式电源（分布式发电）需要解决的一个极为重要的问题。一般而言，分布式发电的保护继电器在执行自身的功能时，并不接受来自于任何外部与之所连系统的信息。如此，配电网的断路器可能已经打开，但分布式发电的继电器未能检测出这种状况，不能迅速地做出反应，仍然向部分馈线供电，最终造成系统或人员安全方面的损害，所以孤岛状况的检测尤为重要。

当配电系统采用重合闸时，分布式发电本身的问题也值得关注。一旦检测出孤岛的情况，应将分布式发电迅速地解列。若远方配电网的断路器重合，分布式发电的发电机仍然连接，则由于异步重合带来的冲击，发电机的原动机、轴和一些部件就会损坏。这样，分布式发电的存在使配电网的运行策略发生了变化，即采用瞬时重合闸使配电网将不得不延长重合闸的间隔时间，以确保分布式发电能有足够的时间检测出孤岛状况并将其与系统解列。这说明当配电网故障，分布式发电有可能采取解列运行方式时，解列后再并网时的不同期问题成为减小对配电网和分布式发电本身的冲击所需要解决的主要问题，为此必须有一定的控制策略和手段来给予保证。

6. 其他方面影响

（1）短路电流超标

有些电网企业规定，正常情况下不允许分布式发电功率反送。分布式发电接入配电网侧装有逆功率继电器，正常运行时不会向电网注入功率，但当配电系统发生故障时，短路瞬间会有分布式发电的电流注入电网，增加了配电网开关的短路电流水平，可能使配电网的开关短路电流超标。因此，大容量分布式发电接入配电网时，必须事先进行电网分析和计算，以确定它对配电网短路电流的影响程度。

（2）铁磁谐振（Ferro-resonance）

当分布式发电通过变压器、电缆线路、开关与配电网相连时，一旦配电网发生故障（如单相对地短路）而配电网侧开关断开，分布式发电侧开关也会断开，假如此时分布式发电变压器未接负荷，变压器的电抗与电缆的大电容可能发生铁磁谐振而造成过电压，还可能引起大的电磁力，使变压器发出噪声或使变压器损坏。

（3）变压器的连接和接地

当分布式发电采用不同的变压器连接方式与配电网相连时，或其接地方式与配电网的接地方式不配合时，就会引起配电网侧和分布式发电侧的故障传递问题及分布式发电的3次谐波传递到配电网侧的问题，而且，分布式发电侧保护继电器也会检测到配电网侧故障而动作，由此可能引起一系列问题。

（4）调节配合

配电网电容器投切应与分布式发电的励磁调节配合，否则会出现争抢调节的现象。

（5）配电网效益

分布式发电的接入可能使配电网的某些设备闲置或成为备用设备。例如，当分布式发电运行时，其相应的配电变压器和电缆线路常常因负荷小而轻载，这些设备成为它的备用设备，导致配电网的成本增加，电网企业的效益下降。另外，还可能使配电系统负荷预测更加困难。

光伏发电接入电力系统还有一些特殊问题，根据日本和德国的家用光伏发电设备的安装情况和运行经验，大多光伏发电设备安装在居民屋顶，且大部分并网运行，但一般并不安装蓄电池等储能设备，如此会产生一定量的反向功率输入电网，此时会由于云层的变化而造成公共连接点的电压波动和电压升高，如与各相负荷连接的光伏发电设备数量不均匀的话，很容易产生不平衡电流和不平衡电压。由此，在大量安装光伏发电设备的情况下，无功补偿和调节手段显得极为重要。

因此，当分布式发电并网运行时，人们很关心它会对配电网产生什么样的影响，采取什么措施可将其负面影响减到最小。分布式发电的影响与其安装的地点、容量以及数量密切相关。配电网馈线上能安装分布式发电的数量，是与电能质量问题密切相关的，也与电压调节能力有关，在将来有大量分布式发电时，通信和控制可能成为关键。

1.3.7 分布式电源电能质量的改善方法

分布式电源的出现，尤其是风能和太阳能的利用，为我国配电网改革提供了方向。在分布式发电接入方式当中，必须要明确配电方式的优势，明确该配电方式对现有配电网的影响，并根据这些影响进行不断研究，最大限度地实现对电力系统的有效运行和合理控制，最终对电能质量进行改善，提升其经济效益和社会效益，推动我国分布式发电更好地发展，推动我国配电网朝着科学、绿色化方面改革。

（1）在配电设备上取得进一步突破

近年来，世界各国对分布式发电技术的关注越来越高，甚至有不少国家对分布式电网制订了相应的宏观发展计划。分布式发电要解决电量质量不稳定因素，可以从提升设备的性能入手。重点从提高抑制谐波、降低电压波动和闪烁以及解决三相不平衡方面的器件入手，改善现阶段分布式电源电量质量的问题。目前，在分布式电源中广泛应用的设备包括有源滤波器（APF）、动态电压恢复器（DVR）、配电系统用静止无功补偿器（D-STATCOM）和固态切换开关（SSTS）等。APF能够有效补偿谐波，降低谐波污染；DVR能够很好地维持电压稳定。虽然这些设备能够保障发电设备的正常稳定与平衡，但是在实际工作中难免会出现误差影响分布式电源的质量。因此，需要在此基础上进一步改善现有的电子元件，争取将实际工作中出现错误的概率降为零。

（2）实行可行的研究方案及其思路

在西方发达国家的电网配备中，配电系统柔性交流输电（DFACTS）技术被广泛应用。DFACTS装置主要包括有源滤波器（APF）、动态电压恢复器（DVR）、配电系统用静止无功补偿器（D-STATCOM）和固态切换开关（SSTS）等。DFACTS 技术能够实现电路的科学控制，而分布式发电要想能够控制电能质量，必须要依靠 DFACTS 技术才能够得到有效控制。因此，在实际的分布式发电配网过程中，可以借助这种控电思路。

（3）注重传统电网与分布式发电相结合

分布式发电存在的诸多问题，单独靠分布式发电本身并不能解决所有的问题。因此，可以借鉴传统的配电网先进经验，将一些传统配电网中用以改善电能质量的技术引入到分布式发电中。这样不仅能够有效节约研究投入，而且能够为解决分布式电源电能质量的问题提供参考。由于实际工作中传统的电能质量提高方案并不一定完全适用于分布式发电，因此务必要注重二者有机结合的科学性，避免出现错误的指导和不合理的利用。

在我国，上海市电力公司和上海燃气集团公司联合制定了《分布式供能系统工程技术规程》，上海市政府于 2005 年 8 月发文要求在全市范围内贯彻实施这一规程。国家电网公司于 2010 年 8 月发布了《分布式电源接入电网技术规定 Q/GDW 480—2010》，规定指出接入系统原则为：①并网点的确定原则为电源并入电网后能有效输送电力并且能确保电网的安全稳定运行。②当公共连接点处并入一个以上的电源时，应总体考虑它们的影响。分布式电源总容量原则上不宜超过上一级变压器供电区域内最大负荷的 25%。③分布式电源并网点的短路电流与分布式电源额定电流之比不宜低于 10。④分布式电源接入电压等级宜按照：200kW 及以下分布式电源接入 380V 电压等级电网；200kW 以上分布式电源接入 10kV（6kV）及以上电压等级电网。经过技术经济比较，分布式电源采用低一电压等级接入优于高一电压等级接入时，可采用低一电压等级接入。但总体来说，我国在这方面的工作还比较滞后，特别是接入配电线路的 DG 的并网问题，没有可供参考的技术标准、规范，急需启动有关标准的制定工作。

1.4　发展分布式发电的意义

发展分布式发电系统的必要性和重要意义主要在于其经济性、环保性，以及提升节能效益、提高供电安全可靠性和解决边远地区用电等。

1. 经济性

有些分布式电源，如以天然气或沼气为燃料的内燃机等，发电后的余热可用来制热、制冷，实现能源的阶梯利用，从而提高利用效率（可达 60%~90%）。此外，由于分布式发电的装置容量一般较小，其一次性投资的成本费用较低，建设周期短，投资风险小，投资回报率高。靠近用户侧安装能够实现就近供电、供热，因此可以降低网损（包括输电和配电网的网损以及热网的损耗）。

2. 环保性

采用天然气作燃料或以氢能、太阳能、风能为能源，可减少有害物（NO_x、SO_x、CO_2 等）的排放总量，减轻环保压力。大量的就近供电减少了大容量、远距离、高电压输电线的建设，也减少了高压输电线的线路走廊和相应的征地面积，减少了对线路下树木的砍伐。

3. 能源利用的多样性

由于分布式发电可利用多种能源，如洁净能源（天然气）、新能源（氢）和可再生能源（生物质能、风能和太阳能等），并同时为用户提供冷、热、电等多种能源应用方式，对节约能源具有重要意义。

（1）调峰作用

夏季和冬季往往是电力负荷的高峰时期，此时如采用以天然气为燃料的燃气轮机等冷、热、电三联供系统，不但可解决冬、夏的供热和供冷的需要，同时能够提供电力，降低电力峰荷，起到调峰的作用。

（2）安全性和可靠性

当大电网出现大面积停电事故时，具有特殊设计的分布式发电系统仍能保持正常运行。虽然有些分布式发电系统由于燃料供应问题（可能因泵站停电而使天然气供应中断）或辅机的供电问题，在大电网故障时也会暂时停止运行，但由于其系统比较简单，易于再启动，有利于电力系统在大面积停电后的黑启动，因此可提高供电的安全性和可靠性。

（3）边远地区的供电

许多边远及农村、海岛地区远离大电网，难以从大电网直接向其供电，采用光伏发电、小型风力发电和生物质能发电的独立发电系统是一种优选的方法。

1.5　分布式发电研发重点与应用前景

1.5.1　分布式发电技术的研究与开发的重点

相对发达国家而言，我国对于分布式电源的研究内容还处于起步阶段，研究成果极少，少量的研究还集中于电源本身。分布式电源在进行电力网的规划、运行等方面的探索尚处于定性分析阶段。

近年来，我国分布式发电工程项目发展较快，就北京、上海、广州等大城市而言，工程相继付诸实施。《可再生能源法》的颁布更促进了各种生物质发电的发展，大量的小型生物质电厂在农村和中小城市接连投运。但相关技术的研究和开发显得有些滞后，因此应加大研究的力度，研制出具有我国自主知识产权的产品和系统并降低它们的成本。此外，由于大多数分布式发电采用与配电网并网运行的方式，因此对未来配电网的规划和运行影响较大，须进行深入研究。这些研究具体包括以下几个方面。

1）分布式发电系统的数字模型和仿真技术研究。建立发电本身及并网运行的稳态、暂态和动态的数学模型，开发相应的数字模拟计算机程序或实验室动态模型和仿真技术，也可建立户外分布式电源试验场。

2）规划研究。进行包括分布式发电在内的配电网规划研究，研究分布式发电在配电网中的优化安装位置及规模，以及对配电网的电能质量、电压稳定性、可靠性、经济性、动态性能等的影响。配电网应规划设计成方便分布式发电的接入并使分布式发电对配电网本身的影响最小。

3）控制和保护技术研究。研究对大型分布式发电的监控技术，包括分布式发电在内的配电网新的能量管理系统、将分布式发电作为一种特殊的负荷控制、需求侧管理和负荷响应的技术、对配电网继电保护配置的影响及预防措施等。

4）电力电子技术研究。新型的分布式发电技术常常需要大量地应用电力电子技术，须研究具有电力电子型分布式电源的交/直流变换技术、有功和无功的调节控制技术等。

5）微电网技术研究。微电网的模拟、控制、保护、能量管理系统和能量储存技术等与常规分布式发电技术有较大不同，须进行专门的研究；还要研究微电网与配电网并网运行以及电网出现故障时微电网与配电网解列和解列后再同步运行的问题。

6）分布式电源并网规程和导则的研究与制定。我国目前尚无国家级分布式电源的并网规程和导则，应尽快加以研究并制定相应的规程和导则，以利于分布式发电（分布式电源）的接入。

1.5.2　分布式电源的应用前景

随着分布式发电技术水平的提高、各种分布式电源设备性能不断改进和效率不断提高，分布式发电的成本也在不断降低，应用范围也将不断扩大，可以覆盖到办公楼、宾馆、商店、饭店、住宅、学校、医院、福利院、疗养院、体育馆等多种场所。目前，这种电源在我国仅占较小比例，但可以预计在未来的若干年内，分布式电源不仅可以作为集中式发电的一种重要补充，而且将在能源综合利用上占有十分重要的地位。

我国电网，尤其是西部电网，网络的构造基础较为薄弱，分布式发电会影响主电网的正常运行。而国外先进的研究成果无法在我国直接应用，解决困难的办法主要是通过对我国分布式电网的合理使用进行研究。我国经济不断发展，对于基础设施的建设也在不断扩大，但是因为地域存在差异，对于偏远落后地区进行建设大规模的配电网建设需要极大的投资，况且能源使用也会对其经济的发展有所影响。分布式发电可以解决这些问题，对于一些自然资源丰富的地区，除可以供应本地的用电需求外，还可以向外输送以弥补其他地区的电力紧缺。这些无污染的能源发电是解决我国电力紧缺地区用电的较为合适的方法。分布式储能将是今后一段时期主要的发展方向，可以为用户提供更稳定、安全、经济的电力供应网络。

分布式发电技术有着以往发电形式所不具备的优势，它在今后我国电力发展中有着越来越重要的作用，而且使用分布式发电技术也符合我国政府所提倡的可持续发展的要求。使用不同的分布式发电技术时，一定要根据当地的实际情况进行合理的选取，使当地的资源发挥出真正的优势。发电与储能技术的统一可以提升能源的使用效率，使电力系统的经济效益、稳定性等得到改善。

1.6　练习

1. 什么是分布式发电技术？
2. 大力发展分布式发电技术的意义是什么？
3. 介绍几种分布式发电模式，并分别介绍它们的优缺点。
4. 分布式发电并网技术应注意哪些问题？

5. 对并网前后的分布式电源应如何进行保护？

6. 怎么看待分布式发电技术的前景与规划？

参 考 文 献

[1] 李富生，李瑞生，周逢权. 微电网技术及工程应用 [M]. 北京：中国电力出版社，2017.

[2] 余建华，孟碧波，李瑞生. 分布式发电与微电网技术及应用 [M]. 北京：中国电力出版社，2018.

[3] 孟碧波，李瑞生. 分布式发电与微电网技术及应用 [M]. 北京：中国电力出版社，2018.

[4] 王成山. 微电网技术及应用 [M]. 北京：科学出版社，2018.

[5] 梁有伟，胡志坚，陈允平. 分布式发电及其在电力系统中的应用研究综述机 [J]. 电网技术，2003，27 (12)：71-75.

[6] 李春鹏，张廷元，周封. 太阳能光伏发电综述 [J]. 电工材料，2006 (3)：45-48.

[7] 陈毅聪. 我国风电产业及其相关 A 股分析 [R]. 西南证券有限公司行业研究，2005-11-25.

[8] 王承煦，张源. 风力发电 [J]. 北京：中国电力出版社，2002：120-230.

[9] 姚兴佳，宋俊，等. 风力发电机组原理与应用 [M]. 北京：机械工业出版社，2009.

[10] 叶杭冶. 风电机组的控制技术 [M]. 北京：机械工业出版社，2002.

[11] 姚兴佳，刘国喜，朱家玲，等. 可再生能源及其发电技术 [M]. 北京：科学出版社，2010.

[12] 熊礼俭. 风力发电新技术与发电工程设计、运行、维护及标准规范实用手册 [M]. 北京：中国科学文化出版社，2005.

[13] 王浩，韩秋喜，贺悦科，张建民. 生物质能源及发电技术研究 [J]. 环境工程，2012 (30)：461-464，469.

[14] 施涛，高山. 燃料电池发电技术原理及其应用 [J]. 电力需求侧管理，2006，8 (5)：58-60.

[15] 慈松，李宏佳，陈鑫，王强. 能源互联网重要基础支撑：分布式储能技术的探索与实践 [J]. 中国科学：信息科学，2014，44 (6)：762-773.

[16] 李建林，马会萌，惠东. 储能技术融合分布式可再生能源的现状及发展趋势 [J]. 电工技术学报，2016，31 (14)：1-10，20.

[17] 钟薇. 分布式电源接入配电系统可靠性措施 [J]. 电力讯息，2018.

[18] 丁永刚. 分布式电源并网对配电网的影响 [J]. 通信电源技术，2018，35 (3)：261-262，264.

[19] 张廷胜. 分布式电源接入电网的电能质量问题研究 [J]. 现代工业经济和信息化，2018，164 (8)：84-85.

[20] 赵化峰，郭权利. 分布式发电与并网技术的研究与探讨 [J]. 山东工业技术，2017 (21)：177.

[21] 武汉伟. 分布式发电技术及其应用现状 [J]. 通信电源技术，2016，33 (6)：174-175.

第2章 微电网技术

本章简介

本章在第1章的基础上提出微电网的概念，介绍微电网技术的特点。作为一种小型发输配电系统，微电网技术已经成为影响未来能源格局的关键技术之一。

本章详细介绍了微电网的构成与分类，介绍了几种主要的控制方式与运行模式，并说明了微电网在国内外的发展状况。

2.1 微电网技术概述

2.1.1 微电网技术的概念

微电网（Micro-Grid，MG）是一种将分布式发电（Distributed Generation，DG）、负荷、储能装置、变流器以及监控保护装置等有机整合在一起的小型发输配电系统。凭借微电网的运行控制和能量管理等关键技术，可以实现其并网或孤岛运行、降低间歇性分布式电源给配电网带来的不利影响，最大限度地利用分布式电源出力，提高供电可靠性和电能质量。将分布式电源以微电网的形式接入配电网，被普遍认为是利用分布式电源有效的方式之一。微电网作为配电网和分布式电源的纽带，使得配电网不必直接面对种类不同、归属不同、数量庞大、分散接入的（甚至是间歇性的）分布式电源。国际电工委员会（IEC）在《2010—2030应对能源挑战白皮书》中明确将微电网技术列为未来能源链的关键技术之一。

2.1.2 微电网技术的特点

近年来，欧盟、美国、日本等均开展了微电网试验示范工程研究，已进行概念验证、控制方案测试及运行特性研究。国外微电网的研究主要围绕可靠性、可接入性和灵活性3个方面，探讨系统的智能化、能量利用的多元化、电力供给的个性化等关键技术。微电网在我国也处于试验示范阶段。这些微电网示范工程普遍具备以下4个基本特征。

1）"微型"：微电网电压等级一般在10kV以下，系统规模一般在兆瓦级及以下，与终端用户相连，电能就地利用。

2）"清洁"：微电网内部分布式电源以清洁能源为主，或是以能源综合利用为目标的发电形式。

3）"自治"：微电网内部电力电量能实现全部或部分自平衡。

4）"友好"：可减少大规模分布式电源接入对电网造成的冲击，可以为用户提供优质可靠的电力，能实现并网/离网模式的平滑切换。因此，与电网相连的微电网，可与配电网进行能量交换，提高供电可靠性和实现多元化能源利用。

5）"智能"：微电网包含有智能化的技术和设备。智能设备主要有快速仿真计算软件、先进的能量管理系统（EMS）、高级电力电子设备、分布式储能管理装置、高级计量装置以及基于先进的通信和网络体系的一次、二次设备。

6）"灵活"：微电网不仅可以实现分布式能源的广泛接入，及时根据运行状况处理分布式电源的连接和断开，为分布式电源的高效利用提供一个有效的途径，还可以根据不同的需求，选择不同的运行方式，通过众多电源与储能装置的协同工作，实现能源生产消费的全方位灵活调度和能源的高效运营。微电网作为单一受控单元实现"即插即用"，还可根据用户需求灵活定价，提供不同级别的电能质量。

微电网与配网电力和信息交换量将日益增大并且在提高电力系统运行可靠性和灵活性方面体现出较大的潜力。微电网和配电网的高效集成，是未来智能电网发展面临的主要任务之一。借鉴国外对微电网的研究经验，近年来，一些关键的、共性的微电网技术得到了广泛的研究。然而，为了进一步保障微电网的安全、可靠、经济运行，结合我国微电网发展的实际情况，一些新的微电网技术需求还有待进一步的探讨和研究。

微电网是未来智能配电网实现自愈、用户侧互动和需求响应的重要途径，随着新能源、智能电网、柔性电力等技术的发展，微电网将具备如下新特征。

1）微电网将满足多种能源综合利用需求并面临更多新问题。

大量的入户式单相光伏、小型风机、冷热电联供、电动汽车、蓄电池、氢能等家庭式分布电源及大量柔性电力电子装置的出现将进一步增加微电网的复杂性，屋顶电站、电动汽车充放电、智能用电楼宇和智能家居带来微电网形式的灵活多样化、多种微电源响应时间的协调、现有小发电机组并入微电网的可行性、微电网配置分布式电源、储能接口标准化、微电网建设环境评价、微电网内基于电力电子接口的电源和柔性交流输电系统（FACTS）装置控制耦合等都将成为未来微电网研究的新问题。

2）微电网将与配电网实现更高层次的互动。

微电网接入配电网后，配电网的结构、保护、控制方式，用电侧能量管理模式，电费结算方式等均须做出一定调整，同时，上级调度对用户电力需求的预测方法、用电需求侧管理方式、电能质量监管方式等也需要转变。为此，一方面通过不断完善接入配网的标准，微电网将形成一系列典型模式规范化建设和运行；另一方面，将加强配网对微电网的协调控制和用户信息的监测力度，建立起与用户的良性互动机制，通过微电网内能量优化、虚拟电厂技术及智能配网对微电网群的全局优化调控，逐步提高微电网的经济性。实现更高层次的高效、经济、安全运行。

3）微电网将承载信息和能源双重功能。

未来智能配网、物联网业务需求对微电网提出了更高要求，微电网靠近负荷和用户，与社会的生产和生活息息相关。以家庭、办公室建筑等为单位的灵活发电和配用电终端、企业、电动汽车充电站以及物流等将在微电网中相互影响，分享信息资源。承载信息和能源双重功能的微电网，使得可再生能源能够通过对等网络的方式分享彼此的能源和信息。

2.2 微电网的国内外发展状况

2.2.1 国外微电网发展状况

以欧盟、美国和日本为代表,他们积极推广微电网技术,并且已经取得了一定的进展。

欧盟第五框架计划(1998—2002)项目 "The Microgrids: Large Scale Integration of Microgeneration to Low Voltage Grids Activity",投资450万欧元,由希腊雅典国立大学领导,来自欧盟14个国家的组织和团体参加,成员包括希腊、法国、葡萄牙的电力大学和EmForce、SMA、GERMANOS、URENCO等著名公司,以及Labein、INESC Porto、曼彻斯特大学、ISET Kassel与ECOLE DES MINES等大学和团体,并在雅典、曼彻斯特等地建立了微电网的实验平台。该研究项目的重心是如何将各种不同的分散的小电源连接成一个微电网,并实现与配电网的连接,研究内容主要包括微电网中分布式电源的控制、保护方案和微电网的实验室建设。在此研究基础上,欧盟第六框计划(2002—2006)项目 "Advanced Architectures and Control Concepts for More Microgrids",投资850万欧元,继续由希腊雅典国立大学领导,同SIEMENS、ABB、SMA、ZIV、IPower、ANCO、Germanos及EmForce等公司合作,重点研究多个微电网连接到配电网的控制策略,协调管理方案、系统保护和经济调度措施,以及微电网对大电网的影响等内容。

美国权威研究机构美国电力可靠性技术解决方案协会(CERTS)对微电网的概念及热电联产式微电网的发展做出了重要贡献。CERTS在威斯康星麦迪逊分校建立了自己的实验室规模的测试系统,并与美国电力公司合作,在俄亥俄州Dolan技术中心建立了大规模的微电网平台,美国电力管理部门与通用电气合作耗资400万美元,为期两年的集控制、保护及能量管理于一体的微电网平台也在建设中。此外,由加州能源认证资助,已建成了首个商用微电网。北方电力和国家新能源实验室也已在佛蒙特州建立了乡村微电网,用于检验微电网安装于乡村时所需要的技术革新和难点。

日本在分布式发电应用和微电网展示工程建设方面已走在世界的前列,已分别在八户、爱知、京都和仙台等地建立了微电网展示工程。在八户的微电网展示项目中,其目标主要集中在研究间歇的可再生能源发电对微电网控制的影响,分布式电源包括分布式光伏发电、小型风力机和生物质能发电。爱知县的微电网展示项目,主要研究分布式电源输出功率对负荷功率变化的跟踪能力,其中分布式电源包括各种不同的燃料电池。京都的微电网展示项目中的分布式电源既包括各种可再生能源发电也包括各种燃料电池,目标是研究建立在通信基础上的能源管理系统。而仙台的微电网展示项目中,既包括不同类型的分布式电源和不同类型的负荷(直流负荷和交流负荷),又采用了一些保证负荷侧供电质量的装置。

加拿大也积极进行了大量分布式发电的研究,但是他们所进行的分布式发电项目不是现在定义的严格意义上的微电网。当然,今后微电网的形式可能会更多样化。他们主要研究如何将已经存在的中小型水力发电、风力发电以及柴油机组发电联合起来应用。

当前,微电网相关技术的研究与示范工程的建设已经成为世界性的热门话题。加拿大、新加坡、新西兰等国家也积极参与到了微电网的研究中,建立了一批示范工程。

2.2.2 国内微电网发展状况

2004 年前后，一些高校和科研院所开启了我国微电网技术研究的序幕。2005 年 9 月，清华大学与辽宁高科技能源集团有限公司签署合作研究协议，成立了我国第一个微电网研究所。2006 年，清华大学依托发电设备控制和仿真国家重点实验室，建成了微电网实验平台，同期又与许继集团有限公司合作共同搭建了微电网仿真平台，在微电网运行的安全稳定性分析、微电源电力电子接口通用模型、微网一体化控制模型等方面开展研究。2007 年，合肥工业大学与加拿大 New Brunswick 大学共同开展了分布式多能互补能源微网供电系统集成与控制技术研究，在合肥工业大学校园内建成了示范型的独立型微网系统，主要利用太阳能和风能发电，发电容量为 200kW。2008 年 10 月，杭州电子科技大学与日本新能源产业技术综合开发机构（NEDO）合作，依托"先进稳定并网光伏发电微网系统国际合作实证研究"项目，在学校的下沙校区建成了 240kW 联网型微电网示范系统，是当时国际上唯一的光伏发电比例达 50% 的实验微型电网。2006 年起，国家开始关注微电网技术的研究工作，国家相继把微电网技术研究列入"863 计划""973 计划"等国家高科技项目之中，推进了微电网在我国的研究应用。

我国关于大型可再生能源发电的研究已经取得很多成果，如风力发电和太阳能发电，而对小型分布式电源组成的微电网的研究还是刚刚起步，但是我国对此项研究给予了大量的支持。目前，国内清华大学、天津大学、合肥工业大学、华北电力大学、上海交通大学、西南交通大学等高校及中国电力科学研究院、国网电力科学研究院等科研机构都在积极地参与微电网技术的研究，并已建成几个初具规模的微电网实验室。

虽然我国对微电网技术的研究还处于起步阶段，但近年来已有一些微电网试点工程建成投运，主要包括：

1）河南郑州财专光储微电网试点工程。

2）陕西世园会微电网试点工程。

3）河北承德围场县御道口村庄微电网试点工程。

4）浙江分布式发电/储能及微电网接入控制试点工程。

5）广东佛山冷热电联供微电网系统。

6）广东珠海东澳岛风光柴蓄微电网项目。

7）浙江东福山岛风光储柴及海水淡化综合系统项目。

8）河北廊坊新奥未来生态城微电网项目。

9）天津中新生态城智能营业厅微电网试点工程。

10）内蒙古呼伦贝尔市陈巴尔虎旗赫尔洪德移民村微电网工程。

11）北京未来科技城智能电网综合示范工程分布式电源接入及微电网建设项目。

12）江苏扬州经济开发区智能电网综合示范工程分布式电源接入及微电网建设项目。

13）新疆吐鲁番新城新能源微电网示范项目。

14）江苏大丰智能微电网项目。

15）青海玉树水/光互补发电系统关键技术研究及示范项目。

16）浙江南麂岛、东福山岛和鹿西岛三大岛屿微电网示范项目。

2.3 微电网的构成与分类

2.3.1 微电网的构成

微电网由分布式发电（DG）、负荷、储能装置及控制装置四部分组成。微电网对外是一个整体，通过一个公共连接点（Point of Common Coupling，PCC）与电网相连。

1）分布式发电：DG 可以是以新能源为主的多种能源形式，如光伏发电、风力发电、燃料电池；也可以以热电联产（Combined Heat and Power，CHP）或冷热电联产（Combined Cooling Heating and Power，CCHP）形式存在，就地向用户提供热能，提高 DG 利用效率和灵活性。

2）负荷：负荷包括各种一般负荷和重要负荷。

3）储能装置：储能装置可采用多种储能方式，包括物理储能、化学储能、电磁储能等，用于新能源发电的能量存储、负荷的削峰填谷、微电网的"黑启动"。

4）控制装置：由控制装置构成控制系统，实现分布式发电控制、储能控制、并离网切换控制、微电网实时监控、微电网能量管理等。

2.3.2 微电网的体系结构

微电网的体系结构主要是指微电网的网络拓扑结构，包括微电网的电气接线、供电方式、分布式电源位置及供电负荷等。确定微电网的结构模式是实现微电网优化设计的基础工作。微电网的供电方式（直流/交流供电、单相/三相供电）主要由网架结构决定，其中交流微电网不改变原有电网结构，因此建设较为容易。直流微电网可以减少电力变换环节，有利于体改电能的利用效率，但在母线架设时需要包括直流和交流两种母线，使电网架构更加复杂。图 2-1 所示是某公司采用"多微电网结构与控制"在示范工程实施中的微电网三层控制方案结构，包括配电网调度层（最上层）、集中控制层（中间层）和就地控制层（最下层）。

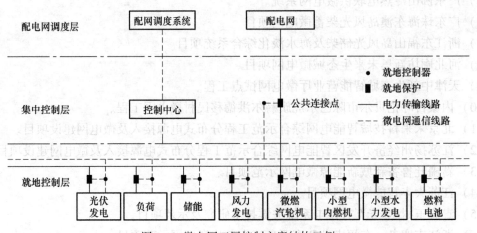

图 2-1　微电网三层控制方案结构示例

1. 配电网调度层

配电网调度层为微电网配网调度系统，从配电网的安全、经济运行的角度协调调度微电网。微电网接受上级配电网的调节控制命令，其具体实现的功能为以下 4 个方面：

1）与大电网相比，微电网是单一可控、可灵活调度的单元，既可与大电网并网运行，也可在大电网故障或需要时与大电网断开，实现离网运行。

2）在发生自然灾害情况（如地震、暴风雪、洪水等）下，微电网可作为配电网的备用电源向大电网提供有效支撑，从而加速大电网的故障恢复。

3）在大电网用电紧张时，微电网可利用自身的储能进行削峰填谷，从而避免配电网大范围的拉闸限电，减少大电网的备用容量。

4）正常运行时参与大电网经济运行调度，提高整个电网的运行经济性。

2. 集中控制层

集中控制层为微电网控制中心（Micro - Grid Control Center，MGCC），是整个微电网控制系统的核心部分，对 DG 发电功率和负荷需求进行预测，制订运行计划，根据采集的电流、电压、功率等信息，对运行计划实时调整，控制各 DG、负荷和储能装置的启停，保证微电网电压和频率稳定。在微电网并网运行时，优化微电网运行，实现微电网最优经济运行，在微电网离网运行时，调节分布电源出力和各类负荷的用电情况，实现微电网的稳态安全运行。在微电网并网运行时负责实现微电网优化运行，在离网运行时调节分布式发电出力和各类负荷的用电情况，实现微电网的稳态安全运行，其功能具体表现为以下 4 个方面：

1）在并网运行时，微电网可实施经济调度、优化协调各 DG 和储能装置、实现削峰填谷以平滑负荷曲线。

2）在并离网过渡中，微电网可协调就地控制器，从而快速完成转换。

3）在离网运行时，微电网可协调各分布式发电、储能装置、负荷，保证微电网重要负荷的供电，维持微电网的安全运行。

4）在停运时，微电网可实现"黑启动"，使微电网快速恢复供电。

3. 就地控制层

就地控制层负责执行微电网各 DG 调节、储能充放电控制和负荷控制。它由微电网的就地保护设备和就地控制器组成，其就地控制器完成分布式发电对频率和电压的一次调节，而就地保护完成微电网的故障快速保护，通过就地控制和保护的配合实现微电网故障的快速"自愈"。DG 接受微电网控制中心调度控制，并根据调度指令调整其有功、无功出力，其功能具体表现为以下 3 个方面：

1）离网主电源就地控制器实现 U/f 控制和 P/Q 控制的自动切换。

2）负荷控制器根据系统的频率和电压，切除不重要负荷，从而保证系统的安全运行。

3）就地控制层和集中控制层采取弱通信方式进行联系。其中，就地控制层实现微电网暂态控制，微电网集中控制中心实现微电网稳态控制和分析。

2.3.3 微电网的运行模式

微电网根据与输电网主干线路的关系，可以分为并网运行和离网运行两种模式。

1. 并网运行

并网运行就是微电网与公用大电网相连（PCC 闭合），与主网配电系统进行电能交换。系统并网运行时主要是对电池充放电进行调节，调节的宗旨是最大限度地分配微电网内的电能。

并网运行根据功率交换的不同又可分为功率匹配运行状态和功率不匹配运行状态。如图 2-2 所示，配电网与微电网通过公共连接点（PCC）相连，流过 PCC 处的有功功率为 ΔP，无功功率为 ΔQ。当 $\Delta P = 0$ 且 $\Delta Q = 0$ 时，流过 PCC 的电流为零，微电网各 DG 的出力与负荷平衡，配电网与微电网实现了零功率交换，这也是微电网最佳、最经济的运行方式。此种运行方式被称为功率匹配运行状态。当 $\Delta P \neq 0$ 或 $\Delta Q \neq 0$ 时，流过 PCC 的电流不为零，配电网与微电网实现了功率交换，此种运行方式被称为功率不匹配运行状态。在功率不匹配运行状态情况下，若 $\Delta P < 0$，微电网各 DG 发出的电除满足负荷使用外，多余的有功输送给配电网，这种运行方式称为有功过剩；若 $\Delta P > 0$，微电网各 DG 发出的电不能满足负荷使用，需要配电网输送缺额的电力，这种运行方式称为有功缺额。同理，若 $\Delta Q < 0$，称为无功过剩；若 $\Delta Q > 0$，为无功缺额，都为功率不匹配运行状态。微电网运行模式互相转换的示意图如图 2-3 所示。

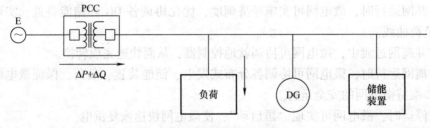

图 2-2　微电网功率交换

1）在停运时，微电网通过并网控制可以直接转换到并网运行模式；在并网运行时，微电网通过离网控制可转换到离网运行模式。

2）在停运时，微电网通过离网控制可以直接转换到离网运行模式；在离网运行时，微电网通过并网控制可转换到并网运行模式。

3）在并网或离网运行时，微电网可通过停运控制使微电网停运。

2. 离网运行

离网运行又称孤岛运行，是指在电网故障或计划需要时，与主网配电系统断开（即 PCC 断开），由 DG、储能装置和负荷构成的运行方式。系统离网运行的调节对象是发电单元输出功率和负载功率的平衡。微电网离网运行时由于自身提供的能量一般较小，不足以满足所有负荷的电能需求，因此依据负荷供电重要程度的不同而进行分级，以保证重要负荷供电。

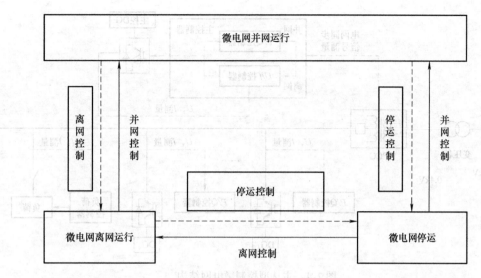

图 2-3　微电网运行模式的互相转换

　　离网运行根据与主网的连接关系可以分为完全不与外部电网连接的微电网和暂时不与外部电网连接的微电网。完全不与外部电网连接的微电网主要适用于山地或海岛等具有分散性供电需求的地域，而暂时不与外部电网连接的微电网往往是由于电网故障或电能质量问题造成的，这种离网运行模式在一定程度上可以提高电网运行过程中的安全性和稳定性。

2.3.4　微电网的控制模式

　　微电网常用的控制模式主要分为 3 种：主从型、对等型和综合型。其中，主从型控制模式是小型微电网最常用的模式。

1. 主从型控制模式

　　主从型控制模式（Master - slave Mode）是指在微电源中有一个或多个微电源作为主控电源，支撑系统的电压和频率，其他微电源处于从属地位不参与电压和频率的调节方式。主控电源采用 U/f 控制，其他微电源采用 P/Q 控制。其微电网结构如图 2-4 所示。在并网运行时，由于微电网相比于大电网容量较小，电压和频率由电网支撑，所有 DG 保持 P/Q 控制模式运行。当电网出现故障时，微电网与大电网断开，微电网运行于主从型控制模式，主控 DG 以 U/f 控制模式运行，其输出电压和频率不变，为微电网提供电压和频率支撑，其他从属 DG 仍工作于 PQ 控制模式。当微电网系统由于负荷变化出现功率不平衡时，由主控电源进行功率补偿。

　　主从型控制模式存在以下缺点。首先，主控 DG 采用 U/f 控制策略，其输出的电压是恒定的，要增加输出功率，只能增大输出电流，而负荷的瞬时波动通常首先由主控 DG 来进行平衡，因而要求主控 DG 有一定的可调节容量。其次，由于整个系统是通过主控 DG 来协调控制其他 DG 的，因此一旦主控 DG 出现故障，整个微电网也就不能继续运行。另外，主从控制需要微电网能够准确地检测到孤岛发生的时刻，孤岛检测本身即存在一定的误差和延时，因而在没有通信通道支持下，控制策略切换存在失败的可能性。

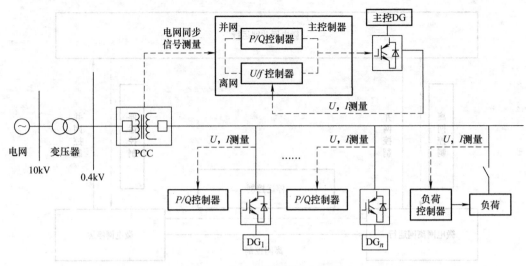

图 2-4　主从型控制微电网结构

主控 DG 要能够满足在两种控制模式间快速切换的要求。微电网中主控 DG 有以下 3 种选择：

1）光伏、风电等随机性 DG。

2）储能装置、微型燃气轮机和燃料电池等容易控制并且供能比较稳定的 DG。

3）DG + 储能装置，如选择光伏发电装置与储能装置或燃料电池结合作为主控 DG。

上述 3 种方式中，第 3 种方式具有一定的优势，能充分利用储能系统的快速充放电功能和 DG 所具有的可较长时间维持微电网孤岛运行的优势。采用这种模式，储能装置在微电网转为孤岛运行时可以快速为系统提供功率支撑，有效地抑制由于 DG 动态响应速度慢引起的电压和频率的大幅波动。

2. 对等型控制模式

对等型控制模式（Peer - to - peer Mode）是基于电力电子技术的"即插即用"与"对等"的控制思想，微电网中各 DG 之间是"平等"的，各控制器间不存在主从关系。它采用基于下垂特性的下垂（Droop）控制策略，微电源设置好下垂系数、有功无功参考值和电压参考值后，所有的微电源同时参与微电网的电压和频率调节，同时合理分配有功功率和无功功率。对等型控制模式中由于微电源均采用下垂控制，属于有差调节，稳定时系统电压和频率会有一定的稳态误差。所有 DG 以预先设定的控制模式参与有功和无功的调节，从而维持系统电压、频率的稳定。对等型控制微电网结构如图 2 - 5 所示。在对等型控制模式下，当微电网离网运行时，每个采用下垂控制模型的 DG 都参与微电网电压和频率的调节。在负荷变化的情况下，自动依据下垂系数分担负荷的变化量，即各 DG 通过调整各自输出电压的频率和幅值，使微电网达到一个新的稳态工作点，最终实现输出功率的合理分配。下垂控制模型能够实现负载功率变化在 DG 之间的自动分配，但负载变化前后系统的稳态电压和频率也会有所变化。对系统电压和频率指标而言，这种控制实际上是一种有差控制。由于无论在并网运行模式还是在孤岛运行模式下，微电网中 DG 的下垂控制模型都可以不加变化，因此系统运行模式易于实现无缝切换。

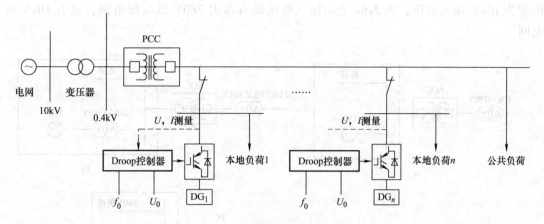

图 2-5　对等型控制微电网结构

采用下垂控制模型的 DG 根据接入系统点电压和频率的局部信息进行独立控制，实现电压、频率的自动调节，不需要相应的通信环节，可以实现 DG 的"即插即用"，灵活方便地构建微电网。与主从型控制模式由主控 DG 分担不平衡功率不同，对等型控制模式将系统的不平衡功率动态分配给各 DG 承担，具有简单、可靠、易于实现的特点，但是也牺牲了频率和电压的稳定性，目前采用这种控制模式的微电网实验系统仍停留在实验室阶段。

3. 综合型控制模式

综合型控制模式是把微电网分成能量管理层、协调控制层、就地控制层的三层控制结构，依赖协调控制层的微电网控制中心（Micro - grid Center，MGCC）集中管理各个 DG、储能装置及负荷，实现微电网离网能量平衡，是目前微电网普遍采用并具备商业应用的一种成熟技术模式。但分层控制依赖通信，结构复杂，且技术指标不高，存在"有缝"切换、非计划孤岛过电压、并网合闸冲击等问题。

主从型控制模式和对等型控制模式各有优劣，在实际微电网中，可能有多种类型的 DG 接入，既有光伏发电、风力发电这样的随机性 DG，又有微型燃气轮机、燃料电池这样比较稳定和容易控制的 DG 或储能装置，不同类型 DG 的控制特性差异很大。采用单一的控制方式显然不能满足微电网运行的要求，结合微电网内 DG 和负荷都具有分散性的特点，根据 DG 的不同类型采用不同的控制策略，可以采用既有主从型控制又有对等型控制的综合型控制模式。

2.3.5　微电网的接入电压等级

微电网根据接入电压等级不同，可以分为以下三种：

1）380V 接入（市电接入）。

2）10kV 接入。

3）380V/10kV 混合接入。

图 2-6 所示是微电网接入电压等级示意图。其中，图 2-6a 表示接入电压为市电 380V 的低压配电网；图 2-6b 表示接入电压为 10kV 的配电网，需要通过升压变压器将 380V 电

压变为 10kV 接入电压；图 2-6c 表示接入电压既有市电 380V 低压配电网，也有 10kV 配电网。

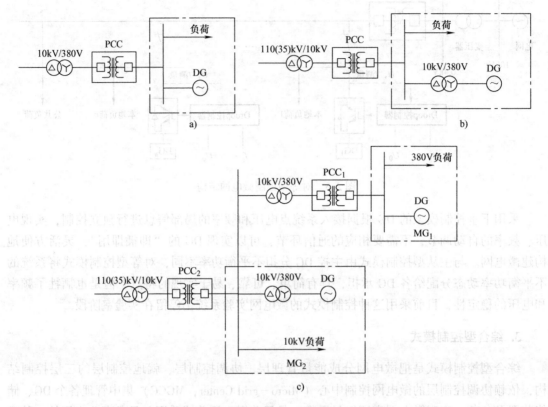

图 2-6　微电网接入电压等级
a) 380V 接入　b) 10kV 接入　c) 380V/10kV 混合接入

2.3.6　微电网的分类

微电网建设应根据不同的建设容量、建设地点、分布式电源的种类，建设适合当地具体情况的微电网。建设的微电网按照不同分类方法可作如下分类。

1. 按功能需求分类

按功能需求划分，微电网分为简单微电网、多种类设备微电网和公用微电网。

（1）简单微电网

简单微电网仅含有一类分布式发电，其功能和设计也相对简单，如仅为了实现冷热电联供（CCHP）的应用或保障关键负荷的供电。

（2）多种类设备微电网

多种类设备微电网含有不只一类分布式发电，由多个不同的简单微电网组成或者由多种性质互补协调运行的分布式发电构成。相对于简单微电网，多种类设备微电网的设计与运行则更加复杂，在该类微电网中应划分一定数量的可切负荷，以便在紧急情况下离网运行时维持微电网的功率平衡。

30

（3）公用微电网

在公用微电网中，凡是满足一定技术条件的分布式发电和微电网都可以接入，它根据用户对可靠性的要求进行负荷分级，在紧急情况下首先保证高优先级负荷的供电。

微电网按功能需求分类很好地解决了微电网运行时的归属问题：简单微电网可以由用户所有并管理；公用微电网则可由供电公司运营；多种类设备微电网既可属于供电公司，也可属于用户。

2. 按用电规模分类

按用电规模划分，微电网分为简单微电网、企业微电网、馈线区域微电网、变电站区域微电网和独立微电网，见表2-1。

表 2-1　按用电规模划分的微电网

类　　型	发　电　量	主　网　连　接
简单微电网	<2MW	
企业微电网	2~5MW	常规电网
馈线区域微电网	5~20MW	
变电站区域微电网	>20MW	
独立微电网	根据海岛、山区、农村负荷决定	柴油机发电等

（1）简单微电网

简单微电网的用电规模小于2MW，由多种负荷构成的、规模比较小的独立性设施、机构，如医院、学校等。

（2）企业微电网

企业微电网的用电规模在2~5MW，由规模不同的冷热电联供设施加上部分小的民用负荷组成，一般不包含商业和工业负荷。

（3）馈线区域微电网

馈线区域微电网的用电规模在5~20MW，由规模不同的冷热电联供设施加上部分大的商业和工业负荷组成。

（4）变电站区域微电网

变电站区域微电网的用电规模大于20MW，一般由常规的冷热电联供设施加上附近全部负荷（即居民、商业和工业负荷）组成。

以上四种微电网的主网系统为常规电网，因此又统称为并网型微电网。

（5）独立微电网

独立微电网主要是指常规电网辐射不到的地区，包括海岛、山区、农村，主网配电系统采用柴油发电机发电或其他小机组发电构成主网供电，满足地区用电。

3. 按交直流类型分类

按交直流类型划分，微电网分为直流微电网、交流微电网和交直流混合微电网。

（1）直流微电网

直流微电网是指采用直流母线构成的微电网，如图2-7所示。DG、储能装置、直流负荷通过变流装置接至直流母线，直流母线通过逆变装置接至交流负荷。直流微电网向直流负荷、交流负荷供电。直流微电网架是未来微电网发展的方向，更加符合负荷多样性的发展趋势，分布式电源、储能系统、交直流负荷等均通过电力电子装置连接至直流母线，储能系统可以通过电力电子装置补偿分布式电源和负荷的波动。

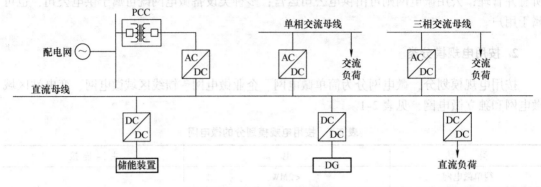

图 2-7　直流微电网结构

直流微电网的优点：

1）由于 DG 的控制只取决于直流电压，直流微电网的 DG 较易协同运行。

2）DG 和负荷的波动由储能装置在直流侧补偿。

3）与交流微电网比较，损耗小、效率高，控制容易实现，不需要考虑各 DG 间的同步问题，环流抑制更具有优势。

直流微电网的缺点：常用用电负荷为交流负荷，需要通过逆变装置给交流用电负荷供电。

（2）交流微电网

交流微电网是指采用交流母线构成的微电网，交流母线通过公共连接点（PCC）断路器控制，实现微电网并网运行与离网运行。图 2-8 所示为交流微电网结构。交流微电网是微电网的主要形式。交流微电网中，风机、微燃机等输出交流电的分布式电源通常直接或经 AC/DC/AC 转换装置连接至交流母线，而光伏模块、燃料电池等输出直流电的分布式电源则必须经过 DC/AC 逆变器连接至交流母线，分布式电源和公共电网依照特定的计划为负荷供电。

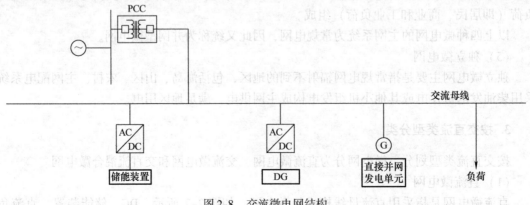

图 2-8　交流微电网结构

交流微电网的优点：采用交流母线与电网相连，符合交流用电情况，交流用电负荷不需专门的逆变装置。

交流微电网的缺点：微电网控制运行较难。

（3）交直流混合微电网

交直流混合微电网是指采用交流母线和直流母线共同构成的微电网。图 2-9 所示为交直流混合微电网结构，含有交流母线及直流母线，可以直接给交流负荷及直流负荷供电。从整体上看，交直流混合微电网是特殊电源接入交流母线，仍可以看作交流微电网。从整体上看，交直流混合微电网是特殊电源接入交流母线，故仍可看作是交流微电网。

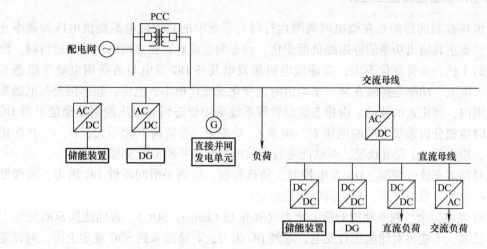

图 2-9 交直流混合微电网结构

交直流混合微电网的优点：解决了多次换流带来的诸多问题，降低了电力变换带来的能量损耗，具有更高的效率和灵活性，对交直流分布式电源皆有较好的兼容性。

交直流混合微电网的缺点：技术要求偏高。

2.4 微电网的控制与运行

微电网的控制与运行是保证微电网稳定运行的重要内容，与电网主干线相比微电网在分布式电网类型、负荷特性及控制策略等方面存在差异，因此在微电网运行控制过程中需要采取一套科学的运行控制方案来实现微电网内部各个分布式单元的协调控制。根据接入主网的不同，微电网分为两种：一种是独立微电网，另一种是接入大电网的微电网，即并网型微电网。独立微电网控制起来复杂，需要稳态、动态、暂态的三态控制，接入大电网的并网型微电网仅需稳态控制即可。

2.4.1 独立微电网三态控制

独立微电网，主要是指常规电网辐射不到的地方，包括海岛、边远山区、农村等，采用柴油发电机组或燃气轮机构成主电网，DG 接入容量接近或超过主网配电系统，即高渗透率独立微电网。

由于独立微电网主网配电系统容量小，DG 接入渗透率高，不容易控制，为了使高渗透率独立微电网能稳定运行，对其采用稳态恒频恒压控制、动态切机减载控制、暂态故障保护控制的三态控制，并在控制系统图中每个节点处设置智能采集终端，把节点电流电压信息通过网络送到微电网控制中心（Micro-Grid Control Center，UGCC）。微电网控制中心由三态稳定控制系统构成，包括集中保护控制装置、动态稳定控制装置和稳态能量管理系统。三态稳定控制系统根据电压动态特性及频率动态特性，对电压及频率稳定区域按照一定级别划为一定区域。

1. 微电网稳态恒频恒压控制

恒频恒压控制的目的是在微电网离网运行时为系统中的其他微电源提供电压和频率支撑。同时，要求其输出功率能够跟踪负荷变化，动态响应更好。独立微电网稳态运行时，没有受到大的干扰，负荷变化不大，柴油发电机组发电及各 DG 发电与负荷用电处于稳态平衡，电压、电流、功率等持续在某一平均值附近变化或变化很小，电压、频率偏差在电能质量要求范围内，属正常的波动。由稳态能量管理系统采用稳态恒频恒压控制使储能平滑 DG 出力。实时监视分析系统当前的电压 U、频率 f、功率 P。若负荷变化不大，U、f、P 在正常范围内，检查各 DG 发电状况，对储能进行充放电控制，平滑 DG 发电出力。

通过对储能充放电控制、DG 发电控制、负荷控制，达到平滑间歇性 DG 出力，实现发电与负荷用电处于稳态平衡，独立微电网稳态运行。

1）DG 发电盈余，判断储能的荷电状态（State Of Charge，SOC）。若储能到 SOC 规定上限，充电已满，不能再对储能进行充电，限制 DG 出力；若储能未到 SOC 规定上限，对储能进行充电，把多余的电力储存起来。

2）DG 发电缺额，判断储能的荷电状态。若储能到 SOC 规定下限，不能再放电，切除不重要负荷；若储能未到 SOC 规定下限，让储能放电，补充缺额部分的电力。

3）若 DG 发电不盈余也不缺额，不对储能、DG、负荷进行控制调节。

2. 微电网动态切机减载控制

由于系统频率是电能质量最重要的指标之一，因此系统正常运行时，必须维持在大约 50Hz 的偏差范围内。系统频率偏移过大时，发电设备和用电设备都会受到不良影响，甚至引起系统的"频率崩溃"。用电负荷的变化会引起电网频率变化，用电负荷由 3 种不同变化规律的变动负荷所组成：①变化幅度较小，变化周期较短（一般为 10s 以内）的随机负荷分量；②变化幅度较大，变化周期较长（一般为 10s~30min）的负荷分量，属于这类负荷的主要有电炉、电动机等；③变化缓慢的持续变动负荷，引起负荷变化的主要原因是生产生活规律、作息制度等。系统受到负荷变化造成的动态扰动后，系统应具备进入新的稳定状态并重新保持稳定运行的能力。

常规的大电网主网系统，负荷变化引起的频率偏移将由电力系统的频率调整来限制。对于负荷变化幅度小、变化周期短（一般为 10s 以内）所引起的频率偏移，一般由发电机的调速器进行调整，这就是电力系统频率的一次调整。对于负荷变化幅度大，变化周期长（一般在 10s~30min）所引起的频率偏移，单靠调速器的作用不能把频率偏移限制在规定的范围内，必须有调频器参加调频，这种有调频器参与的频率调整称为频率的二次调整。

独立微电网系统没有可参与一次调整的调速器、二次调整的调频器，系统因负荷变化造成动态的扰动，系统不具备进入新的稳定状态并重新保持稳定运行的能力，因此采用动态切机减载控制，由动态稳定控制装置实现独立微电网系统动态稳定控制。基于分层控制思路的离网情况下微电网频率控制算法，根据频率动态特性将系统频率进行分区，针对不同频率区域通过储能或光伏发电系统的主动调节作用、低频减载和高频切机等控制措施实现频率的稳定控制，可对微电网中多类型微电源进行协调控制，以满足微电网功率平衡要求，维持系统频率稳定。

动态稳定控制装置实时监视分析系统当前的电压 U、频率 f、功率 P。若负荷变化大，U、f、P 超出正常范围，则检查各 DG 发电状况，对储能、DG、负荷、无功补偿设备进行联合控制。

通过对储能充放电控制、DG 发电控制、负荷控制，达到平滑负荷扰动，实现微电网电压频率动态平衡，独立微电网稳定运行。

1）负荷突然增加，引起功率缺额、电压下降、频率降低，储能放电，补充功率缺额，若扰动小于 30min，依靠储能补充功率缺额，若扰动大于 30min，为保护储能，切除不重要负荷；频率波动较大，直接切除不重要负荷。若 U 稍微超出额定电压波动范围，通过无功补偿装置，增加无功，补充缺额；若 U 严重超出波动范围，切除不重要负荷。

2）负荷突然减少，引起功率盈余、电压上升、频率升高，f 稍微超出波动范围，储能充电，多余的电力储存起来，若扰动小于 30min，依靠储能调节功率盈余，若扰动大于 30min，限制 DG 出力；f 严重超出波动范围，直接限制 DG 出力。U 稍微超出额定电压波动范围，减少无功，调节电压；U 严重超出波动范围，切除不重要负荷。扰动大于 30min，不靠储能调节，主要是为了让储能用于调节变化幅度小、变化周期不长的负荷，平时让储能工作在 30%～70% 荷电状态，方便动态调节。

3）故障扰动：引起电压、频率异常，依靠切机、减载无法恢复到稳定状态，采用保护故障隔离措施，即下面介绍的暂态故障保护。

3. 微电网暂态故障保护控制

独立微电网系统暂态稳定是指系统在某个运行情况下突然受到短路故障、突然断线等大的扰动后，能否经过暂态过程达到新的稳态运行状态或恢复到原来的状态。独立微电网系统发生故障，若不快速切除，将不能继续向负荷正常供电，不能继续稳定运行，失去频率稳定性，发生频率崩溃，从而引起整个系统全停电。因此，对于微电网内部发生故障时的暂态过程，需采用有效方法进行抑制，以减小故障对整个微电网的影响。

对独立微电网系统保持暂态稳定的要求：主网配电系统故障，如主网配电系统的线路、母线、升压变压器、降压变压器等故障，由继电保护装置快速切除。

根据独立微电网故障发生时的特点，采用快速的分散采集和集中处理相结合的方式，由集中保护控制装置实现故障后的快速自愈，取代目前常规配电网保护，提升电网自愈能力。独立微电网的暂态故障保护控制大大提高了故障判断速度，减少了停电时间，提高了系统稳定性。其主要功能包括：

1）当微电网发电故障时，综合配电网系统各节点电压、电流等电量信息，自动进行电网开关分合，实现电网故障隔离、网络重构和供电恢复，提高用户供电可靠性。

2) 对多路供电路径进行快速寻优, 消除和减少负载越限, 实现设备负载基本均衡。

3) 采用区域差动保护原理, 在保护区域内任意节点接入分布式电源, 其保护效果和保护定值不受影响。

4) 对故障直接定位, 取消上下级备自投的配合延时, 实现快速的负荷供电恢复, 提高供电质量。

由于采用快速的故障切除和恢复手段实现微电网暂态故障保护控制, 配合微电网稳态恒频恒压控制和微电网动态切机减载控制, 实现独立微电网系统三态能量平衡控制, 保证了微电网系统安全稳定的运行。

在微电源的出口处安装电感型故障限流器 (Fault Current Limiter, FCL), 对其故障暂态都能起到很好的抑制作用。当采用 U/f 控制方式的微电网在并网情况下发生外部故障时, 因 U/f 控制方式能够为微电源提供参考电压和参考频率, 故在故障暂态恢复过程中电压和电流都不会出现振荡现象; 而当微电网中有微电源采用 P/Q 控制方式时, 若发生短路故障, 则可能会出现一定的振荡现象, 而安装电感型 FCL 可对此振荡现象起到了很好的抑制作用, 保证系统的稳定性。

2.4.2 微电网的逆变器控制

1. DG 并网逆变器控制

并网逆变器是一种特殊的逆变器, 除了可以将直流电转换成交流电外, 其输出的交流电可以与市电的频率及相位同步, 因此输出的交流电可以回到市电。并网逆变器的作用是实现 DG 与电网的能量交换, 能量交换是单向的, 由 DG 到电网。微电网中并网逆变器并网运行时, 从电网得到电压和频率做参考; 离网运行时作为从控制电源, 从主电源得到电压和频率做参考, 并网逆变器采用 P/Q 控制模式, 根据微电网控制中心下发的指令控制其有功功率和无功功率的输出。

2. 储能变流器控制

储能变流器 (Power Converter System, PCS) 是用于连接储能装置与电网之间的双向逆变器, 可以把储能装置的电能放电回馈到电网, 也可以把电网的电能充电到储能装置, 实现电能的双向转换。具备对储能装置的 P/Q 控制, 实现微电网的 DG 功率平滑调节, 同时还具备做主电源的控制功能, 即 U/f 模式, 在离网运行时其做主电源, 提供离网运行的电压参考源, 实现微电网的 "黑启动"。PCS 原理框图如图 2-10 所示。

(1) P/Q 控制模式

并网运行策略即 P/Q 运行模式, 在与电网并网模式下, 储能换流器依靠电网所提供电压和频率的刚性支撑, 这时电网中的负荷波动、电压和频率的扰动都由大电网承担; 分布式电源不需考虑电压和频率调节, 即 P/Q 控制模式。当储能换流器在并网的状态时, 采用交流电网电压的有功无功解耦的控制策略, 采取双闭环控制方式, 外环采取功率控制, 内环采用电流控制方式。PCS 系统可根据微电网控制中心 (MGCC) 下发的指令控制其有功功率输入/输出、无功功率输入/输出, 实现有功功率和无功功率的双向调节功能。

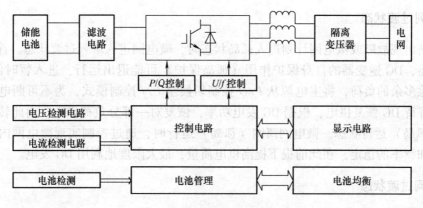

图 2-10 PCS 原理框图

（2）*U/f* 控制模式

独立运行策略即 *U/f* 控制，大电网发生故障时，为了保证微网系统中的关键负荷不断电，智能微电网系统可根据需要进行独立运行。独立运行时，储能变流器相当于系统中的一个电源，为微网系统提供合适的电压和频率。将逆变后所生成的正弦电压频率通过锁相技术进行调节。PCS 系统可根据 MGCC 下发的指令控制以恒压恒频输出，作为主电源，为其他 DG 提供电压和频率参考。

（3）电池管理系统

电池管理系统（Battery Management System，BMS），主要用于监控电池状态，对电池组的电池电量估算，防止电池出现过充电和过放电，提高使用安全性，延长电池的使用寿命，提高电池的利用率。其主要功能如下：

1）检测储能电池的荷电状态（State of Charge，SOC），即电池剩余电量，保证 SOC 维持在合理的范围内，防止由于过充电或过放电对电池的损伤。

2）动态监测储能电池的工作状态，在电池充放电过程中，实时采集电池组中的每块电池的端电压、充放电电流、温度及电池组总电压，防止电池发生过充电或过放电现象。同时能够判断出有问题的电池，保持整组电池运行的可靠性和高效性，使剩余电量估计模型的实现成为可能。

3）单体电池间的均衡，为单体电池均衡充电，使电池组中各个电池都达到均衡一致的状态。

2.4.3　微电网的并、离网控制

微电网有并网和离网两种运行模式，它们之间存在一个过渡状态。过渡状态包括微电网由并网转离网（孤岛）的解列过渡状态、微电网由离网（孤岛）转并网过渡状态和微电网停运过渡状态。

在并网运行时，微电网由外部电网提供负荷功率缺额或者吸收 DG 发出多余的电能，达到运行能量平衡。此时，要进行优化协调控制，控制目标是使微电网系统能源利用效率最大化，即在运行条件约束下，最大限度利用 DG 发电，保证整个微电网的经济性。

1. 解列过渡状态

配电网出现故障或微电网计划进入孤岛状态时，微电网进入解列过渡状态。首先要断开 PCC 断路器，DG 逆变器的自身保护作用（孤岛保护）可能退出运行，进入暂时停电状态。此时要切除多余的负荷，将主电源从 P/Q 控制切换至 U/f 控制模式，为不可断电的重要负荷供电，等待 DG 恢复供电，根据 DG 发电功率，恢复对一部分负荷供电，由此转入了微电网离网（孤岛）运行状态。微电网离网（孤岛）运行时，通过控制实现微电网内部能量平衡、电压和频率的稳定，在此前提下提高供电质量，最大限度地利用 DG 发电。

2. 并网过渡状态

微电网离网（孤岛）运行状态时，监测配电网供电恢复或接收到微电网能量管理系统结束计划孤岛命令后，准备并网，同时准备为切除的负荷重新供电。此时若微电网满足并网的电压和频率条件，则进入微电网并网过渡状态。闭合已断开的 PCC 断路器，重新为负荷供电。然后调整微电网内主电源 U/f 工作模式，转换为并网时的 P/Q 工作模式，进入并网运行状态。

3. 微电网停运过渡状态

微电网停运过渡状态是指微电网内部发生故障，DG 或者其他设备故障等造成微电网不能控制和协调发电量等问题时，微电网要进入停运状态，进行检修。微电网是在几种工作状态之间不断转换的，其中转换频率较高的是并网运行和离网（孤岛）运行之间的转换。

（1）微电网的并网控制

1）并网条件。

微电网与大电网并网的条件有：二者频率相等、相序相同、电压幅值相等和相角相等。当然这些都是理想条件，也不要求完全相等，在相应的允许范围内即可。我国制定了一些具体并网标准：为保证并网安全，需要满足并网前电压差值不应超过额定电压的 10%，相角差不应超过 10°，频率差值不应超过额定频率的 0.5%，即不能超过 0.25Hz。这里经过仿真比较，选择相角超前微电网 2°，幅值低于微电网 0.05p. u. ，频率高于微电网 0.2Hz。图 2-11 所示为微电网并入配电网系统及相量图。

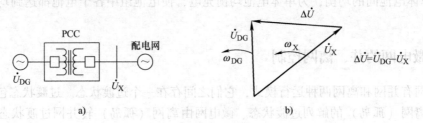

图 2-11　微电网并入配电网系统及相量图

a）系统图　b）相量图

U_X 为配电网侧电压，U_{DG} 为微电网离网运行电压，微电网并入配电网的理想条件为

$$f_{DG} = f_X \quad 或 \quad \omega_{DG} = \omega_X (\omega = 2\pi f) \tag{2-1}$$

$$\dot{U}_{DG} = \dot{U}_X \tag{2-2}$$

$\dot{U}_{DG}$ 与 $\dot{U}_X$ 间的相角差 δ 为零，即 $|\delta| = \left| \arg \dfrac{\dot{U}_{DG}}{\dot{U}_X} \right| = 0$。

满足式(2-1)和式(2-2)时，并网合闸的冲击电流为零，且并网后 DG 与配电网同步运行。实际并网操作很难满足式(2-1)和式(2-2)的理想条件，也没有必要如此苛求，只需要并网合闸时冲击电流较小即可，不致引起不良后果。实际同期条件判据为

$$|f_{DG} - f_X| \leqslant f_{set} \tag{2-3}$$

$$|\dot{U}_{DG} - \dot{U}_X| \leqslant U_{set} \tag{2-4}$$

式中，f_{set} 为两侧频率差定值；U_{set} 为两侧电压差定值。

2）并网逻辑。

并网分为检无压并网和检同期并网两种。

① 检无压并网。

检无压并网是在微电网停运，储能及 DG 没有开始工作，由配电网给负荷供电时，PCC 断路器应能满足无压并网，检无压并网逻辑如图 2-12 所示。检无压并网一般采用手动合闸或遥控合闸，图中，"$U_X <$"表示 U_X 无压，"$U_{DG} <$"表示 U_{DG} 无压。

② 检同期并网。

检同期并网检测到外部电网恢复供电，或接收到微电网能量管理系统结束计划孤岛命令后，先进行微电网内外部两个系统的同期检查。当满足同期条件时，闭合公共连接点处的断路器，并同时发出并网模式切换指令，储能停止功率输出并由 U/f 模式切换为 P/Q 模式。公共连接点断路器闭合后，系统恢复并网运行。

检同期并网逻辑如图 2-13 所示。图中，"$U_X >$"表示 U_X 有压，"$U_{DG} >$"表示 U_{DG} 有压，延时 4s 是为了确保有压稳定。

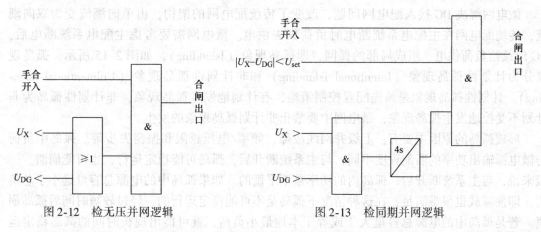

图 2-12　检无压并网逻辑　　　　图 2-13　检同期并网逻辑

微电网并网后，逐步恢复被切除的负荷及分布式电源，完成微电网从离网到并网的切换。离网转并网控制流程图如图 2-14 所示。

微电网由离网运行模式向并网运行模式的切换相对简单，就地控制公共连接点 PCC 控制器对主电网的电压和频率值进行采集，根据数据反馈结果，调相器对微电网进行调节，使

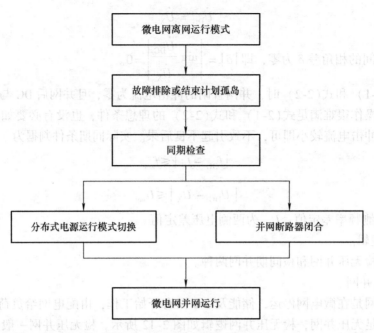

图 2-14 离网转并网控制流程图

得微电网与主电网之间的电压和频率等数值差稳定在电网运行允许的范围之内，并将 PCC 开关闭合，将储能单元运行模式调节为 P/Q 工作模式，闭合并网开关即进入并网运行模式。

（2）微电网的离网控制

微电网由并网模式切换至离网模式，需要先进行快速准确的孤岛检测。目前，孤岛检测方法有很多，要根据具体情况选择合适的方法。针对不同微电网系统内是否含有不能间断供电负荷的情况，并网模式切换至离网模式有两种方法，即短时有缝切换和无缝切换。

1）微电网的孤岛现象。

微电网解决 DG 接入配电网问题，改变了传统配电网的架构，由单向潮流变为双向潮流，传统配电网在主配电系统断电时负荷失去供电。微电网需要考虑主配电系统断电后，DG 继续给负荷供电，组成局部的孤网，即孤岛现象（Islanding），如图 2-15 所示。孤岛现象分为计划性孤岛现象（Intentional Islanding）和非计划性孤岛现象（Unintentional Islanding）。计划性孤岛现象是预先配置控制策略，有计划地发生孤岛现象，非计划性孤岛为非计划不受控地发生孤岛现象，微电网中要禁止非计划孤岛现象的发生。

形成孤岛的原因主要有：上级并网线故障，频率/电压越限和振荡失步等。孤岛中负荷与微电源输出功率的匹配程度不同，与主系统断开后，孤岛可能稳定运行，也可能崩溃。一般来说，与主系统断开后，孤岛内的功率是不平衡的。如果孤岛中的电源总容量远小于总负荷，即使减载也很难满足，在这种情况下孤岛是不可能稳定运行的，经过较短时间后孤岛崩溃。若是孤岛中的电源总容量大于或等于本地最小负荷，就可能出现长时间的孤岛稳定运行。如果事先规划好解列点，构造一个功率基本平衡的区域，则孤岛可以持续运行。

非计划性孤岛现象发生是不符合电力公司对电网的管理要求的，由于孤岛状态系统供电状态未知，脱离了电力管理部门的监控而独立运行，是不可控和高隐患的操作，将造成以下不利影响：

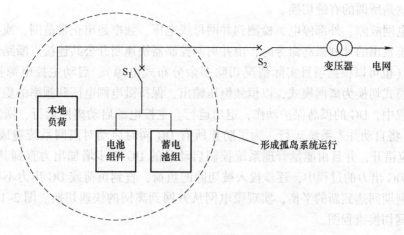

图 2-15　孤岛现象示意图

① 可能使一些被认为已经与所有电源断开的线路带电，危及电网线路维护人员和用户的生命安全。

② 干扰电网的正常合闸。孤岛状态的 DG 被重新接入电网时，重合时孤岛运行系统可能与电网不同步，可能使断路器受到损坏，并且可能产生很高的冲击电流，损害孤岛下微电网中的分布式发电装置，甚至会导致大电网重新跳闸。

③ 电网不能控制孤岛中的电压和频率，损坏配电设备和用户设备。如果离网的 DG 没有电压和频率的调节能力且没有安装电压和频率保护继电器来限制电压和频率的偏移，孤岛后 DG 的电压和频率将会发生较大的波动，从而损坏配电设备和用户设备。

从微电网角度而言，随着微电网的发展以及 DG 渗透率的提高，必须考虑防孤岛（Anti – islanding）。防孤岛就是禁止非计划性孤岛现象发生，防孤岛的重点在于孤岛检测。孤岛检测是微电网孤岛运行的前提。

2）微电网并网转离网。

微电网系统协调控制是微电网研究的核心内容，其主要控制目标为：①在并网运行时，实现并网点潮流可控和分布式电源利用最大化；②在离网运行时，实现系统的稳定运行；③在外电网故障或计划孤岛时，实现并网与离网运行模式的快速平滑切换。其中，微电网运行模式的平滑切换是协调控制系统功能实现的重点和难点。

微电网运行模式已经由原来的单一并网运行模式变为离网运行模式和并网运行模式灵活切换。和传统的并网运行模式相比，离网运行模式具有极大的优势，这种优势主要体现在微电网系统供电的稳定性和持续性方面。微电网由并网转为离网运行模式通常由两种事件触发：①运行调度根据系统运行情况（包括外部电网检修停电、内部新能源及储能充足等）主动触发，对切换时间要求不高，但要求成功率高；②由于外部电网非计划性停电或发生故障，微电网通过孤岛检测或故障检测机制被动触发，分别称为主动离网和被动离网。主动离网由微电网系统控制器和运行模式控制器共同完成，被动离网由于时限问题仅由运行模式控制器完成。

① 有缝切换。

由于公共连接点的低压断路器动作时间较长，因此并网转离网过程中会出现电源短时间的消失，也就是所谓的有缝切换。

在外部电网故障、外部停电，检测到并网母线电压、频率超出正常范围，或接收到上层能量管理系统发出的计划孤岛命令时，由并离网控制器快速断开公共连接点断路器，并切除多余负荷后（也可以根据项目实际情况切除多余分布式电源），启动主控电源控制模式切换。由并网模式切换为离网模式，以恒频恒压输出，保持微电网电压和频率的稳定。

在此过程中，DG 的孤岛保护动作，退出运行。主控电源启动离网运行、恢复重要负荷供电后，DG 将自动并入系统运行。为了防止所有 DG 同时启动对离网系统造成巨大冲击，各 DG 启动应错开，并且由能量管理系统控制启动后的 DG 逐步增加出力直到其最大出力，在逐步增加 DG 出力的过程中，逐步投入被切除的负荷，直到负荷或 DG 出力不可调，发电和用电在离网期间达到新的平衡，实现微电网从并网到离网的快速切换。图 2-16 所示为有缝并网转离网切换流程图。

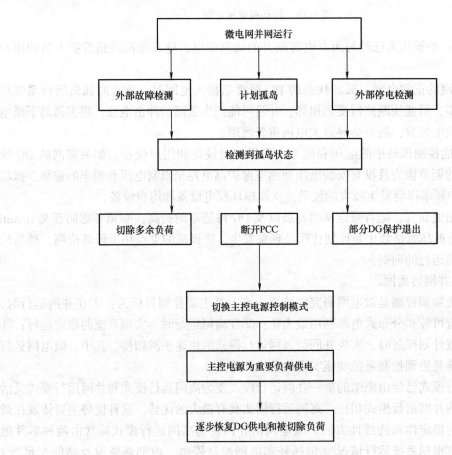

图 2-16 有缝并网转离网切换流程图

② 无缝切换。

对供电可靠性有更高要求的微电网，可采用无缝切换方式。无缝切换方式需要采用大功率固态开关（导通或关断时间小于 10ms）来弥补机械断路器开断较慢的缺点，同时需要优化微电网的结构。

如图 2-17 所示，将重要负荷、适量的 DG、储能装置（主控电源）连接于一段母线，

42

该段母线通过一个固态开关连接于微电网总母线中，形成一个离网瞬间可以实现能量平衡的子供电区域。其他的非重要负荷直接通过公共连接点断路器与主网连接。

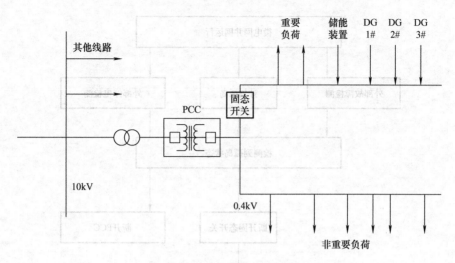

图 2-17 采用固态开关的微电网结构

　　微电网离网模式和并网模式之间的无缝切换需要通过控制微电网内部的微电源来实现，所以为了实现微电网系统的无缝切换，必须首先实现微电网内微电源的无缝切换。目前，对于微电网的研究很多都是针对微电网并网运行控制或者微电网离网运行控制，仅仅局限在一个方面而并不能兼顾两者。

　　在微电网并网模式下，微电网内的微电源主要是以局部电压支撑形式对电压进行适当的控制，充当辅助服务的角色。由于电压控制需要微电网内的微电源之间不能存在较大的无功电流，因此和有功频率下垂控制方法一样，可以采用无功电压下垂控制方法，来控制微电网内的微电源的电压。微电网运行在离网模式下时对于控制微电网的频率具有一定的难度。由于大电系统具有惯性，而微电网系统的微电源和大电网系统发电装置截然不同，微电网系统并没有惯性，因此在离网模式运行了下对负荷的跟踪问题也存在很大的难度。离网模式下的微电网系统的频率控制可通过下垂控制、储能设备控制和负荷控制等集成式控制方式控制，根据微电网内微电源的输出容量来决定它们输出的有功和无功功率。

　　由于微电网在并网运行时常常与配电网有较大的功率交换，尤其是分布式电源较小的微电网系统，其功率来源主要依靠配电网，当微电网从并网切换到离网时，将存在一个较大的功率差额，因此安装固态开关的回路应该保证离网后在很短的时间内重要负荷和分布式电源的功率能够快速平衡。在微电网离网后，储能或具有自动调节能力的微燃气轮机等承担系统频率和电压的稳定需求，因此其容量的配置需要充分考虑其出力、重要负荷的大小、分布式电源的最大可能出力和最小可能出力等因素。使用固态开关实现微电网并离网的无缝切换，并使微电网离网后的管理范围缩小。

　　在外部电网故障、外部停电，系统检测到并网母线电压或者频率超出正常范围，或接收到上层能量管理系统发出的计划孤岛命令时，由并离网控制器快速断开公共连接点断路器和固态开关。由于固态开关开断速度很快，固态开关断开后主控电源可以直接启动并为重要负荷供电，先实现重要负荷的持续供电。待公共连接点处的低压断路器、非重要负荷断路器断开后，闭合固态开关，随着大容量分布式发电的恢复发电，逐步恢复非重要负荷的供电。无缝并网转离网切换流程图2-18所示。

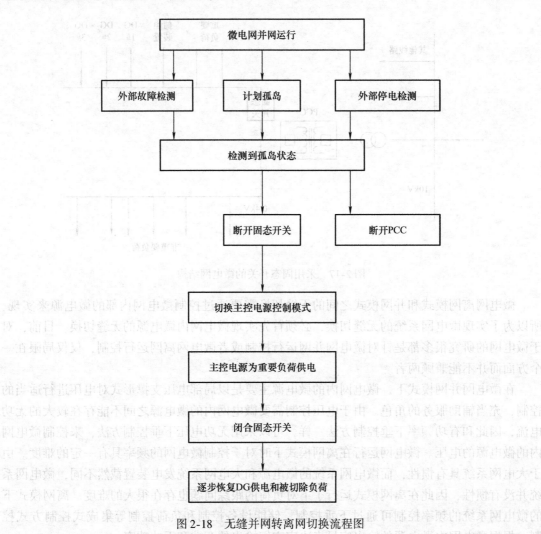

图 2-18　无缝并网转离网切换流程图

正常情况下，配电网通过 PCC 和微电网连接，当配电网出现故障时，快速断开微电网与配电网的连接，由微电网单独为负荷提供所需功率且保持系统中的重要负荷正常工作，在故障修复之后，微电网重新并网。因此，在并离网模式转换过程中实现微电网并离网的平滑切换，成为微电网安全稳定运行的关键。

2.4.4　微电网的运行

当微电网处于并网模式时，其电压和频率的参考值都由主电网来提供。逆变器只要跟随这个电压基准值便可。当微电网处于离网模式时，它失去了外部提供的电压频率参考，所以需要某个逆变器运行于 U/f 模式下，为整个微电网提供电压频率参考。

1. 微电网并网运行

微电网的并网是微电网和大电网联结运行并向外送电。微电网主要运行作用是就地供电，但在大电网高峰期和缺电时，微电网如果能够向大电网提供电能便能够缓解大电网的高峰期压力，有助于大电网的稳定运行，但是当微电网并网时如果条件不符合标准会影响大电网和微电网双方的稳定，甚至造成严重危害。微电网与大电网并网运行，无论是运用传统并网方式还是用并网逆变器进行并网，其核心都是要使微电网与大电网在一定条件下稳定并网运行。

当微电网处于并网模式时，只要控制各个逆变器的输出功率即可，控制输出功率通常采用 P/Q 控制方式。微电网并网运行，其主要功能是实现经济优化调度、配电网联合调度、自动电压无功控制、间歇性分布式发电预测、负荷预测、交换功率预测，流程图如图 2-19 所示。

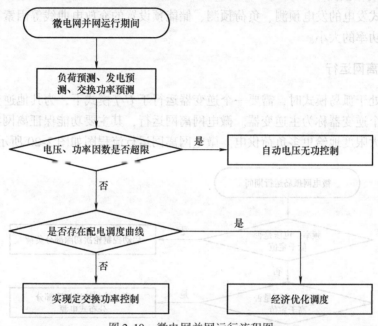

图 2-19　微电网并网运行流程图

（1）经济优化调度

在保证微电网安全运行的前提下，微电网在并网运行时以全系统能量利用效率最大为目标（最大限度利用可再生能源），并结合储能的充放电、分时电价等实现用电负荷的削峰填谷，从而提高整个配电网设备的利用率及配电网的经济运行。

（2）配电网联合调度

微电网集中控制层与配电网调度层实现实时信息交互，将其公共连接点处的并离网状态、交换功率上送至调度中心，同时调度中心对微电网的并离网状态的控制和交换功率进行设置。当微电网集中控制层收到调度中心的设置命令时，通过综合调节分布式发电、储能和负荷，实现有功功率、无功功率的平衡。配电网联合调度可以通过交换功率曲线设置来完成。设置交换功率曲线通常有两种方法：在微电网管理系统中设置和远动由配电网调度自动化系统命令下发进行设置。

（3）自动电压无功控制

对于大电网，微电网表现为一个可控的负荷。在并网模式下，微电网不允许进行电网电压管理，而需要微电网运行在统一的功率因数下进行功率因数管理，通过调度无功补偿装置、各分布式发电无功出力来实现在一定范围内对微电网内部的母线电压的管理。

（4）间歇性分布式发电预测

通过气象局的天气预报信息以及历史气象信息和历史发电情况，预测短期内的DG发电量，从而实现DG发电预测。

（5）负荷预测

根据用电历史情况，预测超短期内各种负荷（包括总负荷、敏感负荷、可控负荷、可切除负荷）的用电情况。

（6）交换功率预测

根据分布式发电的发电预测、负荷预测、储能预设置的充放电曲线等因素，预测公共连接支路上交换功率的大小。

2. 微电网离网运行

当微电网处于孤岛模式时，需要一个逆变器运行于U/f模式下，为其他逆变器提供电压频率参考，这个逆变器称为主逆变器。微电网离网运行，其主要功能保证离网期间微电网的稳定运行，最大限度地给更多负荷供电。微电网离网运行流程图如图2-20所示。

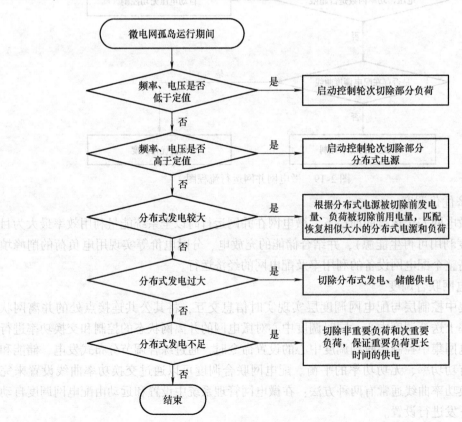

图2-20　微电网离网运行流程图

（1）低频低压减载

如果负荷波动、分布式发电出力波动超出了储能设备的补偿能力，可能会导致系统频率和电压的跌落。当它们跌落超过定值时，将切除不重要负荷或次重要负荷，以保证系统不发生频率崩溃和电压崩溃。

（2）过频过压切机

如果负荷波动、分布式发电出力波动超出储能设备的补偿能力，则会导致系统频率和电压的上升，当它们上升超过定值时，将限制部分分布式发电出力，以保证系统频率和电压恢复到正常范围。

（3）分布式发电较大控制

分布式发电出力较大时可恢复部分已切负荷的供电，以恢复与 DG 多余电力匹配的负荷供电。

（4）分布式发电过大控制

如果分布式发电过大，此时所有的负荷均未断电、储能也充满，但系统频率、电压仍过高，分布式发电退出，由储能来供电，等储能供电到一定程度后，再恢复分布式发电投入。

（5）分布式发电不足控制

如果分布式发电出力可调节的部分已最大化出力，储能当前剩余容量小于可放电容量时，切除次重要负荷，以保证重要负荷有更长时间的供电。

2.5 微电网的保护策略

微电网的保护手段主要是指当微电网发生故障时，能够快速定位故障位置，并能及时动作于故障，实现对故障的切除并恢复微电网的安全稳定运行。目前微电网的保护手段主要有自适应保护、过电流保护、差动保护、距离保护等。应该根据微电网运行特点选择不同的继电保护设备，由于微电网由离网运行和并网运行两种方式，因此要根据两种不同的运行特性选择不同的保护手段。

微电网的引入，对传统中低压配网的保护带来了挑战。首先，原本辐射状线路的单向潮流可能变成双向。其次，微网由于具有多 DG，不同类型的 DG 提供的短路电流的能力与其控制策略有关，DG 对短路电流的不同贡献使得保护整定计算更为复杂。另外，包括光伏电池、燃料电池这类逆变型电源，由于内部热过载能力较低，输出电流一般被限制为额定电流的 2~3 倍，很难利用故障电流进行故障定位。因此，微电网直接接入配电网，会改变配电网的结构与潮流流向，导致传统依赖过电流时限配合的继电保护技术容易误动或拒动。并且微电网保护也具有一定特殊性，它必须在微电网离网和并网运行时都能对故障做出正确响应。微电网的并网运行影响到配电网的故障电流，使原有的保护动作整定值不再适用，给重合闸带来了不利因素，同时也扰乱了基于重合器、分断器、熔断器等自动化电器的支线保护。

1. 差动保护法

从保护设施方面看，微电网差动保护可通过多代理系统实现，也可通过数字式继电器实现，或利用智能继电器及控制网络辅助实现。从微网拓扑结构方面看，差动保护策略可适用于网状结构微电网，而闭环微电网的差动保护方法是根据故障分量幅值大小以及与负荷电流相位关系实现故障排查与定位。结合传统的差动保护方法设计微电网保护策略，可以降低保护系统的实施难度。微电网保护单元利用基于差动和对称电流分量的探测方法，可以快速可靠地检测到微电网不同类型故障电流，控制相应的断路器动作，隔离故障区域，以保护微电网。

差动保护需要配合通信网络才能正确处理微电网中复杂的故障情况，但是考虑到微电网的容量小、线路短，通信网络以及差动继电器的构建成本较高；而且通信网络由于易受干扰，必须增加充分的后备保护。微电网差动保护的优点是不受双向潮流和孤岛模式下小故障电流的影响，但通信系统一旦发生故障，需要有可靠的后备保护，通信设施的建设成本较高，系统或负荷不对称以及分布式电源并网和断开的过渡会给保护带来困难。差动保护的缺点是需要采集被保护线路两侧的电气量进行比较，信息传输量大且要求两侧信息量同步采集，采用光纤、载波通信或线缆等传输采集信息和保护判断信息，且对保护通信上提出的要求增加了保护的复杂性和投资。

2. 过流保护法

配电网中的过流保护方法无法适应微电网的特殊性，必须融合新的算法才能确保其正常作用。不依靠通信进行保护固然可以提高保护策略的可靠性，但是同时增加的可编程继电器或者电压传感器仍将提高保护的成本，而且故障电压的采集容易受到微电网功率波动以及高阻抗接地故障的影响，过流保护需结合智能保护设备才能在微电网中发挥作用，因此目前并没有直接应用该方法作为微电网保护的应用实例。

3. 距离保护法

受到分布式电源接入微电网的影响，阻抗继电器测量的故障线路阻抗要大于实际值，从而造成保护灵敏度下降、保护范围缩小，这种影响在离网运行时更加明显。距离保护通常用于线路保护中，距离继电器测量从继电器安装处到故障点间的阻抗，若故障发生在距离继电器保护区域内，保护装置动作，相应断路器跳闸。由于距离保护不依赖于故障电流幅值，一些学者尝试将其应用于微网中。由于阻抗继电器不具方向性，通过合理配置微电网结构，将保护装置装在两个分布式电源之间的线路中间，可以对这条线路的前半段和后半段进行保护，从而实现微网的保护功能。对于这类以测量阻抗作为故障判据的保护方案，谐波和电流暂态过程会给基波分量的提取带来困难，故障过渡电阻会给导纳的测量带来误差，能否准确检测故障电阻，会影响反时限导纳继电器的准确动作。在微电网中，储能、分布式电源以及负荷可以根据需要运行于并网或者离网模式，因此系统的线路导纳会发生变化，从而影响导纳继电器的动作时限，由于这种情况的存在，距离保护在微电网中较难适用。对于微网的不同运行模式和高阻故障等复杂情况缺乏考虑，还需要更全面论证才能证明其实际应用的前景。

4. 方向比较式纵联保护法

基于方向比较原理的纵联保护，通过比较多点的故障方向信息综合判断出故障位置并采取相应的保护策略。该算法只以电流方向作为判断故障的依据，不依赖故障电流大小，只传送对故障位置的判断结果或有关信息，原理简单可靠。

5. 外部设备辅助保护法

并网模式和离网模式下的故障电流大小有着极大差异，因此可以通过增加外部设备的方法，在微电网进行模式转换时增大或减小故障电流，使传统保护装置和保护策略得以保留。

6. 自适应保护法

微电网存在并网和离网两种运行方式，分布式电源注入的故障电流被电力电子装置限制在两倍额定电流，离网模式和并网模式短路电流的大小和流通路径均有差异，分布式电源的"即插即用"功能导致微电网结构改变，某些分布式电源如风力发电、光伏电池发电的间歇性特点使之无法提供长期稳定的供电，这些因素导致了微电网故障电流的不确定性，依靠离线整定的保护定值和动作时间来实现故障检测和保护配合的方案无法应用于微网保护中，必须采用自适应保护，以适应微电网状态的改变。自适应保护方法的核心在于当微电网运行方式发生变化时，保护策略可自行更正与之不相适应的保护整定值。

在微电网中实施自适应保护，需要具备 3 个条件：配置数字化的方向性过流继电器；数字继电器能够通过远程通信或者本地操作更改动作门限值；利用标准通信协议构建自适应保护的通信网络。根据改变整定值的途径，自适应保护方法分成集中式与分散式两类。其中，集中式由保护系统的中央控制单元向数字继电器下发保护整定值，适用于节点数较少的小型电网；分散式由数字继电器本身的控制单元计算保护整定值，适用于节点数很多的复杂电网。自适应保护的实现手段可大致分为两类：一类是首先离线计算不同微电网运行模式下的保护整定值，然后采用某种方法区分微电网运行模式，并对继电保护整定值或保护策略进行修正，即离线整定，实时切换；另一类是实时监测微电网拓扑变化，动态计算故障电流，对保护动作值进行在线整定，此类保护方法能够响应微电网结构的改变，具有发展潜力。

自适应保护法对于通信网络的数据传输速率以及抗干扰性的要求很高；微电网的节点数越多，在线计算保护整定值产生的计算量就越大，对中央控制单元的处理能力要求越高；需要提前分析微电网运行状态及故障特征，构建保护整定值的离线专家库，而且微电网内各个节点的采样设备需具备等时同步功能。另外，自适应保护法可能面临以下问题：需要事先知道微电网所有可能的拓扑结构、大规模通信系统的建设成本较高、微电网不同运行模式下的短路电流计算较复杂等。

7. 基于电压量的保护法

分布式电源在并网点处的电压容易受到微电网故障的影响，通过采集分布式电源的并网电压并从中提取特征分量可以对故障类型和位置进行判定。基于电压量的微电网保护策略有几个问题仍待解决：高阻抗接地故障引起的相电压突变量较小，导致无法根据电压量判断故障的发生；低压微电网的线路可能短至几十米，因而故障时相邻继电器之间的电压降落不明显。由于这些问题没有解决，此方法没有得到实际应用。

8. 基于智能算法的保护法

微电网运行中的多样性决定了其保护策略的复杂程度，因此，可借助先进智能控制算法构建保护策略，如先用图论对微电网拓扑进行抽象，把系统内各分布式电源或负载节点抽象为节点，用最短路径算法确定各个继电器对电网稳定的影响因数，一旦微电网发生故障或者结构变化，则重新计算影响因数并更新继电保护的选择性信息。

智能算法的长处在于控制的鲁棒性较强，使保护策略能够灵活应对微电网的结构与状态变化，但是该类保护策略对于模拟量采集、通信速率和中央处理单元的要求较高，实时计算量较大，实施困难，目前还未有实际应用。

9. 故障电流补偿法

微电网在离网和并网模式下的故障电流显著不同，导致传统的过流保护完全失效。一种技术路线是在微电网内部设置故障电流补偿设备，将两种模式下的故障电流控制在相近范围内，使得过流保护策略仍然适用。另一种技术路线是通过飞轮、超级电容器等功率型储能构成故障电流源，一旦离网微电网系统检测到故障，故障电流源便投入微电网并提供足够的故障电流，从而触发过流保护动作，切除故障后故障电流源退出微电网。

在微电网中专门配置储能设备构成故障电流源并能够输出足够的短路电流，其制造和运行成本均比较高。若利用微电网中现有的储能设备，不仅增加储能控制器的复杂程度，且需准确而迅速的孤岛及故障检测单元进行配合，因此在实际微电网系统中鲜有应用。

10. 综合保护法

随着新能源和智能电网的建设，分布式电源结构在配电网络中越来越普及。但鉴于微电网诸如潮流双向流动、电网容量小等特点，使微电网的保护难度较大。根据微电网的应用特点，采用基于通信的微电网集中保护方案，并配置本地保护方案作为补充，可获得较为理想的保护效果。因此，对微电网保护的合理配置，建立科学有效的微电网保护方案是确保微电网可靠运行的基本保障。

分布式发电及储能元件在配电网中的应用，促成传统性配电网向主动性配电网转变。微电网在配电网中的运行，改变了电网系统的运行和故障特性，需要在配电网中应用相关的保护技术或措施。微电网的主要保护问题可分为以下 3 个方面：

（1）微电网配电系统保护

微电网并网运行，其中压侧发生故障时，主电网的故障电流可达额定电流的 20～50 倍，熔断器保护可在 0.1～0.2s 内快速动作；在低压侧故障时，故障电流约为额定电流的 10～20 倍，动作延时一般为 0.5～1.5s。而独立运行微电网（由联网馈线断路器断开而进入独立运行），当中压侧发生故障时，产生的故障电流仅为额定电流的 1.5 倍左右，按照 20～50 倍整定的过电流保护根本无法动作。解决措施：联络变压器高压侧过电流保护设置两套独立的定值，且在微电网独立运行时，自动切换为低定值。微电网保护的过电流定值应能作为主电网故障的后备保护，但在独立运行模式下，由于故障电流变小，过电流保护整定值的计算配合非常复杂，因此在每个可隔离区域均采取差动保护方案以保证选择性。

发生故障时，传统保护主要基于因故障点不同而不同的故障回路电流，并按照上下级保护的动作时限不同，实现故障切除的选择性，电源侧可视为无穷大系统。但当微电网独立运行时，由于系统中微电源不能视为无穷大电力系统，并且微电网电源的阻抗比变压器阻抗大很多，因此当故障点由高压侧向低压侧移动时，故障电流的变化会相对较小，按照联网状态整定的过电流保护就会拒动或动作时间明显加长。由此可知，保护协调模块需要在微电网从联网向独立运行的转变期间，对过流继电器定值进行自动重新整定，或通过合理的计算选择适应两种运行模式的电流整定值。匹配并网和离网两种模式下故障电流水平的实用方法是在PCC点装设故障电流限制器，以使微电网从并网到离网运行的过渡更加平滑，但这将彻底改变保护系统的基本原理。

（2）微电源保护

微电源保护的重点是依据系统中的电压和频率实现保护的调节功能。微电网独立运行期间，特别是装机容量较低的微电网中，电压和频率参数的变化范围较大，所以可采取大的电压和频率偏差允许值。但是，若电压和频率偏差的初始整定值以保障系统设备安全为边界条件，则独立运行时不能扩大电压和频率偏差的允许值。

微电网中，当微电源容量与负荷容量相近时，宜停用相应的反孤岛保护，因为反孤岛控制在微电网系统电压和频率波动中会造成分布式发电的跳闸，形成电压和频率崩溃的连锁反应。防范的举措是由微电网中央控制器发出令反孤岛保护跳闸功能失效的闭锁信号。

自动切负荷是当微电网独立运行时，为防止因过负荷造成电压和频率的降低而切除部分非优先负荷。需求侧控制的作用是当微电网恢复联网运行时，自动将切除的非优先负荷恢复供电。自动按频率减负荷的定值是按微电网内允许的频率下降程度进行整定的，边界条件是优先负荷中频率敏感特性、系统内元件的安全频率等的最高允许频率值，并保证一定的裕度。

（3）配电变压器保护

在为中压/低压配电变压器设置继电保护方案前，必须计算变压器过电流保护是否适应故障电流水平较低的独立运行微电网，并且可实现继电保护定值在线实时修改，也可采用两套完全独立的保护装置在不同的状态下实行相互闭锁。

2.6 练习

1. 什么是微电网？
2. 简述微电网技术的特点。
3. 微电网由哪几部分构成？并详细说明。
4. 微电网的分层结构是什么？并详细说明。
5. 什么是并网运行？什么是孤岛运行？它们分别有什么特点？
6. 微电网的几种控制模式是什么？并详细说明。
7. 什么是直流微电网？什么是交流微电网？什么是交直流微电网？并阐述三者的优点与不足。
8. 什么是 P/Q 控制？什么是 U/f 控制？
9. 简要说明微电网的各种运行模式。

参 考 文 献

[1] 张建华，黄伟. 微电网运行、控制与保护技术 [M]. 北京：中国电力出版社，2010.

[2] 李富生, 李瑞生, 周逢权. 微电网技术及工程应用 [M]. 北京: 中国电力出版社, 2017.

[3] 余建华, 孟碧波, 李瑞生. 分布式发电与微电网技术及应用 [M]. 北京: 中国电力出版社, 2018.

[4] 王成山. 微电网技术及应用 [M]. 北京: 科学出版社, 2018.

[5] 李越嘉, 杨莹, 常国祥. 微电网技术在中国的研究应用现状和前景展望 [J]. 中国电力, 2016 (49): 154-165.

[6] 张韵辉. 微电网运行控制策略研究 [J]. 工业仪表与自动化装置, 2018 (4): 114-118.

[7] 孟明, 陈世超, 赵树军, 李振伟, 卢玉舟. 新能源微电网研究综述 [J]. 现代电力, 2017, 34 (1): 1-7.

[8] 李乐, 马保慧. 微电网中的电能质量问题浅析及建议 [J]. 电气传动自动化, 2016, 38 (2): 51-54.

[9] 李瑞生. 微电网关键技术实践及实验 [J]. 电力系统保护与控制, 2013, 41 (2): 73-78.

[10] 何婷, 杨苹, 许志荣, 陈燿圣. 离网情况下微电网频率控制策略 [J]. 现代电力, 2017, 34 (6): 28-32.

[11] 吕婷婷, 段玉兵, 龚宇雷, 王辉, 李庆民. 微电网故障暂态分析及抑制方法研究 [J]. 电力系统保护与控制, 2011, 39 (2): 102-107, 130.

[12] 景雷. 微电网系统无缝切换策略研究与仿真 [J]. 电气应用, 2013 (S): 419-424.

[13] 杨恢宏, 余高旺, 樊占峰, 祝海明, 毕大强. 微电网系统控制器的研发及实际应用 [J]. 电力系统保护与控制, 2011, 39 (19): 126-129.

[14] 杨彦杰, 杨康, 邵永明, 陈月. 微电网的并离网平滑切换控制策略研究 [J]. 可再生能源, 2018, 36 (1): 36-42.

[15] 吴萍. 微电网平滑切换控制方法及策略研究 [J]. 长沙民政职业技术学院学报, 2017, 24 (4): 127-129.

[16] 魏于苹. 基于微电网并网技术研究现状初探 [J]. 中国高新技术企业, 2013 (17): 120-122.

[17] 张雪松, 赵波, 李鹏, 周丹, 薛美东. 基于多层控制的微电网运行模式无缝切换策略 [J]. 电力系统自动化, 2015, 39 (9): 179-184, 199.

[18] 周龙, 齐智平. 微电网保护研究综述 [J]. 电力系统保护与控制, 2015, 43 (13): 147-154.

[19] 李睿. 微电网保护策略综述 [J]. 东北电力技术, 2015 (6): 58-62.

[20] 苏海滨, 穆春阳, 王娜, 刘江伟. 微电网的保护方法 [J]. 中南大学学报 (自然科学版), 2013, 44 (S1): 407-410.

[21] 蔡超豪. 微电网无通道保护研究 [J]. 沈阳工程学院学报 (自然科学版), 2012, 8 (3): 224-227.

[22] 朱雪凌, 吕灵芝, 于鹏杰. 含微电网的配电网保护技术研究 [J]. 技术与市场, 2014, 21 (12): 4-5.

[23] 张磊, 王跃强, 陈国恩. 基于现实的微电网保护方案研究 [J]. 电气技术, 2017 (12): 114-117.

[24] 李艳琼, 李国武. 微电网保护系统关键问题分析 [J]. 电工技术 (继电保护技术), 2018 (2): 81-83.

第 3 章 微电网的保护策略

本章简介

本章主要介绍对于微电网系统的保护，首先分析了微电网的故障特性，介绍了微电网接入对配电网继电保护和对常规低压配电线路保护的影响，并给出了相应的保护措施和保护方案。

分布式电源和微电网广泛接入配电网是智能电网的核心特征之一。传统的配电网是一个功率单向流动的无源网络，而大量分布式电源和微电网的接入对传统配电网的拓扑结构、运行规程、控制方式和保护配置等都提出了很大的挑战。与常规集中式发电不同的是，一般情况下分布式电源组成的微电网具有容量小、数量多的特点，电网运行人员不具备对分布式电源单元的直接控制能力，这给配电网运行中的人身安全、设备安全、系统安全以及电能质量等都带来了威胁。

为使配电网不直接面对类型多样、数量众多的分布式电源，需要针对分布式电源接入电网的公共耦合点研究、制定并网标准。并网标准使得电网公司仅需关注分布式电源与公共配电网的接口处，而无需关注公共耦合点内分布式电源单元和微电网内部的复杂性，从而建立更为清晰的保护与控制的配合界面。

在微电网技术发展初期，各国通过限制其并网容量来保证配电网的安全运行。但随着可再生能源的快速发展，分布式电源渗透率水平不断提高，并网保护才开始受到重视。目前国内外对微电网系统保护的研究比对配电网保护和分布式电源内部保护存在较大的滞后性；而且由于不同时期、不同地区分布式电源渗透率不同，以及分布式电源类型的多样性和接入方式的复杂性，导致了世界各国对微电网系统保护的具体要求存在较多差异性。

3.1 分布式电源（DG）接入类型及保护

微电网和常规电力系统一样，要满足电网安全稳定运行的要求，其继电保护原则要满足可靠性、速动性、灵敏性和选择性。微电网并网运行时，其潮流实现了双向流动，即潮流可以由配电网流向微电网，也可以由微电网流向配电网。双向流动的特点改变了常规配电网单向流动的特征，同时微电网接入采用了电力电子技术实现的"柔性"接入，其电源特征与常规的"旋转"发电机发电接入不同，从而对常规的配电网继电保护带来影响。

根据微电网电源类型不同，其接入分别有以下三种情况。

1）直流电源：这类电源有燃料电池、光伏电池、直流风机等，发出的是直流电。图 3-1a 所示为直流电源接入系统图，通过逆变器并网。

2）交-直-交电源：这类电源有交流风机、单轴微型燃气轮机等，发出的是非工频交流电。图 3-1b 所示为交-直-交电源接入系统图，需要先将交流整流后再逆变并网接入。

3）交流电源：这一类有异步风机、小型同步发电机等，发出的是稳定的工频交流电。

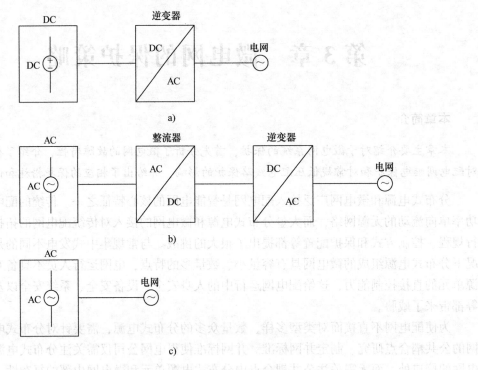

图 3-1　DG 电源接入方式示意图

a) 直流电源接入　b) 交-直-交电源接入　c) 交流电源接入

图 3-1c 所示为交流电源接入系统图，不需要通过电力电子装置逆变器即直接并网。

根据以上 3 种 DG 电源接入方式，接入方式分直接并网和逆变器并网两种情况，其中 DG 采用较多的是逆变器并网方式。

我们对于微电网并网保护的定义是：安装于公共耦合点处的继电保护措施，能够检测到主电网侧（系统侧）和分布式电源侧发生的故障和其他各种异常情况，并及时将分布式电源与主电网隔离，避免危及主电网的正常运行或者损坏分布式电源装置。并网保护包括防孤岛保护、故障保护以及其他异常保护。

当分布式电源单独接入系统时，并网保护功能可与分布式电源的发电机保护功能集成在同一套保护装置中。随着并网容量的增加，分布式电源通常以集群或微电网的方式接入配电网，且常包含嵌入负荷，此时则要求在公共耦合点处配置独立的并网保护。这样，电网公司可以无需关注分布式电源自身的保护配置，只对并网保护提出要求，从而简化保护配合，适应今后大量分布式电源在多种层级的接入要求。

而当电网系统内部发生故障时，通常不希望直接切掉电源，而是通过保护装置的选择性将故障部分切除，保障微电网系统正常部分的稳定运行。故障按照微电网系统的运行方式可以分为并网运行方式下的故障和离网运行方式下的故障；按照故障类型可以分为线路故障、负荷故障和变压器故障；按照故障位置可以分为位于分布式电源下游的故障和位于分布式电源上游的故障。

3.2 微电网系统保护的功能及影响

多微电网配电系统的保护主要包括并网模式与离网模式下配网保护与孤岛保护。配电网系统接入 DG 以后，改变了配电网的短路电流幅值和分布特征。因为微电网系统的接入改变了原有的网络结构，原系统的潮流分布和短路电流的大小随之改变。这些改变对过流保护的整定、配置和动作特性都有影响，而影响的大小取决于保护的位置、故障点和 DG 接入的位置。例如，如果分布式电源的公共耦合点位于馈线保护与故障点之间，那么该分布式电源的"屏蔽效应"会使流过馈线保护的短路电流变小，从而可能导致馈线保护拒动；而如果分布式电源的公共耦合点位于非故障馈线，则可能导致该馈线保护误动。为了减少对配电网保护的影响，要求并网保护在配电网发生故障时能够快速动作以切除分布式电源。

其次，架空线路故障主要为瞬时性故障，提高重合闸的成功率能够显著提高供电可靠性。但是，当配电网故障时，微电网系统中分布式电源的持续供电会使变电站或馈线重合闸的检无压重合失败；即使满足检无压重合闸条件，分布式电源持续提供的短路电流还会阻碍故障点灭弧而导致重合闸失败，使瞬时故障变为永久故障；即使能够重合闸，但由于分布式电源已与主电网失去同步，非同期合闸也会对断路器、分布式电源以及负荷带来很大冲击。所以，并网保护必须在馈线重合闸动作之前及时退出分布式电源，一旦配合失败则会导致严重后果。

除以上影响外，分布式电源的接入还会导致配电网设备损坏并产生过电压，提供的故障电流会使馈线熔断器过早熔断。

当分布式电源或者微电网系统与公共电网失去电气连接时，出于系统运行、人员设备安全以及电能质量等因素的考虑，分布式电源及微电网系统并网标准都要求其立即退出运行。此时，微电网系统处于离网运行状态，造成微电网系统离网运行的原因包括故障跳闸和非故障开关操作，当然也包含人为误操作。

不同类型的分布式电源和微电网系统，其防孤岛保护的配置要求有所不同。对于变流器型分布式电源，标准明确规定其控制器中需具备孤岛检测能力；对于不具有自励磁能力的感应电机型分布式电源，其不具备孤岛运行能力；而同步电机型分布式电源本身已配置有电压/频率保护，当孤岛内有功、无功不能平衡时，机组会自动退出运行。因此同步电机和感应电机型分布式电源不要求设置防孤岛保护。所以从原理上讲，仅需对变流器型分布式电源配置防孤岛保护。但是电网运行人员仍希望在公共耦合点（PCC）配置专门的防孤岛保护。这是因为，在同一公共耦合点下面可能包含多个类型的分布式电源和微电网系统，分别采用了不同的孤岛检测方法。例如，变流器型分布式电源多采用主动式孤岛检测，但是此方法在多变流器并网条件下，注入电网的扰动可能互相干扰而产生稀释效应，使得检测性能明显下降；对于同步电机型分布式电源，在其出力和本地负荷基本匹配时，其自身的电压/频率保护有较大的检测盲区。由于存在这些问题，在实践中应评估分布式电源单元自身孤岛检测机制失效的概率和风险。在公共耦合点配置专门的防孤岛保护，有利于提供更为完善的防孤岛保护方案并方便校核，减少因分布式电源自身防孤岛保护失效所带来的安全隐患。

1. 一般配电网保护配置

目前，我国的中低压配电网大都是单侧电源，辐射型的配电网络，一般装设三段式电流保护，同时起到主保护与后备保护的作用。几乎所有 10kV 或者 35kV 馈线都是从 35kV 至 220kV 变电站母线送出的，大部分馈线都属于直接向用户供电的终端线路，只有部分 10kV 馈线通过其他变电所 10kV 母线转供其他 10kV 终端线路，属非终端线路。

三段式电流保护包括无时限电流速断保护、带时限电流速断保护和定时限过电流保护。其中，电流速断保护（Ⅰ段）按照躲过线路末端短路时流过保护的最大三相短路电流的方法整定，瞬时动作切除故障，不能保护线路全长；带时限电流速断保护（Ⅱ段）按照躲过相邻下一元件电流速断保护的动作电流整定，能够保护本线路全长；定时限过电流保护（Ⅲ段）按照躲过线路最大负荷电流并与相邻线路的过电流保护配合的方法整定，做相邻线路保护的远后备，能够保护相邻线路的全长。

对于非终端线路，线路保护一般采用三段式电流保护与其他保护相配合；对于不存在与相邻线路配合问题的终端线路，为简化保护配置，大多采用电流速断保护加过电流保护组成的二段式保护，再配以三相一次重合闸（前加速）的保护方式，对于非全电缆线路，配置三相一次重合闸，保证在馈线发生瞬时性故障时，快速恢复供电。

根据微电网系统接入技术规范，常规配电网 10kV 等级一般为单向辐射型网络或"手拉手"环网型开环运行方式。图 3-2a 所示为单向辐射型，配电网继电保护一般配置传统的三段式电流保护，即电流速断保护、限时电流速断保护、定时限过电流保护。整定原则为：电流速断保护按照躲开线路末端三相短路故障产生的最大短路电流整定，不能保护线路全长；限时电流速断保护按照躲开前方各相邻元件电流速断保护的动作电流整定，能够保护线路全长；定时限过电流保护按照躲开线路最大负荷电流整定，作为相邻线保护的远后备，能够保护线路全长。非终端线路采用三段式电流保护与其他线路保护相配合。对终端线路一般简化配置，采用两段式电流保护，即电流速断保护（按躲开末端降压变压器低压侧最大三相短路电流整定）、定时限过电流保护（按躲开最大负荷电流整定，延时 0.5s）。对电缆线路，由于其故障一般是永久性故障，因此一般不配置重合闸；对架空线路，一般配置重合闸。

图 3-2b 所示为"手拉手"环网型。采用重合器模式实现配电自动化，配电网保护采用阶段式电流保护与重合器、分段器配合实现故障的隔离。线路发生故障，断路器电流保护跳闸，线路失电压，所有的分段开关失电压，分段开关检测出失电压后打开；断路器第一次重合后，根据延时，线路重合器一级一级投入，直到投到故障段，断路器电流保护再跳闸，故障区段两侧的开关因感受到故障电压而闭锁，当断路器再次合闸后，正常区段恢复供电，故障区通过闭锁而隔离。

对于配电系统电压等级为 0.4kV（380/220V）的微电网系统，保护配置通常采用带继电保护的低压断路器（又称万能断路器）及熔断器保护、热继电器保护等。根据 GB 10963.1—2005/IEC 60898-1：2002《家用及类似场所用过电流保护断路器 第 1 部分：用于交流的断路器》的要求，瞬时电流脱扣特性分 B、C、D 共 3 种，其中 B 型脱扣范围为 $3I_n \sim 5I_n$，C 型脱扣范围为 $5I_n \sim 10I_n$，D 型脱扣范围为 $10I_n \sim 20I_n$；速断脱扣时间小于 0.1s。短路电流动作时间特性为 I^2t 反时限特性，约定脱扣电流为 $1.45I_n$；脱扣时间 <1h（I_n < 63A）或 <2h（I_n >63A）。

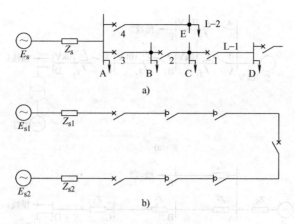

图 3-2　配电网网络

a）单向辐射型　b）"手拉手"环网型

2. 微电网对配电网继电保护的影响

微电网由于其容量小，在配网中接入位置不确定，当接入单向辐射型配电网，给传统的配电网保护带来末端故障电流，使得保护灵敏度降低，造成相邻线故障保护误动及重合闸不成功等问题。所以我们针对配电网中广为配置的二段式电流保护，在不同接入情况下 DG 的保护动作状态，具体分析其对配电网继电保护带来的影响。

（1）在馈线末端接入

如图 3-3a 所示，DG 接在馈线末端母线 D 上，馈线 1 变为双侧电源供电线路，馈线 2 仍然可视为单侧电源供电线路。相邻线馈线 2 上 f_4 点发生故障，故障电流可能由 DG 流向故障点，造成馈线 1 上保护 1、2、3 误动作。同时 DG 接在线路末端，如果当 DG 下游出现故障时，由于 DG 向故障点送出短路电流，DG 上游的线路保护 3 感受到的故障电流将变小，从而降低了馈线 2 上保护 4 的灵敏度，缩小了保护范围。如果保护 4 采用反时限过流特性时，还会增加其动作的延时。所以这种情况一般可以通过在保护中增加方向元件来解决。

假设参数：系统等值电动势为 $\dot{E}_S$，分布式电源等值电动势为 $\dot{E}_d$；系统阻抗为 Z_S，分布式电源阻抗为 Z_d；变压器等效阻抗为 Z_T；AB、BC、CD 和 AE 线路阻抗分别为 $Z_1 \sim Z_4$，α、β、γ 和 δ 分别表示线路 AB、BC、CD 和 AE 的短路点距各自母线的距离占该段输电线路的百分比，以上参数均取标幺值，等效电路如图 3-3b 所示。

1）f_1 点短路。

在 f_1 点发生短路时，引入 DG 前后，保护 1 感受到的故障电流均只由系统侧提供，大小不变，因此保护 1 的动作行为不受 DG 影响，能够准确动作切除保护范围内的故障。同时，DG 通过保护 2、保护 3 向故障点提供短路电流，该短路电流有可能引起保护 2、保护 3 的误动作而使 DG 右侧的系统形成孤岛，这时要考虑 DG 的带负荷能力和系统重合闸时的同期问题。此时流过保护 1、保护 2、保护 3 的短路电流（分别为 I_{k1}、I_{k2}、I_{k3}）为

$$I_{k1} = \frac{E_S}{Z_S + \alpha Z_1} \tag{3-1}$$

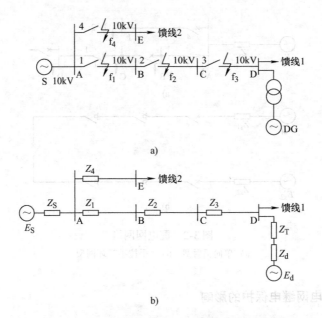

图 3-3 DG 接在配电网馈线末端及等效电路图

a) DG 接在配电网馈线末端 b) 等效电路图

$$I_{k2} = I_{k3} = \frac{E_d}{Z_d + Z_T + Z_2 + Z_3 + (1 - \alpha)Z_1} \tag{3-2}$$

2) f_2 点短路。

在 f_2 点发生短路时，情况与 f_1 点发生短路时类似，这里不做具体分析。

3) f_3 点短路。

在 f_3 点发生短路时，保护 3 感受到的故障电流均只由系统侧提供，大小不变，因此保护 3 能够正常动作于故障，但是保护 3 动作后，DG 仍向故障点提供短路电流，使故障点电弧不能熄灭，线路重合闸不成功，导致瞬时性故障的停电时间延长。因此，需要在线路 CD 靠近母线 D 侧加设保护装置和方向元件，构成方向性电流保护，并动作切除故障，使 DG 不再向故障点提供短路电流。此时流过保护 1、2 和 3 的短路电流为

$$I_{k1} = I_{k2} = I_{k3} = \frac{E_S}{Z_S + Z_1 + Z_2 + \gamma Z_3} \tag{3-3}$$

4) f_4 点短路。

在 f_4 点发生短路时，DG 向短路点提供反向故障电流，流过保护 1、2 和 3，有可能造成这三个保护的误动作，失去选择性，扩大故障范围。同时，DG 注入的短路电流对流过保护 4 的短路电流产生助增作用，有可能

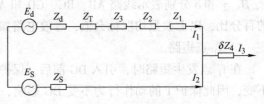

图 3-4 计算等值图

使保护 4 的保护范围延伸到下一级线路，导致无法保证选择性。此时流过保护 1、2、3 和 4 的短路电流可通过如图 3-4 所示的计算等值图求出，其中 I_1 表示流过保护 1、2 和 3 的短路电流，I_2 表示流过系统侧的短路电流，I_3 表示流过保护 4 的短路电流。

解得，流过保护 1、2、3 和 4 的短路电流为

$$I_{k1} = I_{k2} = I_{k3} = \frac{E_d - \dfrac{E_{Sd}}{Z_{sd} + \delta Z_4} \cdot \delta Z_4}{Z_1 + Z_2 + Z_3 + Z_d + Z_T} \tag{3-4}$$

$$I_{k4} = \frac{E_{Sd}}{Z_{sd} + \delta Z_4} \tag{3-5}$$

其中：

$$E_{Sd} = \frac{E_S(Z_d + Z_T + Z_1 + Z_2 + Z_3) + E_d Z_s}{Z_S + Z_1 + Z_2 + Z_3 + Z_d + Z_T} \tag{3-6}$$

$$Z_{sd} = \frac{(Z_d + Z_T + Z_1 + Z_2 + Z_3) \cdot Z_s}{Z_s + Z_1 + Z_2 + Z_3 + Z_d + Z_T} \tag{3-7}$$

（2）在馈线中间接入

如图 3-5 所示，DG 在馈线中间接入，同样相邻线馈线 2 上 f_3 发生故障，故障电流可能由 DG 流向故障点，造成馈线 1 上保护 3 误动作；馈线 f_2 点发生故障，由于 DG 助增作用，保护 3 灵敏度降低，可能拒动，需要重新计算保护 3 的分支系数。由于 DG 的接入，保护 2 需要按照最大运行方式整定，保护 2 动作后，不能正常熄弧，造成保护 2 重合闸不成功。

（3）在馈线始端接入

如图 3-6 所示，DG 在馈线首端接入，造成所有保护均需要按照新的最大运行方式重新整定。

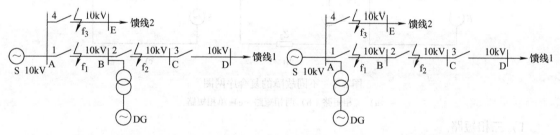

图 3-5　DG 在馈线中间接入　　　　　　图 3-6　DG 在馈线首端接入

DG 接在配电网馈线始端的母线上时，仅相当于增大了系统容量，尽管线路上发生故障时短路电流会增大，但由于 DG 与系统相比容量仍然很小，因此 f_1、f_2、f_3 故障时 DG 对各个保护的影响都很小。

通过以上分析，总结起来，微电网接入对配电网继电保护的影响主要包括 3 个方面：

1）DG 接入会降低保护的灵敏度。当 DG 下游发生故障时，由于 DG 的汲流作用，使得流过 DG 所在线路保护的故障电流小于相同故障情况下未接入 DG 时流过该保护的故障电流，因此减小了线路保护检测到的故障电流值，降低了保护的灵敏度，可能造成保护拒动。

2）DG 接入造成上游保护误动。当相邻线路发生故障时，DG 提供的短路电流流过上游保护，有可能造成保护误动。因此，在保护装置下游接有分布式电源时，在保护的上游发生故障时，都有故障电流流过保护装置，而由于它没有方向原件，一旦故障电流超过整定值，保护将动作而失去选择性。

3）与不接分布式电源相比，对于同一故障点，DG 对下游保护提供助增电流，这将使得下游保护的保护范围增大，影响保护的选择性；而上游保护流过的故障电流减小，使得上游保护（线路的远后备保护）的保护范围减小，降低保护的灵敏度。

3. 微电网系统故障对配电线路保护的影响

图 3-7 所示为微电网系统负荷电流流向图。图中，$\dot{E}_S$ 是配电网系统电势，$\dot{E}_{DG}$ 是分布式电源电势，PCC 是公共连接点，$\dot{U}$ 是公共连接点电压，Z_f 是微电网负荷，$\dot{I}_f$ 为负荷电流。正常并网运行时，系统电源 $\dot{E}_S$ 及分布式电源 $\dot{E}_{DG}$ 共同提供负荷电流。离网运行时，分布式电源 $\dot{E}_{DG}$ 提供负荷电流。

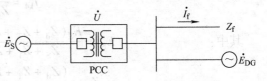

图 3-7　微电网系统负荷电流流向图

根据对称分量法，不同故障的复合序网图如图 3-8 所示，图中，$\dot{E}$ 表示电源电势，Z_0、Z_1、Z_2 分别表示零序、正序、负序阻抗。并网运行可以视为 DG 并网发电，由电网电源 $\dot{E}_S$ 及分布式电源 $\dot{E}_{DG}$ 等效的电源 $\dot{E}$ 提供短路电流；离网运行分布式电源 $\dot{E}_{DG}$ 即为等效的电源 $\dot{E}$。故障电流分析与常规的三相短路、两相短路、单相接地的故障分析相同。

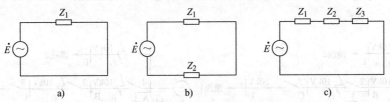

图 3-8　不同故障的复合序网图

a）三相短路　b）两相短路　c）单相短路

1）三相短路。

图 3-9 所示为三相短路系统图，根据图 3-8a 所示的复合序网图，以 U 相短路为例，可以得出

$$\left.\begin{array}{l} I_U = I_1 = \dfrac{E_U}{Z_1} \\[2mm] Z_1 = Z_{1S} + Z_{1L} \end{array}\right\} \tag{3-8}$$

式中，Z_{1S} 为电源正序阻抗；Z_{1L} 为线路正序阻抗。

2）两相短路。

图 3-10 所示为两相短路系统图，根据图 3-8b 所示的复合序网图，以 V、W 两相短路为例，可以得出

$$\dot{I}_1 = \dot{I}_2 = \dot{E}_U / (Z_1 + Z_2) \tag{3-9}$$

$$\dot{I}_V = -\dot{I}_W = a^2 \dot{I}_1 + a \dot{I}_2 = -\mathrm{j}\sqrt{3}\, \dot{E}_U / (Z_1 + Z_2) \tag{3-10}$$

式中，$Z_1 = Z_{1S} + Z_{1L}$，$Z_2 = Z_{2S} + Z_{2L}$。

可以近似地认为 $Z_1 = Z_2$，则

$$\dot{I}_V = -\dot{I}_W = -\mathrm{j}\frac{\sqrt{3}}{2} \cdot \frac{\dot{E}_U}{Z_1} \approx -0.866\mathrm{j}\frac{\dot{E}_U}{Z_1} \tag{3-11}$$

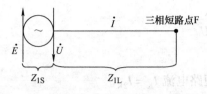

图 3-9　三相短路系统图

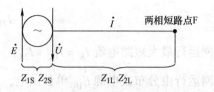

图 3-10　两相短路系统图

3）单相接地。

图 3-11 所示为单相接地系统图，根据图 3-8c 所示的复合序网图，以 U 相接地为例，可以得出

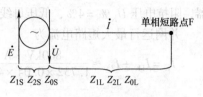

$$\dot{I}_1 = \dot{I}_2 = \dot{I}_0 = \dot{E}_U / (Z_1 + Z_2 + Z_0) = \dot{I}_U / 3$$

（3-12）

图 3-11　单相接地系统图

其中，$Z_1 = Z_{1S} + Z_{1L}$，$Z_2 = Z_{2S} + Z_{2L}$，$Z_0 = Z_{0S} + Z_{0L}$，近似认为 $Z_1 = Z_2$，则

$$\dot{I}_U = 3\,\dot{E}_U / (2Z_1 + Z_0)$$

（3-13）

对架空线路，$Z_0 = 2Z_1$，则

$$\dot{I}_U = 0.75 \frac{\dot{E}_U}{Z_1}$$

（3-14）

对电缆线路，$Z_0 = 3.5Z_1$，则

$$\dot{I}_U \approx 0.55 \frac{\dot{E}_U}{Z_1}$$

（3-15）

由此分析可知，三相短路故障电流最大；两相短路次之，约为三相短路的 0.87 倍；单相接地故障电流最小，为三相短路的约 0.55 倍或 0.75 倍。

对于以上短路分析计算，需要知道两个量：保护安装处到系统等效电源之间的阻抗和保护安装处到短路点的阻抗。由于 DG 的等效参数难以得到，下面采用短路容量法计算并网运行和离网运行时的短路电流。

并网运行时，系统电源 $\dot{E}_S$ 及分布式电源 $\dot{E}_{DG}$ 并联，系统电源 $\dot{E}_S$ 的配电变压器的短路容量为

$$S_{1K} = \frac{S_{1N}}{U_{1K}\%}$$

（3-16）

式中，$U_{1K}\%$ 为阻抗电压（短路电压）；S_{1N} 为配电变压器容量。

系统电源提供的短路电流为

$$I_{1K} = \frac{S_{1K}}{\sqrt{3}\,U}$$

（3-17）

按照逆变器的过电流不大于额定电流的 1.5 倍，分布式电源 $\dot{E}_{DG}$ 的短路容量为

$$S_{2K} = 1.5 S_{2N}$$

（3-18）

式中，S_{2K} 为 $\dot{E}_{DG}$ 逆变器容量。

分布式电源 $\dot{E}_{DG}$ 提供的短路电流为

$$I_{2K} = \frac{S_{2K}}{\sqrt{3} U} \tag{3-19}$$

并网运行最大短路电流 $I_K = I_{1K} + I_{2K}$。

离网运行由分布式电源 $\dot{E}_{DG}$ 单独供电，最大短路电流 $I_K = I_{2K}$。

以图 3-6 所示为例，系统电源 $\dot{E}_S$ 为 10kV 配电网，接一台容量 S_{1N} 为 800kV·A 的配电变压器，阻抗电压 $U_K\% = 4\%$，低压母线电压 $U = 400V$，分布式电源 $\dot{E}_{DG}$ 容量 S_{2N} 为 600kV·A。

并网运行最大短路电流为

$$I_K = I_{1K} + I_{2K} \approx \frac{800kV·A}{1.732 \times 0.04 \times 400V} + \frac{1.5 \times 600kV·A}{1.732 \times 400V} \approx 28.87kA + 1.3kA \approx 30.2kA \tag{3-20}$$

离网运行最大短路电流为

$$I_K = I_{2K} \approx \frac{1.5 \times 600kV·A}{1.732 \times 400V} \approx 1.3kA \tag{3-21}$$

并网运行短路电流远远大于离网运行短路电流。并网运行时短路电流主要由配电网系统电源提供。并网运行低压配电网发生故障时，系统电源及分布式电源共同提供故障电流，主要是由配电网电源提供，故障电流比没有 DG 接入时大；离网运行低压配电网发生故障时，DG 提供故障电流，故障电流小。由于离网运行低压配电网故障时逆变器的限流允许的最大输出电流为 $1.5I_n$，传统的带继电保护的低压断路器脱扣时间接近 1h（$I_n < 63A$），因此无法实现快速隔离故障的要求。

3.3 微电网接入容量对配电网继电保护影响理论分析

从目前分布式发电供能系统的运行实践来看，微电网的保护和控制问题是微电网关键技术之一。而且从第 3.2 节内容可以看出，除了微电网接入配电网的位置对配电网继电保护的影响之外，微电网接入容量也对配电网保护有一定的影响。

（1）当故障发生在 DG 上游时，DG 接入容量对保护的影响

如图 3-12a 所示，DG 接于母线 C 上，故障发生在 f_1 处。假设系统电源为无穷大系统，则 $E_S = 1$，改变 DG 容量的大小，即 E_d 发生变化，则流过保护 2 的短路电流 I_k 为：

$$I_k = \frac{E_d}{Z_d + Z_T + Z_2 + (1 - \alpha) Z_1} \tag{3-22}$$

如果 DG 没有接入系统，则短路时保护 2 上没有电流流过，保护 2 不会动作，而当 DG 接入后，流过保护 2 的短路电流会随着容量的增加而增大，当容量增大到一定程度时，流过保护 2 的电流将超过其整定值，保护 2 将动作于跳闸。

（2）当故障发生在 DG 下游时，DG 接入容量对保护的影响

如图 3-13a 所示，DG 接于母线 B 上，故障发生在 f_1 处。假设系统电源为无穷大系统，则 $E_S = 1$，改变 DG 容量的大小，即 E_d 发生变化，则流过保护 2 的短路电流 I_{k2} 与式（3-23）一致：

$$I_{k2} = \frac{E_{Sd}}{Z_{Sd} + \beta Z_2} \tag{3-23}$$

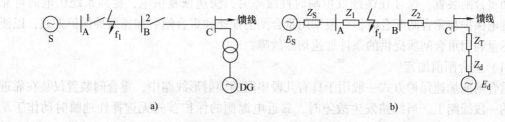

图 3-12 故障发生在 DG 上游的配电网及等效电路图

a）故障发生在 DG 上游的配电网 b）系统等效图

其中：
$$E_{Sd} = \frac{E_S(Z_d + Z_T) + E_d(Z_S + Z_1)}{Z_S + Z_1 + Z_d + Z_T} \tag{3-24}$$

$$Z_{Sd} = \frac{(Z_d + Z_T) \cdot (Z_S + Z_1)}{Z_S + Z_1 + Z_d + Z_T} \tag{3-25}$$

从式(3-23) 中可以看出，DG 接入容量对系统的故障电流有显著影响。I_k 随着 E_d 的增大而不断增大，虽然流过保护 1 的电流 I_1 会因为 DG 支路的分流而减小，但其减小的幅度不会超过 I_d 增大的幅度，因此流经保护 2 的故障电流 I_{k2} 也随之不断增大，保护 2 的灵敏性增加，但是保护 2 的限时电流速断保护范围增大，可能与保护 3 的 I 段保护失去配合，无法保证选择性。

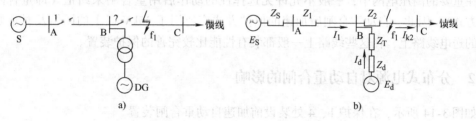

图 3-13 故障发生在 DG 下游的配电网及等效电路图

a）故障发生在 DG 下游的配电网 b）系统等效图

3.4　分布式电源接入对自动重合闸的影响

3.4.1　自动重合闸保护

运行经验表明，在电力系统故障中，输电线路（尤其是架空线路）的故障占绝大部分，自动重合闸保护广泛应用于架空线输电和架空线供电线路上的有效反事故措施中（电缆输、供电不能采用）。当出现故障时，继电保护使断路器跳闸，自动重合闸装置经过短时间间隔后使断路器重新合上。大多数情况下，线路故障（如雷击、风害等）都是暂时性的，断路器跳闸后线路的绝缘性能（绝缘子和空气间隙）能够得到恢复，再次重合就能成功，这就提高了电力系统供电的可靠性。少数情况属于永久性故障，自动重合闸装置动作后靠继电保护动作再跳开，查明原因，予以排除再送电。

传统配电网继电保护，一般是以单侧电源配电网为基础设计的，其潮流从电源到用户都是单向流动，系统保护的设计通常在变电站线路处安装传统的三段式电流保护，主馈线上装设自动重合闸装置，保证在馈线发生瞬时性故障时，快速恢复供电，提高系统供电的可靠性。继电保护与重合闸配合时，一般采用重合闸前加速和重合闸后加速两种保护方式，以便能够尽量利用重合闸所提供的条件加速切除故障。

（1）重合闸前加速

重合闸前加速保护方式一般用于具有几段串联的辐射形线路中，重合闸装置仅装在靠近电源的一段线路上。当线路发生故障时，靠近电源侧的保护首先无选择性地瞬时动作于跳闸，然后利用重合闸来纠正这种非选择性的动作。其缺点是：需要较长的时间来切除永久性故障，装有重合闸装置的断路器动作次数较多，一旦断路器或重合闸拒动，将扩大停电范围。重合闸前加速保护方式一般适用于 35kV 以下由发电厂或主要变电站引出的直配线上，以便快速切除故障，保证母线电压。在这些线路上一般只装设简单的电流保护。

（2）重合闸后加速

当被保护线路发生故障时，保护装置有选择性地将故障线路切除，与此同时重合闸动作，重合一次，若重合于永久性故障，保护装置立即以不带时限、无选择性的动作再次断开断路器，这种保护装置叫作重合闸后加速，一般多加一块中间继电器即可实现。其缺点是：被保护的各条线路都需要装设一套自动重合闸装置，与前加速相比较为复杂；另外第一次切除故障可能带有延时，在同期重合闸中不能采用重合闸后加速保护的方式。

在重要的高压电网中，一般不允许无选择性的动作后用重合闸来纠正（即重合闸前加速的方式），因此，自动重合闸后加速的保护方式广泛用于 35kV 以上的网络及对重要负荷供电的送电线路上，在这些线路上一般都装有性能比较完善的保护装置。

3.4.2　分布式电源对自动重合闸的影响

如图 3-14 所示，在保护 1、4 处装设前加速自动重合闸装置。

当 f_1 处发生瞬时性故障时，保护 1 将瞬时动作切除故障并重合，但由于 DG 的接入，DG 会向故障点提供故障电流，使得电弧不能立刻熄灭，导致保护 1 前加速装置重合不成功，原本的瞬时性故障变成了永久性故障，扩大了停电范围。同样，当 f_2 处发生瞬时性故障时，前加速重合闸装置立即跳开，但由于 DG 会向故障点继续提供故障电流，从而导致重合闸不成

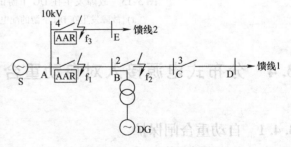

图 3-14　含 DG 的配电网

功。为了避免前加速重合闸重合失败，可以在线路 AB 靠近母线 B 处装设保护装置，当 f_1 发生故障时，线路 AB 两侧保护均动作，保证了故障的可靠切除，但此时 DG 将会与右侧形成孤岛，电力孤岛与电网很可能处于不同步状态，此时，我们需要考虑的是如何防止非同期的问题。当 f_3 处发生瞬时性故障时，保护 4 将瞬时动作并重合成功，但由于 DG 的接入，保护 1 感受到 DG 提供的反向电流，有可能会引起保护 1 的误动作，而在保护 1 处也装设了前加速重合闸装置，则会引起保护 1 自动重合闸装置的误操作。所以需要考虑在分布式电源上游的保护上加设方向元件，以此来判断分布式电源的反供电流。

3.5 微电网系统继电保护的配置

DG 的并网和离网运行给配电网的继电保护带来了很多的问题，传统的线路保护模式已经不能满足电网的要求。尤其是微电网配电系统的继电保护的配置要遵循如下几个原则：

1）灵活地适应各种运行方式，如并网运行、单元离网运行、组合离网运行等，实现无缝转换。

2）涵盖多个微电网配电系统，包括孤岛内的元件和孤岛外的元件。

3）保护原理和逻辑简单明了，算法快速可靠。

4）能应对各种非正常情况，如 IED（Intelligent Electronic Device，智能电力监测装置）拒动和误动、断路器失灵等。

5）比现有的保护算法在性能上更优越，能够解决某些常规保护算法难以解决的问题，如弱馈线侧保护问题等。

由于 DG 的接入，使得系统电源和 DG 之间的上游线路变成双侧电源线路。如图 3-15 所示，当 f 点发生故障时，若 DG 的容量足够大，则保护 1 和保护 2 有可能会误动。以配电网中任意一条馈线为例，如图 3-16 所示。假设有线路 L_1、L_2、…、L_n，每条线路上配有保护 1，保护 2…，保护 n。由于 DG 的接入，因此需要在 DG 的上游每条线路原

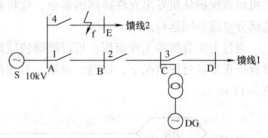

图 3-15 接有 DG 的简单配电网

有电流保护的基础上加装方向元件，以避免由于 DG 的接入而造成相邻馈线保护的误动。此外，从第 1 条线路到第（$n-2$）线路均配置三段式电流保护，第（$n-1$）条线路只需配置两段式电流保护，第 n 线路保护只需配置Ⅰ段式保护，其中保护的算法均采用在线自适应整定的保护算法。

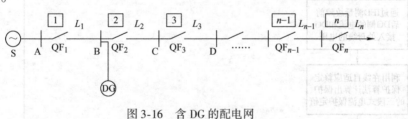

图 3-16 含 DG 的配电网

自适应保护方案由一套保护系统作为变电站所有设备及馈线的主保护，由于配电网的保护对动作时间的要求相对较低，为了简化算法和保护逻辑，将采用分层纵联比较的思路，其中判断系统是否发生故障是根据主控制器中获得的各节点电压及电流来判断的。保护的工作流程如下：

1）提取变电站各出线电流、变压器高低压侧电流和母线电压进行分析判断，若结果为正常运行状态，则区域纵联保护系统不动作。保护继续数据采集和分析运行状态的循环运行，一旦发现系统中发生故障，则区域纵联保护立即动作。保护判断出配电系统发生故障后，再分析是否为本站范围之内的故障。分析的依据是根据变电站与外网连接点处方向元件的动作情况。若该方向元件动作，则故障在本站范围之内，本保护系统将继续进行下一步的

判断；若该方向元件不动作，则故障在本站范围之外，本保护系统不动作。若为本站范围之内的故障，需判断该故障是变压器内部故障还是变压器下游的故障。判断的依据是变压器低压侧方向元件的动作状态。若方向元件不动作，则为变压器内部故障，保护将故障变压器跳开，若该方向元件动作，则故障在变压器下游，保护将继续进行下一步的判断。

2）判断母线故障。判断依据为母线分段开关处及各馈线出口处方向元件的动作状态。若变压器低压侧方向元件动作且母线分段处及各馈线出口处的方向元件均不动作，则为母线故障；若母线分段处方向元件同时动作，则为另外一条母线故障；若某条馈线出口处的方向元件动作，则为该馈线发生故障。

3）若判断为某一馈线故障，保护主机通过分析本馈线上各保护从机处方向元件的动作状态，判断出故障所在的区段。若某个区段的上游分段开关的方向元件动作，而其下游分段开关的方向元件不动作，则本区段就是故障区段；若某区段的上、下游分段开关的方向元件均动作或均不动作，则相应的区段就不是故障区段。

4）在故障区段内的保护从机方向元件动作时，说明一定是该保护的下游发生了故障，主机向该保护从机发出允许跳闸的命令，仅将其下游的微网或负荷与主网隔离，而电网的其他部分继续并网运行。

通过上面分析的工作流程，可以准确快捷地确定出故障的位置，进而在不影响其他无故障设备正常运行的情况下，快速、灵敏、有选择性地将故障设备可靠切除。具体工作流程见图3-17所示。

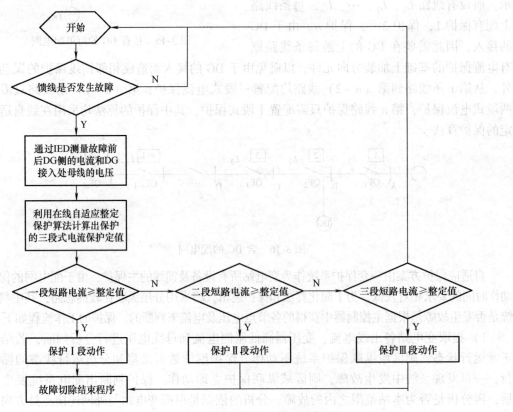

图3-17 自适应保护方案的工作流程

3.6 练习

1. 介绍三种类型的微电网电源，并举例分析。
2. 分析微电网对配电网继电保护的影响。
3. 分析微电网对低压配电线路保护的影响。

4. 在图 3-7 中，系统电源 $\dot{E}_S$ 为 10kV 配电网，接一台容量 S_{1N} 为 600kV·A 的配电变压器，短路阻抗 $U_K\% = 3\%$，低压母线 $U = 400V$，分布式电源 $\dot{E}_{DG}$ 容量 S_{2N} 为 300kV·A。试求并网运行时的最大短路电流。

5. 在题 4 的基础上，外加一条分布式电源 $\dot{E}_{DG2}$，容量 S_{3N} 为 500kV·A，试求并网运行与离网运行时的最大短路电流。

6. 分析微电网运行的保护措施。
7. 微电网接入后既能并网运行又能离网运行，其基本要求是什么？

参 考 文 献

[1] 徐玉琴, 李雪冬, 张继刚, 等. 考虑分布式发电的配电网规划问题的研究 [J]. 电力系统保护与控制, 2011, 39 (1)：87 - 91.

[2] 张立梅, 唐巍, 赵云军, 等. 分布式发电接入配电网后对系统电压及损耗的影响分析 [J]. 电力系统保护与控制, 2011, 39 (5)：91 - 96.

[3] 殷桂梁, 杨丽君, 王珺. 分布式发电技术 [M]. 北京：机械工业出版社, 2008.

[4] 谢石骁, 王乔来. 混合储能系统在分布式发电系统中的应用 [J]. 华东电力, 2011, 37 (8)：2010 - 2015.

[5] Jenkins N, Allan R, Crossley P, et al. Embedded Generation [M]. London, UK：Institution of Electrical Engineers, 2000.

[6] Girgis A, Brahrna S. Effect of distributed generation on protective device coordination in distribution system. [EB/OL]. [2008 - 04 - 05].

[7] 何季民. 分布式电源技术展望 [J]. 东方电气评论. 2003, 17 (1)：9 - 14.

[8] 梁有伟, 胡志坚. 分布式发电及其在电力系统中的应用研究综述 [J]. 电网技术, 2003, 27 (12)：74 - 75, 88.

[9] 王敏, 丁明. 含布式电源的配电系统规划 [J]. 电力系统自动化学报, 2004, 16 (6)：5 - 8, 23.

[10] 刘俊, 李仁东, 杨伟, 等. 分布式发电技术现状与应用前景综述 [C]. 中国高等学校电力系统及其自动化专业第二十三届学术年会, 2007.

[11] 唐昆明, 王富松, 罗建, 等. 含分布式电源的配电网继电保护方案研究 [J]. 华东电力, 2010, 38 (6)：0876 - 0880.

[12] IEEE Standards Coordinating Committee 21. IEEE1547 - 2003 IEEE standard for interconnecting distributed resources with electric power systems [S]. 2003.

[13] Rajamani K, Hamarde U K. Islanding and load shedding schemes for captive power plants [J]. IEEE Trans on Power Delivery, 1999, 14 (3)：805 - 809.

[14] Archer B A, Davies J B. System islanding considerations for improving power system restoration at Manitoba hydro

［C］. IEEE Canadian conference on Electrical and Computing Engineering, Canada, 2002 (1)：60－65.

［15］Jager J, Keil T, Shang L, Krebs R. New protection coordination methods in the presence of distributed genera-tion ［C］. The Eighth IEEE International Conference on Developments In Power System Protection, 2004 (1)：319－322.

［16］郭铭. 含分布式发电系统的配电网保护研究 ［D］. 上海：上海交通大学, 2010.

［17］黄伟, 雷金勇, 夏翔, 等. 分布式电源对配电网相间短路保护的影响 ［J］. 电力系统自动化, 2008, 32 (1)：93－97.

［18］孙景钉, 李永丽, 李盛伟, 等. 含逆变型分布式电源配电网自适应电流速断保护 ［J］. 电力系统自动化, 2009, 33 (14)：71－76.

［19］宋凯, 郜能灵, 王红海. 工频变化量距离保护在含 DG 配电网中的应用分析 ［J］. 水电能源科学, 2010, 28 (7)：146－149.

［20］Nikkhajoei H, Lasseter R H. Microgrid Protection ［C］. Proceedings of IEEE Power Engineering Society General Meeting, 2007：1－6.

［21］Nikkhajoei H , Lasseter R H. Microgrid fault protection based on symmetrical and differential current compo-nent s ［EB/OL］. ［2006212201］.

［22］Javadian S A M, Haghifam M R, Barazandeh P. An Adaptive Over－current Protection Scheme for MV Distri-bution Networks Including DG ［S］. 2008 IEEE.

［23］Petit M, Pivert X Le, Garcia－Santander L, Directional relays without voltage sensors for distribution networks with distributed generation：Use of symmetrical components ［J］. Electric Power Systems Research, 2010, 80 (10)：1222－1228.

第4章 微电网的监控与能量管理

本章简介

微电网监控与能量管理系统，主要对微电网内部的分布式发电、储能装置和负荷状态进行实时综合监视，在微电网并网运行、离网运行和状态切换时，根据电源和负荷特性，对内部的分布式发电、储能装置和负荷能量进行优化控制，实现微电网的安全稳定运行，提高微电网的能源利用效率。

4.1 微电网的监控系统架构

微电网监控系统与本地保护控制、远程配电调度相互协调，通过隔离变压器、静态开关和大电网相连接。微电网中绝大部分的微电源都采用电力电子变换器和负载相连接，使其控制灵活。每个微电源出口处都配有断路器，同时具备功率和电压控制器，在能量管理系统的控制下，调整各自功率输出以调节馈线潮流。当监测到大电网出现电压扰动等电能质量问题或供电中断时，微电网转入离网运行模式，以保证微电网内重要敏感负荷的不间断供电，同时各微电源在能量管理系统的控制下，调整功率输出，保证微电网正常运行。其主要功能介绍如下。

1) 实时监控类：包括微电网内所有设备实时数据采集和处理、安全报警处理、事件顺序记录和事故追忆、画面显示和制表打印、人机接口。

2) 控制管理类：包括分布式电源点的控制、管理功能、在线统计计算、时钟同步、远动功能、与继电保护装置的通信、系统的自诊断和自恢复、维护功能、网络通信功能、满足微电网实时性和数据存储要求、通信协议解析、接收电网调度模块、DG 发电预测、DG 发电控制及功率平衡控制等。

3) 智能分析类：包括通用数据库管理、微电网决策分析、能量管理多目标控制、微电网发电计划、功率预测、负荷预测、微电网能源优化调度等。

一般情况下，微电网监控与能量管理系统的特点如下。

1) 监控系统具备并网和离网两种运行模式控制算法，并且可以控制两种运行模式间实现平滑切换。

2) 系统采用三层控制架构（能量管理及监控层、中央控制层和底层设备层），既能向上级电力调度中心上传微电网信息，又能接收调度中心下发的控制命令。

3) 系统可对负荷用电进行长期和短期的预测，通过预测分析实现对微电网系统的高级能量管理，使微电网能够安全经济运行。

4) 系统支持 IEEE1588 微秒级精确时钟同步。

5) 支持 B/S 和 C/S 结构，支持多任务、多用户，前/后台实时处理。图 4-1 是微电网监控系统能量管理的软件功能架构图。

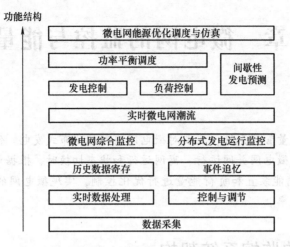

图 4-1 微电网监控系统能量管理的软件功能架构图

4.2 微电网监控系统组成

微电网实时监控系统由微网中央控制器（MGCC）、能量管理系统及 SCADA 监控系统组成，包括 DG、储能装置、负荷及控制装置等。其系统架构可以实现对光伏发电、风力发电、储能及负荷的监控，具体监控内容如下。

4.2.1 光伏发电监控

对光伏发电的实时运行信息和报警信息进行全面的监视，并对光伏发电进行多方面的统计和分析，实现对光伏发电的全方面掌控。微电网光伏发电监控界面如图 4-2 所示。

光伏发电监控主要提供以下功能：

1）实时显示光伏的当前发电总功率、日发电量、累计总发电量、累计 CO_2 总减排量以及实时发电功率曲线图，并能对整个充伏电站进行可视化的管理。

2）查看各光伏逆变器的运行参数，主要包括直流电压、直流电流、直流功率、交流电压、交流电流、频率、当前发电功率、功率因数、日发电量、累计发电量、累计 CO_2 减排量、逆变器机内温度以及功率输出曲线图等。如果光伏电站是双轴跟踪类型，还可以监视其组件跟踪状态，包括组件倾斜角度及跟踪装置运行状态。

3）监视逆变器的运行状态，采用声光报警方式提示设备出现故障，查看故障原因及故障时间。故障信息包括：电网电压过高、电网电压过低、电网频率过高、电网频率过低、直流电压过高、直流电压过低、逆变器过载、逆变器过热、逆变器短路、散热器过热、逆变器孤岛、通信失败等。

4）预测光伏发电的短期和超短期发电功率，为微电网能量优化调度提供依据。

5）调节光伏发电功率，控制光伏逆变器的启停。

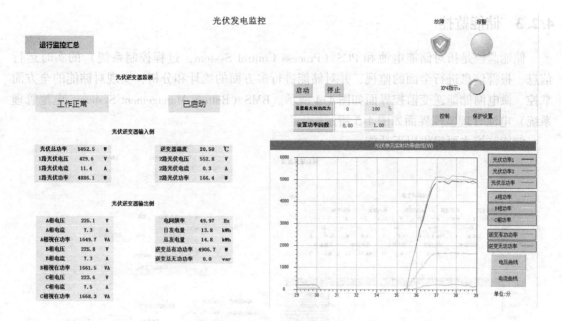

图 4-2 微电网光伏发电监控界面

4.2.2 风力发电监控

风力发电监控是指对风力发电的实时运行信息、报警信息进行全面的监视，并对风力发电进行多方面的统计和分析，实现对风力发电的全方面掌控。微电网风力发电监控界面如图 4-3 所示。

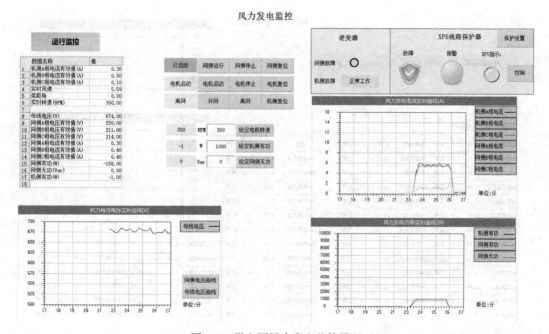

图 4-3 微电网风力发电监控界面

4.2.3 储能监控

储能监控是指对储能电池和 PCS（Process Control System，过程控制系统）的实时运行信息、报警信息进行全面的监视，并对储能进行多方面的统计和分析，实现对储能的全方面掌控。微电网储能逆变监控界面如图 4-4 所示。BMS（Battery Management System，电池管理系统）电池管理监控界面如图 4-5 所示。

储能监控主要提供以下功能：

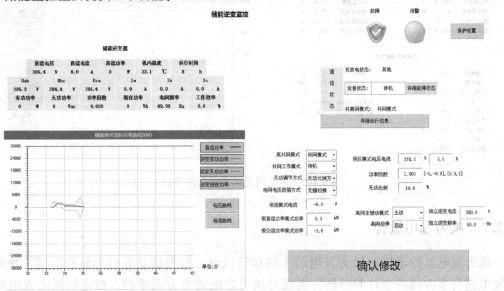

图 4-4　微电网储能逆变监控界面

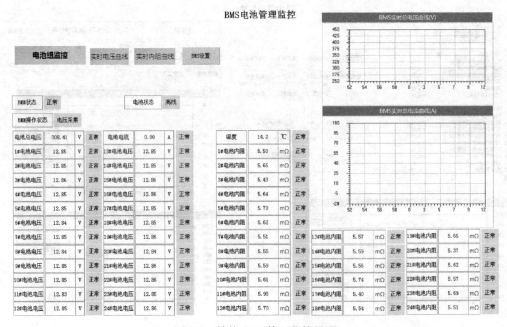

图 4-5　储能 BMS 管理监控界面

1）实时显示储能的当前可放电量、可充电量、最大放电功率、当前放电功率、可放电时间、总充电量和总放电量。

2）遥信：显示交直流双向变流器的运行状态、保护信息、告警信息。其中，保护信息包括低电压保护、过电压保护、缺相保护、低频保护、过频保护、过电流保护、器件异常保护、电池组异常工况保护和过温保护。

3）遥测：显示交直流双向变流器的电池电压、电池充放电电流、交流电压和输入输出功率等。

4）遥调：对电池充放电时间、充放电电流、电池保护电压进行遥调，实现远端对交直流双向变流器相关参数的调节。

5）遥控：对交直流双向变流器进行远端遥控电池充电和电池放电。

4.2.4 负荷监控

负荷监控是指对负荷运行信息和报警信息进行全面监控，并对负荷进行多方面的统计分析，实现对负荷的全面监控。图4-6为微电网负荷监控界面。

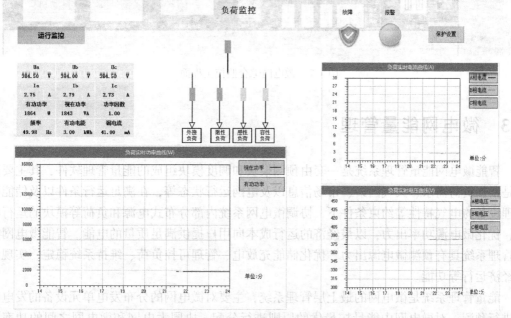

图4-6 微电网负荷监控界面

负荷监控主要提供以下功能：

1）监测负荷电压、电流、有功功率、无功功率、视在功率。

2）记录负荷最大功率及时间情况。

4.2.5 微电网综合监控

综合监控监视微电网系统运行的综合信息，包括微电网系统频率、公共连接点的电压、配电交换功率，并实时统计微电网总发电出力、储能剩余容量、微电网总有功负荷、总无功负荷、敏感负荷总有功、可控负荷总有功、完全可切除负荷总有功，并监视微电网内部各断路器开关状态、各支路有功功率、各支路无功功率、各设备的报警等实时信息，完成整个微电网的实时监控和统计。微电网综合监控主界面如图 4-7 所示。

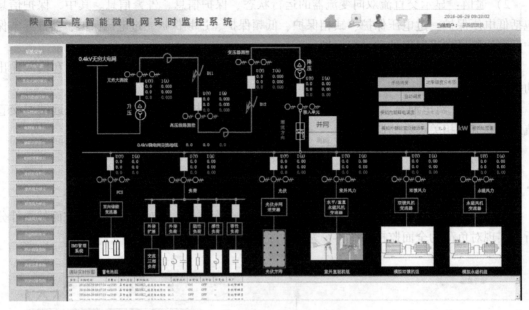

图 4-7　微电网综合监控主界面

4.3　微电网能量管理

　　智能微电网能量管理系统是一套由预测模块和调度模块组成的能量管理软件，其主要目的是根据负荷需求、天气因素、市场信息以及电网运行状态等，在满足运行条件以及储能等物理设备的电气特性等约束条件下，协调微电网系统内部分布式电源和负荷等模块的运行状态，优化微电源功率出力，以最经济的运行成本向用户提供满足质量的电能。智能微电网能量管理系统具有预测微电源出力、优化储能充放电、管理可控负荷、维持系统稳定、实现系统经济运行等功能。

　　能量管理系统是微电网的最上层管理系统，主要对微电网的分布发电单元设备的发电功率进行预测，对微电网中能量按最优的原则进行分配，协同大电网和微电网之间的功率流动，其主要功能包括：

- 对微电网内的分布式电源、储能系统和负荷状态进行监控，并对各分布式发电单元及系统进行数据采集和数据分析。
- 基于数据分析结果生成实时调度运行曲线。
- 根据预测调度曲线，制定合理的功率分配曲线并下发给微电网中央控制器。

　　所以能量管理系统部分主要包括：负荷控制、负荷预测和经济调度。

4.3.1　微电网能量管理系统功能特点

　　微电网能量管理系统功能特点如下。

1）并网情况下，系统采用智能微电网运行费用为优化目标，实现微电网经济运行。

2）离网情况下，调度优化考虑稳定性和运行费用为优化目标，实现微电网多目标经济调度运行。

3）系统能对分布式发电和负荷用电实施长期和短期的预测，能灵活地满足上级电网调度部门的需求。

4）预测模块对数据库的采集数据进行初步处理，能有效剔除采集数据的错误值，有效提高预测精度。

4.3.2 能量管理系统负荷控制功能

微电网能量管理系统的负荷控制功能主要包括：对微电源的管理、储能装置管理、负荷管理、断网与并网的控制功能等。各控制器经过通信线路上传各自的状态信息，包括的公共并网点电网参数，各微电源输出特性参数，断路器通断状态，负荷的各种电量参数，经过能量管理系统的综合数据处理，制定微电源的投切、工作方式切换、功率输出等调节，断路器的通断等控制策略。然后把这些设定值与控制命令发送到各调节装置，维持微电网的正常运行。具体如下。

（1）公共并网点

在并网运行模式下，将大电网电压、频率与微电网当前电压和频率做比较，分析是否同步，如果偏差超过允许范围，将调节储能装置和光伏电池的功率输出，同时将误差传输到能量管理系统计算无功功率补偿量，并把这个值传送给储能装置，命令储能装置发送无功，维持系统平衡。当监测到大电网出现电压扰动等电能质量问题或供电中断时，能量管理系统发出分闸指令，使隔离开关动作，此时微电网转入离网运行模式。

（2）光伏电池功率电压控制器

光伏电池功率电压控制器用于上传光伏电池的工作方式（MPPT/定电压），输出电压、电流、频率、有功功率、无功功率等参数值。在并网运行模式下，能量管理系统控制其一直工作在 MPPT 方式下；在离网运行模式下，当光伏电池输出大于负荷消耗且储能装置充满时，光伏电池功率电压控制器工作在定电压方式下，否则应一直保持工作在 MPPT 方式。当光伏电池输出为零时，光伏电池功率电压控制器停止运行。

（3）储能装置（蓄电池）功率电压控制器

储能装置（蓄电池）功率电压控制器上传储能当前的工作方式、充放电的电压、电流，输出有功功率、无功功率等参数值以及荷电状态等，并根据负荷需求与负荷用电状况确定其充放电与工作方式。例如在并网运行模式时，当能量管理系统检测到储能装置未充满电时，蓄电池充电。若充满，则停止充电。在离网运行模式时，蓄电池储能为零，光伏输出持续增加但小于负荷消耗时，蓄电池停止运行。光伏输出超过微电网负荷消耗，蓄电池未充满，此时储能装置功率电压控制器工作在充电方式；当光伏输出小于负荷消耗时或光伏输出为零时，能量管理系统检测到储能装置有储能，此时控制储能装置放电；当储能装置输出为零时，则储能装置功率电压控制器停止运行。

（4）微型燃气轮机功率电压控制器

微型燃气轮机功率电压控制器上传微型燃气轮机的运行状况（是否投入运行、低位运行、高位运行）、工作方式、输出电压、电流、频率、有功功率、无功功率等参数值。在并网运行模式时，能量管理系统通知微型燃气轮机不投入运行；在离网运行模式时，当光伏输出超过微电网负荷消耗，能量管理系统控制微型燃气轮机工作在低输出运行模式；当负荷需求持续增加，光伏电池和蓄电池已不能满足负荷用电需求，微型燃气轮机则增加输出功率；当储能装置与光伏电池输出为零时，控制微型燃气轮机完全供电。

(5) 负荷参数控制

负荷参数包括负荷的大小、电压、电流、频率、功率因数等。在并网运行模式时，确保所有负荷的正常供电；在离网运行模式时，首先将一般负荷切除，确保敏感负荷的供电。当储能装置与光伏电池输出均为零，且微型燃气轮机完全供电仍不能满足负荷需求时，应考虑将敏感负荷中供电优先级较低的负荷切除，命令所在支路的断路器断开以保证重要敏感负荷的供电。若系统存在两个或两个以上供电等级相同的较重要敏感负荷时，能量管理系统采集当前较敏感负荷的大小，并结合微电源的运行情况做出判断，若将较小负荷切除时，不会造成系统的电压频率降低，便可将较小负荷切除，若会出现电压、频率不稳定，须将较大负荷切除。当某负荷节点的电压超过允许范围时，根据无功补偿算法，制定无功补偿量，并把这个设定值传送给调节电源，使其参与电压调节。

(6) 各断路器的通断状况

在并网运行模式时，系统监视各断路器的通断，当某条支路或节点电压、电流过高时，迅速切断该支路或节点的断路器，并发送维修指令，通知维修人员快速解除故障，保障负荷的正常供电；在离网运行模式时，隔离开关快速动作断开与大电网的连接，微电网进入离网运行模式。此时系统切断一般负荷的供电，确保敏感负荷的正常供电。当微电网供电仍不满足敏感负荷需求时，系统将敏感负荷中供电等级较低的较重要敏感负荷切除，确保重要敏感负荷的正常供电。

4.3.3 能量管理系统的功率预测

分布式发电预测是微电网能量管理的一部分，用来预测分布式发电（风力发电、光伏发电）的短期和超短期发电功率，为能量优化调度提供依据；对充分利用分布式发电，获得更大的经济效益和社会效益，提高微电网运行的可靠性、经济性有重要作用。随着大规模光伏等新能源并网容量的不断快速增加，其功率出力的间歇性和随机性，使微电网具有较高的穿透率。微电网负荷低、波动性大，负荷的突变对系统冲击较大。对微电网系统的分布式发电单元发电量进行有效预测，能有效提高系统稳定性，减少备用设备，减少发电机的启停，降低储能电池的充放电次数。

系统预测模块主要由数据单元、预测算法单元组成。数据单元的主要功能是：对于数据库的采集数据进行初步处理，剔除错误值；预测算法单元起关键性作用，其主要功能是：由历史数据、预测数据和天气因素，代入预测算法，得到预测值。

例如，能量管理系统中的光伏系统预测模块由光伏系统历史功率出力数据、光伏系统预测功率出力数据和天气因素（光照强度、温度），进行初步数据出力，剔除错误值，然后将数据代入预测算法，求出未来 1 小时的功率出力预测值，实现微电网的光伏系统功率预测。太阳辐射的逐日或逐时观测数据构成了随机性很强的时间序列，但太阳辐射序列的内部仍有某种确定性的规律，只有充分了解掌握太阳能光伏发电的特点、变化规律，才能建立符合实际情况的预测模型及方法。太阳辐射分为直接太阳辐射和散射太阳辐射。直接太阳辐射为太阳光通过大气到达地面的辐射；散射太阳辐射为被大气中的微尘、分子、水汽等吸收、反射和散射后，到达地面的辐射。散射太阳辐射和直接太阳辐射之和称为总辐射。太阳总辐射强度的影响因素包括：太阳高度角、大气质量、大气透明度、海拔、纬度、坡度坡向、云层。太阳能光伏发电预测是根据太阳辐射原理，通过历史气象资料、光伏发电量资料、卫星云图资料等，运用回归模型、人工神经网络、卫星遥感技术、数值模拟等方法获得预测信息，包括太阳高度角、大气质量、大气透明度、海拔、纬度、坡度坡向、云层等要素，根据这些要素建立太阳辐射预报模型。

从预测方式上划分，光伏发电预测可分为直接预测和间接预测两类。前者直接对光伏电站的输出功率进行预测；后者又叫分步预测，首先对太阳辐射强度进行预测，然后根据光伏发电系统发电模型得到输出功率。直接预测方式简洁方便，但直接预测模型需要从历史发电数据直接预测未来的发电功率，预测的准确性一方面决定于预测算法，另一方面决定于是否有大量准确的历史数据。分步预测方式包括太阳辐照强度预测和光伏发电系统功率模型两个过程，在每个过程中可灵活选择不同的方法，某种程度上克服了直接预测方式的局限性。

从预测方法上来说，光伏功率预测包含统计方法和物理方法。统计方法的原理是统计分析历史数据，从而发现其内在规律并最终用于发电功率预测，可以直接预测输出功率，也可以预测太阳辐照强度；物理方法是在已知太阳辐射强度预测值的情况下，研究光能转化的物理过程，采用物理方程，考虑温度、寿命等影响因素，由预测的太阳辐射强度得到光伏系统发电功率预测值。

4.3.4　各类预测方法对比

1) 在间接预测方法中，光照幅度预测模型的预测精度是影响间接预测方法预测效果的决定性因素。发电功率预测模型中，经验公式法因无需历史发电功率数据而广泛应用于新建的光伏电站，并且由简单物理模型逐步发展为复杂物理模型。统计学习模型由于结合光照幅度与历史发电功率等因素，预测效果一般优于其他预测方法，但建模条件较高。

2) 直接预测方法的总体预测精度一般低于间接预测方法，对变化天气状况下的适应性与间接预测方法相比较低，但由于直接预测方法无需预测光照幅度，建模简单、预测成本较低，因而也得到大量应用。根据光伏电站的实际情况将单一预测模型组合形成的混合模型具有更好的适应性、容错性和预测效果，成为直接预测方法中一个重要的研究方向。

3) 无论哪种预测方法，气象条件都是影响光伏发电短期预测效果的一个重要原因，划分天气类型、使用数值天气预报都可降低其对预测精度的影响。然而，目前在多云、阵雨等不稳定气象条件下的预测效果仍然不理想。季节变化相对具有一定规律可巡，一般通过利用地外辐照度、按季节建立子预测模型来补偿季节更替对预测的影响，目前已取得较好的效果。

4.3.5　能量管理系统负荷预测

负荷预测是微电网能量管理系统的重要组成部分之一。微电网负荷水平低、惯性小、波动性较大，因此对微电网进行负荷预测，能减少负荷系统突变对微电网系统的冲击，减少系统不平衡功率，提高系统的稳定性。同时，负荷预测预报未来电力负荷的情况，用于分析系统的用电需求，帮助通行人员及时了解系统未来的运行状态。它也是预测电力系统未来运行方式的重要依据。负荷预测对微电网的控制、运行和计划都非常重要，既能增强微电网运行的安全性，又能改善微电网运行的经济性。能量管理系统中的负荷系统预测原理是：将负荷系统历史负荷值、负荷系统预测负荷值和天气因素（最高温度、平均温度、最低温度、最高湿度、平均湿度、最低湿度）代入预测算法，求出未来1分钟的负荷值，实现微电网的负荷系统负荷预测。

4.3.6　能源管理系统的经济调度

分布式能源系统经济调度是建立在系统满足各个分布式能源正常运行及负荷消纳的条件下，通过合理规划安排各个单位的出力计划并及时进行负荷调整，从而使得分布式能源系统的总运行费用最小，该模型是一个复杂的、非线性多目标优化问题，其经济运行主要考虑了经济成本、环境成本以及分布式能源的备用成本，而对于需求侧可调控资源的考虑主要体现在需求侧负荷约束中。

根据上述模型分析，分布式能源系统经济优化运行的成本函数为

$$\min C = C_F + C_H + C_B \tag{4-1}$$

发电成本 C_f 为

$$C_F = \sum_{t=1}^{N_1}\sum_{i=1}^{M}[c_f F_i(P_i) + O_i(P_i) + C_{dep}(P_i)] + \sum_{t=1}^{N_t}[C_{buy}(t) - C_{sell}(t)]P_{grid}(t)$$

$$\tag{4-2}$$

式中，N_t 为计算的总时段数；c_f 为燃料价格；$F_i(P_i)$ 表示机组的燃料消耗；$O_i(P_i)$ 表示机组的运行维护成本；$C_{dep}(P_i)$ 表示机组的折旧成本；C_{buy} 和 C_{sell} 分别表示在 t 时间段的购电电价和上网电价；P_{grid} 表示在 t 时间段与电网交换的功率值。此外，$F_i(P_i) = C_{st}(P_i) + C_{op}(P_i)$，$C_{st}(P_i)$ 为机组在发电时使用的燃料，$C_{op}(P_i)$ 为机组在启动时使用的燃料。$O_i(P_i) = k_o(P_i)P_i\Delta t$，$k_o(P_i)$ 为运行维护参数，P_i 为输出功率。$C_{dep}(P_i) = C_I f_{cr}/P_{cr}\tau$，$C_I$ 为发电机的安装成本，f_{cr} 为资本回收系数，P_{cr} 为发电机的额定发电功率，τ 为最大利用小时数。

环境成本 C_H 为

$$C_H = \sum_{t=1}^{N_1}\sum_{i=1}^{M}10^3\beta_k\sum_{i=1}^{M}\alpha_{ik}P_i(t) + \alpha_{grid,k}P_{grid}(t) \tag{4-3}$$

式中，k 为污染物类型编号；α_{ik} 为不同机组类型的污染物排放系数；$\alpha_{grid,k}$ 为系统发电的污染物排放系数；β_k 为治理污染物所需费用。

备用成本 C_B 为

$$C_B = \sum_{t=1}^{N_t}(\lambda_{w,t}^o p_{w,t}^o + \lambda_{w,t}^u p_{w,t}^u + \lambda_{s,t}^o p_{s,t}^o + \lambda_{s,t}^u p_{s,t}^u) \tag{4-4}$$

式中，$p_{w,t}^o$ 为风力发电调度值过大而引起的负荷缺额；$p_{w,t}^u$ 为风力发电调度值过小而引起的窝电量；$p_{s,t}^o$ 为光伏发电调度值过大引起的负荷缺额；$p_{s,t}^u$ 为光伏发电调度值过小而引起的窝电量；$\lambda_{w,t}^o$ 为风电过调度补偿系数；$\lambda_{w,t}^u$ 为风电欠调度补偿系数；$\lambda_{s,t}^o$ 为光伏发电过调度补偿系数；$\lambda_{s,t}^u$ 为光伏发电欠调度补偿系数。

需求侧负荷主要分为固定负荷、随机负荷、可转移负荷。固定负荷为用户的最小负荷需求，可以根据历史值预测；随机负荷为用户临时需求负荷，具有不可预测性；可转移负荷为用户将负荷从某个时间段转移到此外时间段的负荷，具有可控制性，因此合理安排可转移负荷是分布式能源系统中需求侧管理的关键。

$$\begin{cases} O_i^T(t, t+\Delta t) = \Gamma_i^T(t, t+\Delta t)\Delta O_i^T \\ \displaystyle\sum_{i=1}^{N_t} O_i^T(t, t+\Delta t) \leqslant O_{i,\max}^I(\Delta t) \\ \displaystyle\sum_{i=1}^{N_t} O_i^T(t, t+\Delta t) \leqslant O_{i,\max}^O(\Delta t) = P_i^T(\Delta t) \end{cases} \qquad (4-5)$$

式中，$O_i^T(t, t+\Delta t)$ 为时间段 Δt 内转移的负荷量；ΔO_i^T 为时间段 Δt 内第 i 类负荷的单位转移量；Γ_i^T 为时间段 Δt 内可转移负荷的单元数量；$O_{i,\max}^I$ 和 $O_{i,\max}^O$ 分别为时间段 Δt 第 i 内负荷的最大输入量和输出量；P_i^T 为转移前第 i 类负荷的负荷量。

通过研究分布式能源系统经济优化运行的问题，综合考虑发电成本、环境成本以及备用成本三方面，可以较为全面地建立兼容需求侧可调控资源的分布式能源系统经济优化运行模型，并通过相关优化算法（如烟花算法、PSO 算法相比、量子烟花算法等）搜索全局最优解，从而获得基于需求侧的分布式能源系统经济优化运行问题的资源调控方法。这也说明，当分布式能源参与需求侧负荷优化管理时，能有效地缩减系统总成本，充分发挥需求侧的"削峰填谷"作用，同时提高需求侧用户的满意度。能量管理系统经济调度的具体优化过程如图 4-8 所示。

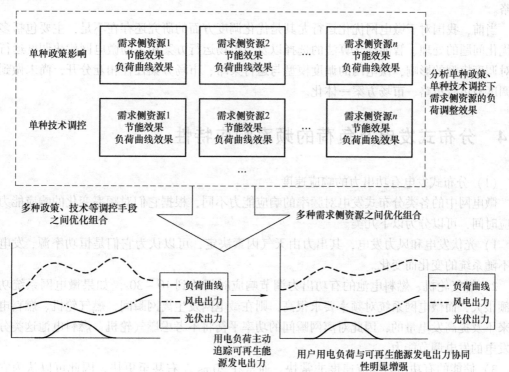

图 4-8　能量管理系统经济调度的具体优化过程

综上所述，微电网优化调度是一种非线性、多模型、多目标的复杂系统优化问题。传统电力系统的能量供需平衡是优化调度首先要解决的问题。而微电网能量平衡的基本任务是指在一定的控制策略下，使微电网中的各分布式电源及储能装置的输出功率满足微电网的负荷需求，保证微电网的安全稳定，实现微电网的经济优化运行。

与传统的电网优化调度相比，微电网的优化调度模型更加复杂。首先，微电网能够为地区提高热（冷）/电负荷，因此，在考虑电功率平衡的同时，也要保证热（冷）负荷供需平衡。其次，微电网中分布式电源发电形式各异，其运行特性各不相同。而风力发电、光伏发电等可再生能源也易受天气因素影响。同时这类电源容量较小，单一的负荷变化都可能对微电网的功率平衡产生显著影响。最后，微电网的优化调度不仅仅需要考虑发电的经济成本，还需要考虑分布式电源组合的整体环境效益。这就无形中增加了微电网优化调度的难度，由原来传统的单目标优化问题转变成了一个多目标的优化问题。

因此，微电网的优化调度必须从微电网整体出发，考虑微电网运行的经济性与环保性，综合热（冷）/电负荷需求、分布式电源发电特性、电能质量要求、需求侧管理等信息，确定各个微电源的处理分配、微电网与大电网间的交互功率以及负荷控制命令，实现微电网中的各分布式电源、储能单元与负荷间的最佳配置。

目前，对含多种分布式电源的微电网优化调度问题，尤其是针对多目标的微电网调度问题，建立了经济运行成本最低与环境效益最佳的两个目标函数优化模型，采用线性相加的方式将多目标优化问题转换成单目标优化问题。同时也针对不同分布式电源的特性，对传统意义下的微电网经济调度模型进行了修正，将发电成本、环境成本和备用成本作为多目标，建立了环保经济的微电网多目标模型。在研究微电网优化调度算法的基础上，制定相应的调度策略。

当前，我国对于微电网优化运行尤其是优化调度方面的研究还存在不足，主要包括多目标优化问题的处理、智能优化算法的选择以及与市场运行方案相关的微电网优化调度运行策略对调度模型的影响，微电网的调度模型与运行策略、市场方案往往相互分开，尚未做到优化调度与运行策略、市场方案一体化。

4.4 分布式发电及负荷的频率响应特性

（1）分布式发电有功出力的响应速度

微电网中的各类分布式发电对频率的响应能力不同，根据它们对频率变化的响应能力和响应时间，可以分为以下几类。

1）光伏发电和风力发电，其出力由天气因素决定，可以认为它们是恒功率源，发电出力不随系统的变化而变化。

2）燃气轮机、燃料电池的有功出力调节响应时间达到 $10 \sim 30s$。如果微电网系统功率差额很大，而微电网系统对频率要求很高，则在微电网发生离网瞬间，燃气轮机、燃料电池是来不及提高发电量的，因此对离网瞬间的功率平衡将不考虑燃气轮机、燃料电池这类分布式发电的发电调节能力。

3）储能的有功出力响应速度非常快，通常在 $20ms$ 左右甚至更快，因此可以认为它们瞬间就能以最大出力来补充系统功率的差额。储能的最大发电功率可以被认为是在离网瞬间所有分布式发电可增加的发电出力。

（2）负荷的频率响应特性

电力系统负荷的有功功率与系统频率的关系随着负荷类型的不同而不同。一般有以下几种类型的负荷。

1）有功功率与频率变化无关的负荷，如照明灯、电炉、整流负荷等。

2）有功功率与频率一次方成正比的负荷，如球磨机、卷扬机、压缩机、切削机床等。

3）有功功率与频率二次方成正比的负荷，如变压器铁心中的涡流损耗、电网线损等。

4）有功功率与频率三次方成正比的负荷，如通风机、静水头阻力不大的循环水泵等。

5）有功功率与频率高次方成正比的负荷，如静水头阻力很大的给水泵等。

在不计系统电压波动的影响时，系统频率 f 与负荷的有功功率 P_L 之间的关系满足

$$P_L = P_{LN}(a_0 + a_1 f_* + a_2 f_*^2 + \cdots + a_i f_*^i + \cdots + a_n f_*^n) \tag{4-6}$$

式中，$f_* = \dfrac{f}{f_N}$，f_N 为额定频率，$*$ 为标幺值；P_{LN} 为负荷额定频率下的有功功率；a_i 为比例系数。

在简化的系统频率响应模型中，忽略与频率变化超过一次方成正比的负荷的影响，并将式（4-6）对频率微分，可得负荷的频率调节响应系数为

$$K_{L*} = a_{1*} = \frac{\Delta P_{L*}}{\Delta f_*} \tag{4-7}$$

令 ΔP 表示盈余的发电功率，Δf 表示增长的频率，则有

$$\begin{cases} \Delta P_{L*} = \dfrac{\Delta P}{P_{L\Sigma}} = \dfrac{\Delta P}{\sum P_{Li}} \\ \Delta f_* = \dfrac{\Delta f}{f_N} = \dfrac{f^{(1)} - f^{(0)}}{f^{(0)}} \end{cases} \tag{4-8}$$

式中，$f^{(0)}$ 为当前频率；$f^{(1)}$ 为目标频率，如果因为发电量突变（如切发电机）而存在功率缺额 P_{qe}（若 $P_{qe} < 0$，则表示增加发电机而产生功率盈余），通过减负荷来调节频率，则有

$$K_{L*} = \frac{\Delta P_{L*}}{\Delta f_*} = \left(\frac{P_{qe} - P_{jh}}{P_{L\Sigma} - P_{jh}}\right) \bigg/ \left(\frac{f^{(1)} - f^{(0)}}{f^{(0)}}\right) \tag{4-9}$$

式中，P_{jh} 为需要切除的负荷有功功率。若通过减负荷使目标频率达到 $f^{(1)}$，则需要切除的负载有功功率为

$$P_{jh} = P_{qe} - \frac{K_{L*}(f^{(1)} - f^{(0)})(P_{L\Sigma} - P_{qe})}{f^{(0)} - K_{L*}(f^{(1)} - f^{(0)})} \tag{4-10}$$

如果因为负荷突变（如切除负载）而存在功率盈余 P_{yy}（若 $P_{yy} < 0$，则表示增加负荷而存在功率缺额），通过切除发电机来调节频率，则有

$$K_{L*} = \left(\frac{P_{yy} - P_{qj}}{P_{L\Sigma} - P_{yy}}\right) \bigg/ \left(\frac{f^{(1)} - f^{(0)}}{f^{(0)}}\right) \tag{4-11}$$

根据式（4-11），若通过切除发电机使目标频率达到 $f^{(1)}$，则需要切除的发电有功功率 P_{qj} 为

$$P_{qj} = P_{yy} - \frac{K_{L*}(f^{(1)} - f^{(0)})}{f^{(0)}}(P_{L\Sigma} - P_{yy}) \tag{4-12}$$

4.5 微电网的功率平衡

微电网并网运行时，通常情况下并不限制微电网的用电和发电，只有在需要时大电网通过交换功率控制对微电网下达指定功率的用电或发电指令。即在并网运行方式下，大电网根据经济运行分析，给微电网下发交换功率定值以实现最优运行。微电网能量管理系统按照调度下发的交换功率定值，控制分布式发电出力、储能系统的充放电功率等，在保证微电网内部经济安全运行的前提下按指定交换功率运行。微电网能量管理系统根据指定交换功率分配各分布式发电出力时，需要综合考虑各种分布式发电的特性和控制响应特性。

(1) 并网运行功率平衡控制

微电网并网运行时，由大电网提供刚性的电压和频率支撑。通常情况下不需要对微电网进行专门的控制。

在某些情况下，微电网与大电网的交换功率是根据大电网给定的计划值来确定的，此时需要对流过公共连接点 (PCC) 的功率进行监视。当交换功率与大电网给定的计划值偏差过大时，需要由微电网控制中心 (MGCC) 通过切除微电网内部的负荷或发电机，或者通过恢复先前被 MGCC 切除的负荷或发电机将交换功率调整到计划值附近。实际交换功率与计划值的偏差功率计算方式如下

$$\Delta P^{(t)} = P_{\text{PCC}}^{(t)} - P_{\text{plan}}^{(t)} \qquad (4\text{-}13)$$

式中，$P_{\text{plan}}^{(t)}$ 表示 t 时刻由大电网输送给微电网的有功功率计划值，$P_{\text{PCC}}^{(t)}$ 表示 t 时刻公共连接点的有功功率。

当 $\Delta P^{(t)} > \varepsilon$ 时，表示微电网内部存在功率缺额，需要恢复先前被 MGCC 切除的发电机，或者切除微电网内一部分非重要负荷；当 $\Delta P^{(t)} < -\varepsilon$ 时，它表示微电网内部存在功率盈余，需要恢复先前被 MGCC 切除的负荷，或者根据大电网的电价与分布式发电的电价比较切除一部分电价高的分布式电源。

(2) 从并网转入孤岛运行功率平衡控制

微电网从并网转入孤岛运行瞬间，流过 PCC 的功率被突然切断。切断前通过 PCC 处的功率如果是流入微电网的，则它就是微电网离网后的功率缺额；如果是流出微电网的，则它就是微电网离网后的功率盈余。大电网的电能供应突然中止，微电网内一般存在较大的有功功率缺额。在离网运行瞬间，如果不启用紧急控制措施，微电网内部频率将急剧下降，导致一些分布式电源采取保护性的断电措施，这使得有功功率缺额变大，加剧了频率的下降，引起连锁反应，使其他分布式电源相继进行保护性跳闸，最终使得微电网崩溃。因此，要维持微电网较长时间的孤岛运行状态，必须在微电网离网瞬间立即采取措施，使微电网重新达到功率平衡状态。在微电网离网瞬间，如果存在功率缺额，则需要立即切除全部或部分非重要的负荷、调整储能装置的出力，甚至切除小部分重要的负荷；如果存在功率盈余，则需要迅速减少储能装置的出力，甚至切除一部分分布式电源。这样，使微电网快速达到新的功率平衡状态。

微电网离网瞬间内部的功率缺额（或功率盈余）的计算方法，就是把在切断 PCC 之前通过 PCC 流入微电网的功率，作为微电网离网瞬间内部的功率缺额，即

$$P_{qe} = P_{PCC} \tag{4-14}$$

P_{PCC} 以从大电网流入微电网的功率为正，流出为负。当 P_{qe} 为正值时，表示离网瞬间微电网存在功率缺额；P_{qe} 为负值时，表示离网瞬间微电网内部存在功率盈余。

由于储能装置要用于保证离网运行状态下重要负荷能够连续运行一定时间，因此在进入离网运行瞬间的功率平衡控制原则是：先假设各个储能装置出力为零，切除非重要负荷；然后调节储能装置的出力；最后切除重要负荷。

（3）离网功率平衡控制

微电网能够并网运行也能够离网运行，当大电网由于故障造成微电网独立运行时，能够通过离网能量平衡控制实现微电网的稳定运行。微电网离网后，离网能量平衡控制通过调节分布式发电出力、储能出力、负荷用电，实现离网后整个微电网的稳定运行，在充分利用分布式发电的同时保证重要负荷的持续供电，同时提高分布式发电利用率和负荷供电可靠性。

在孤岛运行期间，微电网内部的分布式发电的出力可能随着外部环境（如日照强度、风力、天气状况）的变化而变化，使得微电网内部的电压和频率波动很大，因此需要随时监视微电网内部电压和频率的变化情况，采取措施应对因内部电源或负荷功率突变对微电网安全稳定产生的影响。

孤岛运行期间某一时刻的功率缺额为 P_{qe}，则 $\Delta P_{L*} = \dfrac{P_{qe}}{P_{L\Sigma}}$。由式（4-7）和式（4-8）可得出

$$P_{qe} = \frac{f^{(0)} - f^{(1)}}{f^{(0)}} K_{L*} P_{L\Sigma} \tag{4-15}$$

如果在孤岛运行期间的某一时刻出现系统频率 $f^{(1)}$ 小于 f_{min}，则需要恢复先前被 MGCC 切除的发电机，或者切除微电网内一部分非重要负荷。如果在孤岛运行期间系统频率 $f^{(1)}$ 大于 f_{max}，则存在较大的功率盈余，需要恢复先前被 MGCC 切除的负荷，或者切除一部分分布式发电。

1）功率缺额时的减载控制策略。

当功率缺额 $P_{qe} > 0$ 时，控制策略如下。

① 计算储能装置当前的有功出力 $P_{S\Sigma}$ 和最大有功出力 P_{SM}，即

$$\begin{cases} P_{S\Sigma} = \sum P_{Si} \\ P_{SM} = \sum P_{Smax-i} \end{cases} \tag{4-16}$$

式中，P_{Si} 为储能装置 i 的有功出力，放电状态下为正值，充电状态下为负值。

② 如果 $P_{qe} + P_0 \leqslant 0$，说明储能装置处于充电状态，在充电功率大于功率缺额时，减少储能装置的充电功率，储能装置出力调整为 $P'_{S\Sigma} = P_{S\Sigma} + P_{qe}$，并结束控制操作。否则调整储能装置的有功出力为 0，重新计算功率缺额 P'_{qe}。

$$\begin{cases} P'_{qe} = P_{qe} + P_{S\Sigma} \\ P_{S\Sigma} = 0 \end{cases} \tag{4-17}$$

由式（4-10）可知，根据允许的频率上限 f_{max} 和频率下限 f_{min} 可计算功率缺额允许的正向、反向偏差。

$$\begin{cases} P_{qe+} = \dfrac{K_{L*}(f_{max}-f^{(0)})(P_{L\Sigma}-P_{qe})}{f^{(0)}-K_{L*}(f_{max}-f^{(0)})} \\ P_{qe-} = \dfrac{K_{L*}(f^{(0)}-f_{min})(P_{L\Sigma}-P_{qe})}{f^{(0)}+K_{L*}(f^{(0)}-f_{min})} \end{cases} \tag{4-18}$$

③ 计算切除非重要（二级、三级）负荷量的范围，即

$$\begin{cases} P_{jh-min}^{(1)} = P_{qe} - P_{qe-} \\ P_{jh-max}^{(1)} = P_{qe} + P_{qe+} \end{cases} \tag{4-19}$$

④ 切除非重要负荷。先切除重要等级低的负荷，再切除重要等级高的负荷；对于同一重要等级的负荷，按照功率从大到小的次序切除负荷。当检查到某一负荷的功率值 $P_{Li} > P_{jh-max}^{(1)}$ 时，不切除它，然后检查下一个负荷；当检查到某一负荷的功率值满足 $P_{Li} < P_{jh-min}^{(1)}$ 时，切除它，然后检查下一个负荷。当检查到某一负荷的功率值满足 $P_{jh-min}^{(1)} \le P_{Li} \le P_{jh-max}^{(1)}$ 时，切除它，并且不再检查后面的负荷。在切除负荷 i 之后，先按照式(4-17)重新计算功率缺额，再按照式(4-19)重新计算切除非重要负荷量的范围，然后才进行下一个负荷的检查。

$$P'_{qe} = P_{qe} - P_{Lqe-i} \tag{4-20}$$

式中，P_{Lqe-i} 为切除负荷 i 的有功功率。

⑤ 切除了所有合适的非重要负荷之后，如果 $-P_{SM} \le P_{qe} \le P_{SM}$，则通过调节储能出力来补充切除负荷后的功率缺额，即 $P_{S\Sigma} = P_{qe}$，然后结束控制操作。否则计算切除重要（一级）负荷量的范围，即

$$\begin{cases} P_{jh-min}^{(2)} = P_{qe} - P_{SM} \\ P_{jh-max}^{(2)} = P_{qe} + P_{SM} \end{cases} \tag{4-21}$$

⑥ 按照功率从大到小的次序切除重要负荷。当检查到某一个负荷的功率值 $P_{Li} > P_{jh-max}^{(2)}$ 时，不切除它，检查下一个负荷；当检查到某一负荷的功率值满足 $P_{Li} < P_{jh-min}^{(2)}$ 时，切除它，然后检查下一个负荷；当检查到某一负荷的功率满足 $P_{jh-min}^{(2)} \le P_{Li} \le P_{jh-max}^{(2)}$ 时，切除它，并且不再检查后面的负荷。在切除负荷 i 之后，先按照式(4-20)重新计算功率缺额，再按照式(4-21)重新计算切除重要负荷量的范围，然后才进行下一个负荷的检查。

⑦ 通过调节储能出力来补充切除所有合适负荷之后的功率缺额，即 $P_{S\Sigma} = P_{qe}$。

2）功率盈余时的切机控制策略。

当功率盈余 $P_{yy} > 0$ 时，需要切除发电机，控制策略与存在功率缺额的情况类似。

① 根据式(4-16)计算储能装置当前的有功出力和最大有功出力。

② 如果 $-P_{SM} \le P_{yy} - P_{S\Sigma} \le P_{SM}$，则通过调节储能出力来补充切除负荷后的功率盈余，即储能出力调整为 $P'_{S\Sigma} = P_{yy} - P_{S\Sigma}$，然后结束控制操作。否则执行下一步。

③ 根据允许的频率上限和频率下限可计算功率盈余允许的正向、反向偏差，即

$$\begin{cases} P_{yy+} = \dfrac{K_{L*}(f^{(0)}-f_{min})}{f^{(0)}}(P_{L0}-P_{yy}) \\ P_{yy-} = \dfrac{K_{L*}(f_{max}-f^{(0)})}{f^{(0)}}(P_{L0}-P_{yy}) \end{cases} \tag{4-22}$$

④ 如果储能装置处于放电状态（$P_{S\Sigma} > 0$），设置储能装置的放电功率为零，重新计算功率盈余，即

$$\begin{cases} P_{yy} = P_{yy} - P_{S\Sigma} \\ P_{S\Sigma} = 0 \end{cases} \tag{4-23}$$

⑤ 计算切除发电量的范围为

$$\begin{cases} P_{qj-min} = P_{yy} - P_{SM} - P_{S\Sigma} - P_{yy-} \\ P_{qj-max} = P_{yy} + P_{SM} - P_{S\Sigma} + P_{yy+} \end{cases} \tag{4-24}$$

⑥ 按照功率从大到小排列，先切除功率大的电源，再切除功率小的电源。当检查到某一电源的功率值 $P_{Gi} > P_{qj-max}$ 时，不切除它，检查下一个电源；当检查到某一电源的功率值满足 $P_{Gi} < P_{qj-min}$ 时，切除它，然后检查下一个电源；当检查到某一电源的功率值满足 $P_{qj-min} \leqslant P_{Gi} \leqslant P_{qj-max}$ 时，切除它，并且不再检查后面的电源。在切除电源 i 之后，先按照式(4-23) 重新计算功率盈余，再按照式(4-24) 重新计算切除发电量的范围，然后才进行下一个电源的检查。

$$P'_{yy} = P_{yy} - P_{Gqc-i} \tag{4-25}$$

式中，P_{Gqc-i} 为切除电源 i 的发电有功功率。

⑦ 通过调节储能出力来补充切除所有合适的电源后的功率盈余，即 $P_{S\Sigma} = -P_{yy}$。

4.6 从孤岛转入并网运行功率平衡控制

微电网从孤岛运行转入并网运行后，微电网内部的分布式发电工作在恒定功率控制（P/Q 控制）状态，它们的输出功率大小根据配电网调度计划决定。MGCC 所要做的工作是将先前因维持微电网安全稳定运行而自动切除的负荷或发电机逐步投入运行中。

4.7 练习

1. 介绍微电网监控系统的主要功能。
2. 介绍光伏发电监控系统的功能。
3. 介绍储能实时监控的功能。
4. 请设计简易微电网监控系统。
5. 什么是微电网能量管理系统？
6. 分布式发电预测的方法有哪些？各有什么优缺点？
7. 请设计一套完整的能量管理系统方案。

参 考 文 献

[1] 张建华，黄伟. 微电网运行控制与保护技术 [M]. 北京：中国电力出版社，2010.

［2］刘振亚. 智能电网技术 ［M］. 北京：中国电力出版社，2010.

［3］N Pogaku，M Prodanovic，T C GreenEnergy. Management in Autonomous Microgrid Using Stability－Constrained Droop Control of Inverters ［J］. IEEE Transactions on Power Electronics，2008. 23（5）：2346－2352.

［4］N Pogaku，M Prodanovic，T C Green. Modeling，analysis and testing of autonomous operation of an inverter－based microgrid ［J］. IEEE Transactions on Power Electronics，2007，22（2）：613－625.

［5］盛鹍，孔力，齐智平，等. 新型电网-微电网的研究综述 ［J］. 继电器，2007，35（12）：75－81.

［6］M Sanehez. Overview of microgrid research and development activities in the EU ［C］. Montreal 2006－Symposium on Microgrids，2006.

［7］C Marnay，O C Bailey. The CERTS microgrids and the future of the microgrid ［R］. Energy Analysis Department，U. S，2004.

［8］S Morozumi. Microgrid demonstration Projects in Japan ［C］. Power Conversion Conference，Nagoya，2007.

［9］E A A Coelho，P Cortizo，P F D Gracia. Small signal stability for parallel-connected inverters in stand-alone AC supply systems ［J］. IEEE Transactions on Industry Applications. 2002，38（2）：53－54.

［10］J M Guerrero，L G V Na，M Castilla，et al. A wireless controller to enhance dynamic performance of parallel inverters in distributed generation systems ［J］. IEEE Transactions on Power Electronics，2004，19（5）：1205－1213.

［11］A L Dimeas，and N D Hatziargyriou. Operation of a multiagent system for microgrid control ［J］. IEEE Transactions on Power System，2005，2（3）：1447－1455.

［12］时珊珊，鲁宗相，闵勇，等. 微电源特性分析及其对微电网负荷电压的影响 ［J］. 电力系统自动化，2010，34（17）：68－71.

［13］王凌，李培强，李欣然，等. 微电源建模及其在微电网仿真中的应用 ［J］. 电力系统自动化学报，2010，22（3）：32－38.

［14］刘君，穆世霞，李岩松，等. 微电网中微型燃气轮机发电系统整体建模与仿真 ［J］. 电力系统自动化，2010，34（7）：85－89.

［15］王阳，鲁宗相，闵勇. 微电网中微电源接口仿真模型的研究与比较 ［J］. 电力系统自动化，2010，34（1）：84－88，93.

［16］施婕，郑漳华，艾芊. 直流微电网建模与稳定性分析 ［J］. 电力自动化设备，2010，30（2）：86－90.

［17］陈达威，朱桂萍. 微电网负荷优化分配 ［J］. 电力系统自动化，2010，34（20）：45－49.

［18］柳明，柳文. 基于电压的自治微电网分布式协调控制 ［J］. 电力自动化设备，2010，30（1）：20－24.

［19］撒奥洋，邓星，文明浩，等. 高渗透率下大电网应对微网接入的策略 ［J］. 电力系统自动化，2010，34（1）：78－83.

［20］郭小强，邬伟扬. 微电网非破坏性无盲区孤岛检测技术 ［J］. 中国电机工程学报，2009，29（25）：7－12.

［21］姚玮，陈敏，牟善科，等. 基于改进下垂法的微电网逆变器并联控制技术 ［J］. 电力系统自动化，2009，33（6）：77－80，94.

［22］章健，艾芊，王新刚. 多代理系统在微电网中的应用 ［J］. 电力系统自动化，2008，32（24）：80－82.

［23］艾芊，章健，王新刚. 基于多代理技术的微电网细条控制系统 ［P］. 上海：上海交通大学，2009.

［24］井实，刘霞，李坚，等. 微电网能量智能控制系统 ［P］. 成都：电子科技大学，2009.

［25］苏玲，张建华，王利，等. 微电网相关问题及技术研究 ［J］. 电力系统保护与控制，2010，38（19）：235－239.

［26］王阳，鲁宗相，闵勇微. 电网中微电源接口仿真模型的研究与比较 ［J］. 电力系统自动化，2010，34（1）：84－88，93.

［27］吕婷婷. 微电源控制方法与微电源暂态特性研究 ［D］. 济南：山东大学，2010.

[28] N Pogaku. Analysis, control and testing of inverter – based distributed generation in standalone and grid – connected applications. [D]. London, U. K. : Imperial College London, Univ. , 2006.

[29] J A P Lopes, C L Moreira, A G Madureiara. Defining control strategies for MicroGrids islanded operation [J]. IEEE Transactions on Power Systems, 2006, 21 (2): 916 – 924.

[30] C L Moreira, F O Resende, J A P Lopes. Using low voltage MicroGrids for service restoration [J]. IEEE Transactions on Power Systems, 2007, 22 (1): 395 – 403.

[31] K De Brabandere, B Bolsens, J Van den Keybus, et al. A voltage and frequency droop control method for parallel inverters [J]. IEEE Transactions on Power Electronics. 2007, 22 (4): 1107 – 1115.

第5章 分布式电源并网与控制

本章简介

本章主要介绍了几种典型的分布式电源的并网与控制方式，包括：永磁同步风力发电并网运行与控制方式，双馈异步风力发电并网运行与控制方式，太阳能光伏发电和燃料电池发电并网运行与控制方式；并着重介绍了它们的工作原理与结构特点，并在此基础上进行数学建模，方便读者理解分布式电源的并网与控制策略。

并网运行是目前风力发电的主要形式，随着风力发电机组容量的增大，并网时对电网的冲击也越来越大。这种冲击严重时不仅引起电力系统电压的大幅度下降。而且可能对发电机和机械部件（塔架、桨叶及增速器等）造成损坏。如果并网冲击时间过长，还可能使系统瓦解或威胁其他挂网机组的正常运行。

5.1 风力发电系统的基本结构和工作原理

风力发电系统从形式上有离网型和并网型之分。离网型的单机容量小（约为 0.1 ~ 5kW，一般不超过 10kW），主要采用直流发电系统并配合蓄电池储能装置独立运行；并网型的单机容量大（可达 MW 级），且由多台风电机组构成风力发电机群（风电场）集中向电网输送电能。另外，中型风力发电机组可并网运行，也可与其他能源发电方式相结合（如风电-水电互补、风电-柴油机组发电联合）形成微电网。并网型风力发电的频率应保持恒等于电网频率，按其发电机运行方式可分为恒速恒频风力发电机组和变速恒频风力发电机组两大类。

5.1.1 恒速恒频风力发电机组

恒速恒频风力发电机组中主要采用三相同步发电机（运行于由电机极对数和频率所决定的同步转速）或鼠笼式异步发电机（SCIG）。且在定桨距并网型风电机组中，一般采用 SCIG，通过定桨距失速控制的风轮使其在略高于同步转速的转速 [一般在 $(1 \sim 1.05)n$] 之间稳定发电运行。如图 5-1 所示采用 SCIG 的恒速恒频风力发电机组结构示意图，由于 SCIG 在向电网输出有功功率的同时，需从电网吸收滞后的无功功率以建立转速为 n 的旋转磁场，这加重了电网无功功率的负担、导致电网功率因数下降，为此在 SCIG 机组与电网之间设置合适容量的并联电容器组以补偿无功。在整个运行风速范围内（$3\text{m/s} < v_1 < 25\text{m/s}$），气流的速度是不断变化的，为了提高中低风速运行时的效率，定桨距风力发电机普遍采用三相（笼型）异步双速发电机，分别设计成 4 极和 6 极，其典型代表是 NEGMICON 750kW 机组。

恒速恒频风力发电机组具有电机结构简单、成本低、可靠性高等优点，其主要缺点为：运行范围窄；不能充分利用风能（其风能利用系数不可能保持在最大值）；风速跃升时会导

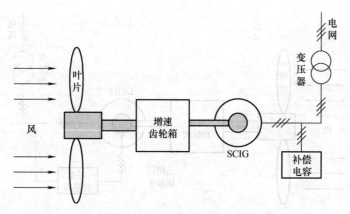

图 5-1　采用 SCIG 的恒速恒频风力发电机组结构示意图

致主轴、齿轮箱和发电机等部件承受很大的机械应力。

5.1.2　变速恒频风力发电机组

　　为了克服恒速恒频风力发电机组的缺点，20 世纪 90 年代中期，基于变桨距技术的各种变速恒频风力发电系统开始进入市场，其主要特点为：低于额定风速时，调节发电机转矩使转速跟随风速变化，使风轮的叶尖速比保持在最佳值，维持风电机组在最大风能利用率下运行；高于额定风速时，调节桨距以限制风力机吸收的功率不超过最大值；恒频电能的获得是通过发电机与电力电子变换装置相结合实现的。目前，变速恒频风电机组主要采用绕线转子双馈异步发电机，低速同步发电机直驱型风力发电系统亦受到广泛重视。

　　（1）基于绕线转子双馈异步发电机的变速恒频风力发电机组

　　绕线转子双馈异步发电机（DFIG）的转子侧通过集电环和电刷加入交流励磁，既可输入电能也可输出电能。图 5-2 为基于 DFIG 的变速恒频风力发电机组结构示意图。其中，DFIG 的转子绕组通过可逆变换器与电网相连，通过控制转子励磁电流的频率实现宽范围变速恒频发电运行，其工作原理为：转子通入三相低频励磁电流形成低速旋转磁场，该磁场的旋转速度 n_r 与转子机械转速 n_r 相叠加，等于定子的同步转速 n_0（即 $n_r \pm n_2 = n_0$），从而在 DFIG 定子绕组中感应出相应于同步转速 n_0 的工频电压。当发电机转速 n_r 随风速变化而变化时（一般的变化范围为 n_0 的 30%，可双向调节），调节转子励磁电流的频率即可调节 n_0 以补偿 n_r 的变化，保持输出电能频率恒定。由于流过转子电路的功率和由 DFIG 转速运行范围所决定的转差功率，一般只为额定功率的 1/4 或 1/3，故显著降低了变换器的容量和成本。此外，调节转子励磁电流的有功、无功分量，可独立调节发电机的有功、无功功率，以调节电网的功率因数、补偿电网的无功需求。事实上，由于 DFIG 转子采用了可调节频率、幅值、相位的交流励磁，发电机和电力系统构成了"柔性连接"。德国 Dewind 公司生产的 D6 型机组（其额定功率为 1250kW，起动、额定、切出风速分别为 2.5m/s、13m/s、28m/s）就是采用这种变速恒频方案的典型产品。

　　（2）基于低速同步发电机的直驱型风力发电系统

　　在直驱型风力发电系统中，风轮与永磁式（或电励磁式）同步发电机直接连接，省去了常用的升速齿轮箱。图 5-3 为永磁直驱型变速恒频风力发电机组结构示意图。风能通过风

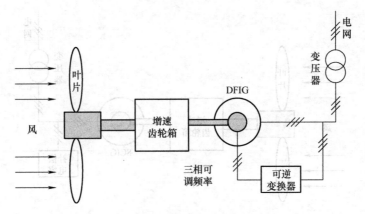

图 5-2　基于 DFIG 的变速恒频风力发电机组结构示意图

机和永磁同步发电机（PMSG）转换为 PMSG 定子绕组中频率、幅值变化的交流电，输入到全功率变换器中（其通常采用可控 PWM 整流或不控整流后接 DC/AC 变换），先经整流为直流，然后经三相逆变器变换为三相工频交流电输出。该系统通过定子侧的全功率变换器对系统的有功、无功功率进行控制，并控制发电机的电磁转矩以调节风轮转速，实现最大功率跟踪。与基于 DFIG 的风力发电系统相比，该系统可在较宽的转速范围内并网，但其全功率变换器的容量较大。与带齿轮箱的风力发电系统相比，该系统提高了效率与可靠性、降低了运行噪声，但发电机转速低，为获得一定的功率，发电机应具备较大的电磁转矩，故其体积大、成本高。

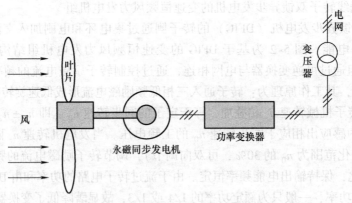

图 5-3　永磁直驱型变速恒频风力发电机组结构示意图

5.2　现行风力发电机组并网方法综述

自 20 世纪以来，学术界已经提出了有很多种风能并网方案，并且应用在实际的风电场并网建设中。总的来说，目前风力发电的并网方式大致可以分为异步发电机并网、同步发电机并网和双馈发电机并网三种方式。

5.2.1　异步发电机组并网

因为风力机为低速运转的动力机械，在风力机与异步发电机转子之间经增速齿轮传动来提高转速以达到适合异步发电机运转的转速。一般与电网并联运行的异步发电机多选用4极或6极电机，因此异步电机转速必须超过1500r/min或1000r/min才能运行在发电状态向电网送电。根据电机理论，异步发电机并入电网运行时，是靠滑差率来调整负荷的，其输出的功率与转速近乎成线性关系。因此对机组的调速要求，不像同步发电机那么严格精确，不需要同步设备和整步操作，只要转速接近同步转速时就可并网。但异步发电机在并网瞬间会出现较大的冲击电流（约为异步发电机额定电流的4～7倍），并使电网电压瞬时下降。随着风力发电机组单机容量的不断增大，这种冲击电流对发电机自身部件的安全及对电网的影响也愈加严重。过大的冲击电流，有可能使发电机与电网连接的主回路中的自动开关断开；而电网电压的较大幅度下降，则可能会使低压保护动作，从而导致异步发电机根本不能并网。当前在风力发电系统中采用的异步发电机并网方法有以下几种。

（1）直接并网

这种并网方法要求在并网时发电机的相序与电网的相序相同，当风力驱动的异步发电机转速接近同步转速时即可自动并入电网；自动并网的信号由测速装置给出，而后通过自动空气开关合闸完成并网过程。但如上所述，直接并网时会出现较大的冲击电流及造成电网电压的下降，因此这种并网方法只适合用于异步发电机容量在百千瓦级以下且电网容量较大的情况。

（2）降压并网

这种并网方法是在异步电机与电网之间串接电阻或电抗器或者接入自耦变压器，以达到降低并网合闸瞬间冲击电流幅值及电网电压下降的幅度。因为电阻、电抗器等元件要消耗功率，在发电机并入电网以后，进入稳定运行状态时，必须将其迅速切除。这种并网方法适用于百千瓦级以上、容量较大的机组。显而易见，这种并网方法的经济性较差。我国引进的200kW异步发电机组，就是采用这种并网方式，并网发电机每相绕组与电网之间皆串接有大功率电阻。

（3）通过晶闸管软并网

晶闸管软并网技术对晶闸管器件及与之相关的晶闸管触发电路提出了严格的要求，即晶闸管器件的特性要求一致、稳定以及触发电路可靠，只有发电机主回路中每相的双向晶闸管特性一致，控制极触发电压，触发电流一致，全开通压降相同，才能保证可控硅导通角在0°～180°范围内同步逐渐增大，才能保证发电机三相电流平衡。目前在晶闸管软并网方式中，根据晶闸管的通断状况，触发电路有移相触发和过零触发两种方式。移相触发会造成电机每相电流为正负半波对称的非正弦波（缺角正弦波）含有较多的奇次谐波分量，这些谐波会对电网造成污染公害，必须加以限制和消除。过零触发是在设定的周期内，逐步改变晶闸管的导通周波数，最后达到全部导通，使发电机平稳并入电网，因而不产生谐波干扰。

通过晶闸管软并网法将风力驱动的异步发电机并入电网是目前国内外中型及大型号风力发电机组中普遍采用的。我国引进和自行开发研制的250、300、600kW的并网型异步风力发电机组，都是采用这种并网技术。

5.2.2 同步发电机组并网

同步发电机在运行的时，由于它既能输出有功功率，又能提供无功功率，周波稳定，电能质量高，已被电力系统广泛应用。然而，把它移植到风力发电机组上使用却不甚理想，这是由于风速时大时小，随机变化，作用在转子上的转矩极不稳定，并网时其调速性能很难达到同步发电机所要求的精度，并网后若不进行有效的控制，常会发生无功振荡与失步等问题，在重载下尤为严重，这就是在相当长的时间内，国内外风力发电机组很少采用同步发电机的原因。但近年来随着电力电子技术的发展，通常在同步发电机与电网之间采用变频装置，从技术上解决了这些问题，采用同步发电机的方案又引起了人们的重视。

同步发电机常用的并网方式有以下几种。

1）准同期并网方式。准同期就是准确周期。用准同期法进行并网操作，发电机组电压必须相同，频率相同以及相位一致，这可通过装在同期盘上的两块电压表、两块频率表以及同期表和非同期指示灯来监视。

2）自同期并网方式。自同期并列操作是将一台未加励磁电流的发电机组升速到接近于电网频率，滑差角频率不超过允许值且机组的加速度小于某一给定值的条件下，首先合上断路器开关接着合上励磁开关，给转子上加励磁电流，在发电机电动势逐渐增长的过程中由系统将发电机拉入同步运行。

风力发电系统中常见的几种同步发电机的并网如下。

（1）同步发电机的并网

同步发电机的并网由风力机驱动同步发电机经变频装置与电网并联，这种系统并联运行的特点如下：

1）由于采用频率变换装置进行输出控制，因此并网时没有电流冲击，对系统几乎没有影响。

2）为采用交—直—交转换方式，同步发电机组工作频率与电网频率是彼此独立的，风轮及其发电机的转速可以变化，不必担心发生同步发电机直接并网运行可能出现的失步问题。

3）由于频率变换装置采用静态自励式逆变，虽然可以调节无功功率，但是有高频电流流向器电网。

4）在风电系统中使用阻抗匹配和功率跟踪反馈来调节输出负荷，可使风力发电机组按最佳效率运行，向电网输送更多的电能。

（2）直驱交流永磁同步发电机组的并网

由风力机直接驱动低速交流发电机，通过工作速度快、驱动功率小、导通压较低的IGBT逆变器并网。这种系统并联运行的特点如下：

1）由于不采用齿轮箱，机组水平轴向的长度大大减小，电能生产的机械传动路径缩短，避免了因齿轮箱旋转而产生的损耗、噪声等。

2）由于发电机具有大的表面，散热条件更有利，使发电机运行时的温升减低，从而减小发电机温升的起伏。

三相同步发电机输出的交流电流采用不可控整流器整流为直流以后，经过直流滤波环节，送入到 DC/AC 逆变器的输入端，逆变为电压、频率、相角、功率因数和谐波都符合电网要求的电能，再经过交流滤波环节后并入电网。

5.2.3 双馈发电机组并网

这种并网方案的特点是在发电机侧和电网侧分别加入脉冲整流器，在低风速的情况下，发电机输出的交流电压经过电机侧脉冲整流器升压后，可以满足电网侧脉冲整流器的正常工作。

5.3 当前风能并网方案存在的问题

从上述分析中可以知道，目前并网风力发电系统常用的风力发电机有异步发电机、同步发电机和双馈发电机等。异步发电机通常采用的并网方式主要有直接并网、串接电阻、电抗器或者接入自耦变压器降压并网、晶闸管软并网等措施，但这些并网方法存在着一些问题，要么在并网时会出现较大的冲击电流及造成电网电压的下降，要么采用消耗功率的元件，要么由于在低风速时发电机输出的交流电压，不足以在系统的直流侧获得足够的直流电压，以满足电压型逆变器的正常工作，因而使得系统在低风速时不能将电能有效地送上电网，系统勉强工作则必然会使得电网获得的电能含有大量的谐波。因此不能利用低风速时候的风能，经济性能比较差，导致风力发电的成本较高，不利于风力发电的推广应用。同步发电机通常在风力发电机输出端和电网之间增加一个由"不可控整流器 + DC/AC 逆变器"的电力电子装置，这种并网措施同样存在不能利用低风速风能、经济性能差的问题。交流双馈发电机采用双脉冲整流器作为其并网接口，虽然能很好地解决上述问题，但存在着系统复杂、设备成本高等缺点。电流型脉冲整流器的并网方法具有控制简单、成本较低的优点，该方案在直流侧串联一个大电感，目的是提供较稳定的直流电流输入，但大电感会导致系统的动态响应较差，电感损耗也会较大。总的来说，目前的可再生能源领域的并网研究更多地集中在太阳能上面，对于风能的并网利用研究还是相对较少，导致技术研究上相对滞后。

5.4 永磁同步风力并网发电

同步发电机在水轮汽轮发电、核能发电等领域已经获得了广泛应用，然而，早期应用于风力发电时却并不理想。同步发电机直接并网运行时，转速必须严格保持在同步转速，否则就会引起发电机的电磁振荡甚至失步，同时，同步发电机的并网技术也比感应发电机的要求严格得多。然而，由于风速具有随机性，发电机轴上输入的机械转矩很不稳定，风轮的巨大惯性也使发电机的恒速控制和恒频控制十分困难，并网后不仅经常发生无功振荡和失步等事故，而且经常发生较大的冲击甚至导致并网失败。这就是长时间以来风力发电中很少应用同步发电机的原因。

近年来，直驱型风力发电机组的应用日趋广泛，这种机组采用低速永磁同步发电机，省去了中间的变速机构，由风力机直接驱动发电机运行。采用变桨距技术可以使桨叶和风电机组的受力情况大为改善，然而，要使变桨距技术的响应速度有效地跟随风速的变化是很困难的。为了使机组转速能够快速跟随风速的变化，以便实现最佳叶尖速比控制，必须对发电机的转矩实时控制。图 5-4 所示为变速恒频控制的直驱型永磁同步风力发电系统主电路拓扑图。

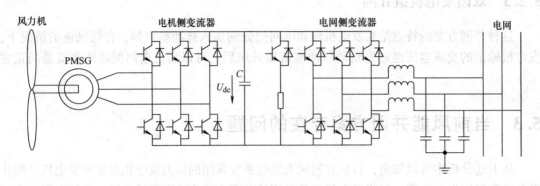

图 5-4　直驱型永磁同步风力发电系统主电路拓扑

应用于风力发电的直驱型永磁风电机组采取特殊的设计方案，其较多的极对数使得在转子转速较低时发电机仍可工作，因此直驱型永磁同步风力发电系统中风轮机与永磁同步发电机转子直接耦合，省去齿轮箱，提高了效率，减少了风电机组的维护工作，并且降低了噪声。另外，直驱型永磁风力发电系统不需要电励磁装置，具有重量轻、效率高、可靠性好的优点。同时，随着电力电子技术和永磁材料的发展，在直驱型永磁同步风力发电系统中，成本占比相对较高的开关器件和永磁体，在其性能不断提高的同时，成本在不断下降，使得直驱型永磁同步风力发电系统具有很好的发展前景。

5.4.1　永磁同步风力发电机的结构特点

永磁同步发电机的磁极结构大体上可分为表面式和内置式两种。所谓表面式磁极结构就是将加工好的永磁体贴附在转子铁心表面，构成永磁磁极；而内置式磁极结构则是将永磁体置入转子铁心内部事先开好的槽中，构成永磁磁极。低速永磁同步发电机普遍采用表面式磁极结构，从对电枢磁场影响的角度来看，与电励磁时的隐极式磁极结构相类似。

为了提高永磁同步发电机的可控性，可以制成混合励磁同步发电机，这种发电机既有永磁体励磁，又设置了一定的励磁绕组，使其可控性大为改善。

低速永磁同步发电机的极数很多，例如，当电网频率为 50Hz 时，假定发电机的额定转速为 30r/min，则发电机的极数为 200。为了安放这些永磁体磁极，发电机的转子必须具有足够大的直径，如果仍然采用传统结构（外定子、内转子），则永磁磁极在设计上会有一定困难。采用反装式结构，将电枢铁心和电枢绕组作为内定子，而永磁磁极作为外转子，可以使永磁磁极的安放空间问题得到一定程度的缓解。这样由于电机轴静止不动，也在一定程度上提高了发电机运行的可靠性，风轮与外转子的一体化结构还可以使风电机组的结构更为紧凑、合理。

实际上，采用低速永磁同步发电机的风力发电机组一般采用变速恒频控制，由于发电机已经与电网解耦，发电机的转速已经不受电网频率的约束，这就给发电机的设计增加了很大的自由度。例如，当风电机组采用直驱式结构，机组的额定转速为 15r/min 时，如果将发电机的额定频率设定为 10Hz，发电机的极数仅为 80，可以说，这是一个在技术上可行的可以让人接受的方案。

由于低速永磁同步发电机的极数很多，而电枢圆周的尺寸有限，电枢的槽数受到了限制，因此，低速同步发电机常采用分数槽绕组，即其每极每相槽数 q 为

$$q = \frac{Q}{2pm} = 分数 \tag{5-1}$$

式(5-1) 中，Q 为电枢总槽数；p 为极对数；m 为相数。

5.4.2 同步发电机的运行原理与特性

与感应发电机不同，同步发电机是一种双边激励的发电机，其定子（电枢）绕组接到电网以后，定子电流流过定子绕组产生定子磁动势，并建立起定子旋转磁场；转子励磁绕组中通入直流励磁电流建立转子主磁场，或者由永磁体直接产生主磁场。由于转子以同步转速旋转，转子主磁场也将以同步转速旋转。发电机稳定运行时，定子、转子旋转磁场均以同步转速旋转，两者是相对静止的，依靠定子、转子磁极之间的磁拉力产生电磁转矩，传递电磁功率。

定子、转子的 N、S 极之间的磁拉力可以比喻成定子合成磁场 B 与转子主磁场 B_0 之间由一组弹簧联系在一起。当发电机空载时，弹簧处于自由状态，未被拉伸，这时 B 与 B_0 的轴线重合，电磁功率为零；当发电机负载后，B 与 B_0 的轴线之间就被拉开了一个角度，从而产生了电磁功率。负载越大，B 与 B_0 的轴线之间被拉开的角度越大，同步发电机从机械功率转换成电功率的这部分功率就越大，这部分转换功率称为同步发电机的电磁功率，与电磁功率对应的转矩称为电磁转矩。B 与 B_0 之间的夹角称为功率角 θ，它是同步发电机的一个重要参数。显然，弹簧被拉伸的长度是有一定限度的，同样，随着功率角 θ 的增大，同步发电机电磁功率的增加也有一定的限度，超过了这个限度，同步发电机的工作就变得不稳定，甚至引起飞车，称为同步发电机的失步。

同步发电机的等效电路如图 5-5 所示，与之相对应的相量图如图 5-6 所示。这两个图中：m 为发电机的相数，一般 $m = 3$；$\dot{E}_0$ 为励磁电动势，永磁电机也称为永磁电动势，是由转子主磁场在电枢绕组中感应的电动势（V）；$\dot{U}$ 为发电机输出相电压（V）；$\dot{I}$ 为发电机的输出相电流（A）；X_S 为同步电抗（Ω），它综合表征了同步发电机稳态运行时的电枢磁场效应（X_a）和电枢漏磁场效应（X_δ），且 $X_s = X_a + X_\delta$；R_a 为电枢绕组的每相电阻（Ω）。

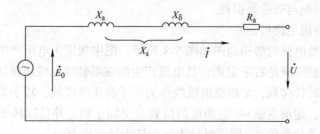

图 5-5 同步发电机的等效电路

电磁功率 P_e 与功率角 θ 之间的关系称为功角特性，可表示成式(5-2)，对应的特性曲线如图 5-7 所示。

$$P_e = m \frac{E_0 U}{X_s} \sin\theta \tag{5-2}$$

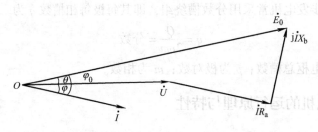

图 5-6 同步发电机的相量图

可以看出，同步发电机的电磁功率 P_e 与功率角 θ 的正弦值成比例关系，在 $\theta = 90°$ 时，电磁功率出现最大值 P_{em}，显然，$P_{em} = \dot{m} \frac{E_0 U}{X_s}$。进一步分析可知，当 $\theta < 90°$ 时，发电机的运行是稳定的，功率角 θ 越小，运行越稳定，功率角 θ 越接近 $90°$，运行的稳定性越差；当 $\theta > 90°$ 时，发电机的运行是不稳定的，可能导致发电机失去同步。为了保证发电机运行的稳定性，一般取额定运行时的功率角为 $30° \sim 40°$，以

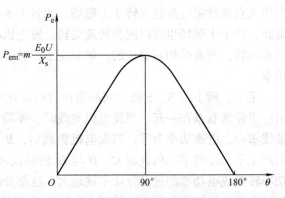

图 5-7 同步发电机的功角特性

便在任何情况下发电机都能运行在稳定运行区域并具有足够的过载能力。

5.4.3 永磁同步风力发电机的数学模型

永磁同步发电机定子与普通电励磁同步发电机的定子一样，都是三相对称绕组。通常按照电动机惯例规定各个物理量的正方向。在建立数学模型过程中作如下基本假设：

1）转子永磁磁场在气隙空间分布为正弦波，定子电枢绕组中的感应电动势也为正弦波。

2）忽略定子铁心饱和，认为磁路线性，电感参数不变。

3）不计铁心涡流与磁滞等损耗。

4）转子上没有阻尼绕组。

三相永磁同步发电机的结构简图如图 5-8 所示。图中规定正电压产生正电流，正电流产生正磁场，电势与磁链满足右手定则，且电流产生的磁场轴线与绕组轴线完全一致，定子三相绕组轴线空间逆时针排列，A 相绕组轴线作为定子静止参考轴，转子永磁极产生的基波磁场方向为直轴 d 轴，超前直轴 $90°$ 电角度的位置是交轴 q 轴。并且以转子直轴相对于定子 A 相绕组轴线作为转子位置角 θ，即逆时针方向旋转为转速正方向。

三相永磁同步发电机的三相电枢绕组在空间对称分布，轴线互差 $120°$ 电角度，每相绕组电压与电阻压降和磁链变化相平衡。定子磁链由定子三相绕组电流和转子永磁体产生，定子三相绕组电流产生的磁链与转子位置角有关，转子永磁体产生的磁链也与转子位置角有

关，其中转子永磁体磁链在每相绕组中产生反电动势。由此得定子电压方程式

$$\begin{cases} u_A = -r_s i_A + D\psi_A \\ u_B = -r_s i_B + D\psi_B \\ u_C = -r_s i_C + D\psi_C \end{cases} \quad (5\text{-}3)$$

式中，u_A、u_B、u_C 为三相绕组电压；i_A、i_B、i_C 为三相绕组电流；ψ_A、ψ_B、ψ_C 为三相绕组间的磁链；r_s 为每相绕组电阻；D 为微分算子 $\dfrac{d}{dt}$。

1. 定子磁链方程式

定转子和绕组的合成磁链由各绕组自感磁链与其他绕组互感磁链组成。按照上面的磁链正方向，磁链方程式为

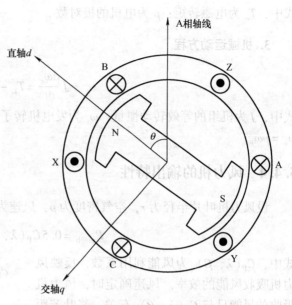

图 5-8 三相永磁同步发电机结构简图

$$\begin{bmatrix} \Phi_a \\ \Phi_b \\ \Phi_c \end{bmatrix} = \begin{bmatrix} L_{aa} & M_{ab} & M_{ac} \\ M_{ba} & L_{bb} & M_{bc} \\ M_{ca} & M_{cb} & L_{cc} \end{bmatrix} \begin{bmatrix} i_a \\ i_b \\ i_c \end{bmatrix} + \psi_f \begin{bmatrix} \cos\theta \\ \cos(\theta - 2\pi/3) \\ \cos(\theta + 2\pi/3) \end{bmatrix} \quad (5\text{-}4)$$

式中，L_{aa}、L_{bb}、L_{cc} 为每相绕组自感；$M_{ab} = M_{ba}$、$M_{bc} = M_{cb}$、$M_{ac} = M_{ca}$ 为两相绕组互感；ψ_f 为永磁体磁链。而且，三相绕组间的转子每极永磁磁链为

$$\begin{cases} \psi_{fA} = \psi_f \cos\theta \\ \psi_{fB} = \psi_f \cos(\theta - 2\pi/3) \\ \psi_{fC} = \psi_f \cos(\theta + 2\pi/3) \end{cases} \quad (5\text{-}5)$$

分析永磁同步电机所常用到的就是永磁同步电机的 dq 轴数学模型，它可用来分析永磁同步电机的稳态和瞬态性能。为此，建立旋转坐标系下的永磁同步电机的 dq 轴数学模型如下。

$$u_d = \frac{d\psi_d}{dt} - \omega_e \psi_q + r_s i_d \quad (5\text{-}6)$$

$$u_q = \frac{d\psi_q}{dt} + \omega_e \psi_d + r_s i_q \quad (5\text{-}7)$$

$$\psi_d = L_d i_d + \psi_f \quad (5\text{-}8)$$

$$\psi_q = L_q i_q \quad (5\text{-}9)$$

式中，u_d、u_q 分别为 d、q 轴电压；i_d、i_q 分别为 d、q 轴电流；L_d、L_q 分别为 d、q 轴电感；ψ_d、ψ_q 分别为 d、q 轴磁链；ω_e 为电角速度；r_s 为定子相电阻。

2. 电机电磁转矩方程

$$T_e = \frac{3}{2} p(\psi_d i_q - \psi_q i_d) = \frac{3}{2} p i_q [i_d(L_d - L_q) + \psi_f] \quad (5\text{-}10)$$

式中，T_e 为电磁转矩；p 为电机的极对数。

3. 机械运动方程

$$J\frac{\mathrm{d}\omega_r}{\mathrm{d}t} = T_L - T_e \tag{5-11}$$

式中，J 为机组的等效转动惯量；ω_r 为发电机转子的机械转速，它与电角速度 ω_e 的关系为 $\omega_e = p\omega_r$。

5.4.4 风力机的输出特性

设风力机叶片半径为 r，空气密度为 ρ，风速为 v，则风力机轴上输出的机械功率为

$$P_{\mathrm{mech}} = 0.5C_P(\lambda, \beta)\pi\rho r^2 v^3 \tag{5-12}$$

式中，$C_P(\lambda, \beta)$ 为风能利用系数，反映风力机吸收风能的效率。风速确定时，风力机吸收的风能只与 $C_P(\lambda, \beta)$ 有关。桨叶节距角 β 一定时，$C_P(\lambda, \beta)$ 是叶尖速比 λ 的函数，如图 5-9 所示，此时存在一个最佳叶尖速比 λ_{opt}，对应最大的风能利用系数 $C_{P\mathrm{max}}$。

叶尖速比 λ 是叶片尖端的线速度与风速之比

$$\lambda = \frac{r\omega_{\mathrm{wt}}}{v} \tag{5-13}$$

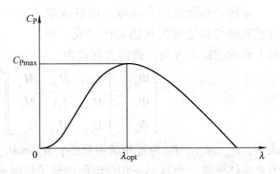

图 5-9 风能利用系数与叶尖速比关系曲线

式中，ω_{wt} 为风力机的转速。当风力机运行于最佳叶尖速比的状态时，风速与风力机的转速成正比

$$v = \frac{r\omega_{\mathrm{wt}}}{\lambda_{\mathrm{opt}}} \tag{5-14}$$

此时，风力机轴上输出的机械功率为

$$P_{\mathrm{mech\_opt}} = 0.5\rho C_{P\mathrm{max}}\pi r^2 \left(\frac{r\omega_{\mathrm{wt}}}{\lambda_{\mathrm{opt}}}\right)^3 = K_{\mathrm{opt}}\omega_{\mathrm{wt}}^3 \tag{5-15}$$

将式(5-15) 的两边同时除以风力机的转速，可得风力机轴上输出的机械转矩

$$T_{\mathrm{mech\_opt}} = \frac{P_{\mathrm{mech\_opt}}}{\omega_{\mathrm{wt}}} = K_{\mathrm{opt}}\omega_{\mathrm{wt}}^2 \tag{5-16}$$

当风力发电系统稳定运行于某一风速下的最大功率点处，风速与叶尖线速度之间满足式(5-14)，即风力机处于最佳叶尖速比状态，此时风力机的输出功率与转速之间满足式(5-15) 所给出的最佳功率曲线关系，风力机的机械转矩与转速之间满足式(5-16) 所给出的最佳转矩曲线关系。所以，从这个角度上讲，最佳功率曲线、最佳转矩曲线与最佳叶尖速比是统一的。

不同风速下，风力机输出的机械功率、机械转矩、最佳功率和最佳转矩曲线如图 5-10 所示。图 5-10a 为风力机的功率-转速特性曲线；图 5-10b 为风力机的转矩-转速特性曲线，

图 5-10b 中的转矩是图 5-10a 中相应的功率除以转速得到的，所以两者所表示的运行状态是一致的。

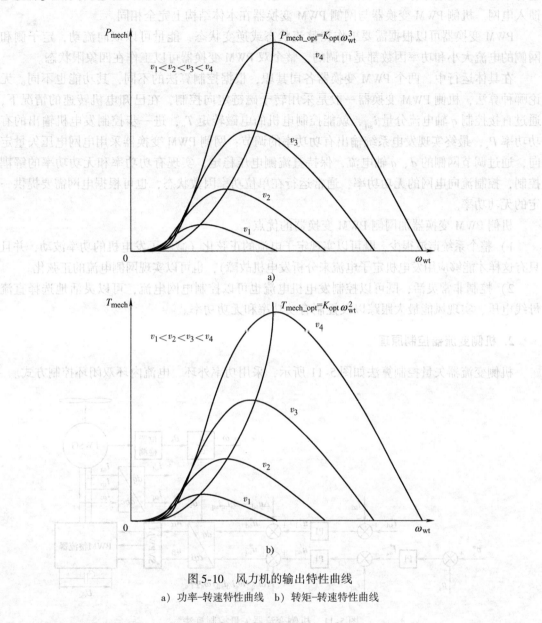

图 5-10 风力机的输出特性曲线

a）功率-转速特性曲线 b）转矩-转速特性曲线

5.4.5 永磁同步风力并网变换器的控制原理

1. 双 PWM 变换器

类似于有刷双馈风力发电系统，连接发电机定子的 PWM 变换器称为机侧 PWM 变换器，连接电网的 PWM 变换器称为网侧 PWM 变换器。一般情况下，机侧 PWM 变换器工作在整流状态（因此又称之为 PWM 整流器），网侧 PWM 变换器工作在逆变状态（因此又称之为

PWM 逆变器）。PMSG 发出的电能经机侧 PWM 变换器转换为直流电，中间直流母线并联大电容起稳压和能量储存缓冲的作用，最后经过网侧 PWM 变换器转换为与电网同频的交流电馈入电网。机侧 PWM 变换器与网侧 PWM 变换器在本体结构上完全相同。

PWM 变换器可以根据需要工作在整流状态或逆变状态，能量可以双向流动，定子侧和网侧的电流大小和功率因数都是可调的，整个双 PWM 变换器可以工作在四象限状态。

在具体运行中，两个 PWM 变换器各司其职，根据控制算法的不同，其功能也不同。无论哪种算法，机侧 PWM 变换器一般是采用转子磁链定向控制，在已知电机转速的情况下，通过直接控制 q 轴电流分量 i_{sq}，就能控制电机的电磁转矩 T_e，进一步控制发电机输出的有功功率 P_s，最终实现发电系统输出有功功率的调节；网侧 PWM 变换器采用电网电压矢量定向，通过调节网侧的 d、q 轴电流，保持直流侧电压稳定，实现有功功率和无功功率的解耦控制，控制流向电网的无功功率，通常运行在单位功率因数状态，也可根据电网需要提供一定的无功功率。

机侧 PWM 变换器加网侧 PWM 变换器的优点：

1）整个系统谐波很少，既可以实现定子电流的正弦化（减小了发电机的功率波动，并且只有这样才能够应用发电机定子电流来分析发电机故障），也可以实现网侧电流的正弦化。

2）控制非常灵活，既可以控制发电机电流也可以控制电网电流，可以灵活地选择直流母线电压、实现风能最大跟踪以及控制有功功率和无功功率。

2. 机侧变流器控制原理

机侧变流器矢量控制算法如图 5-11 所示，采用功率外环、电流内环双闭环控制方式。

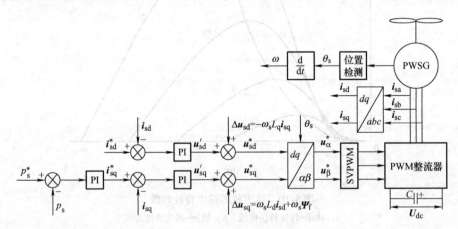

图 5-11 机侧变流器矢量控制算法

q 轴：由风场提供的最优转速功率曲线得到某一转速下对应的最大功率作为外环功率参考值，与发电机实际的有功功率做比较得到一个偏差，经过 PI 控制器得到有功电流参考值 i_{sq}^*（也可以根据有功功率和 q 轴电流之间的关系算出 q 轴电流，直接作为 q 轴电流的给定，这样对电流环要求更高），其与实际的 q 轴电流的偏差经过 PI 控制器调节后得到 u_{sq}'，然后与解耦得到的 Δu_{sq} 相加得到 q 轴调制电压 u_{sq}^*，进而控制电磁转矩。

d 轴：无功电流参考值 $i_{sd}^* = 0$ 与实际 d 轴电流的偏差经 PI 控制器调节后得到 u_{sd}'，然后

与解耦得到的 Δu_{sd} 相加得到 d 轴调制电压 u_{sd}^*。

如此，得到两个调制电压 u_{sd}^*、u_{sq}^*，经 dq-$\alpha\beta$ 变换得到 u_{α}^* 和 u_{β}^*，然后采用 SVPWM 调制算法发出 PWM 波对机侧变换器进行控制。

注：有功功率的给定可以直接给定，也可以通过查表法追踪最大风能。

3. 网侧变流器控制原理

网侧变流器的控制原理如图 5-12 所示。维持住直流母线电压恒定，可以保证电机发出的有功功率全部流入电网。网侧变换器一方面控制直流链电压恒定，另一方面控制系统发出的无功功率。

d 轴：给定直流电压与实际直流电压的偏差经 PI 控制器调节输出为 d 轴电流设定值 i_d^*，经过 PI 控制器调节得到 u_{gd}'，经解耦运算得到 d 轴电压控制量 u_d^*。

q 轴：q 轴电流的设定值由给定值 Q^* 得到，此时并网电压恒定，可以运算得到 q 轴电流的设定值 i_q^*，也即可以通过调节 q 轴电流 i_q 使整个系统发出的无功功率 Q 达到设定值 Q^*。给定电流与 q 轴实际电流的偏差经 PI 控制器得到 u_{gq}'，然后经过解耦运算得到 q 轴控制电压 u_q^*。

u_d^* 和 u_q^* 经过一个逆变换作为 SVPWM 的输入得到 PWM 波控制逆变器。

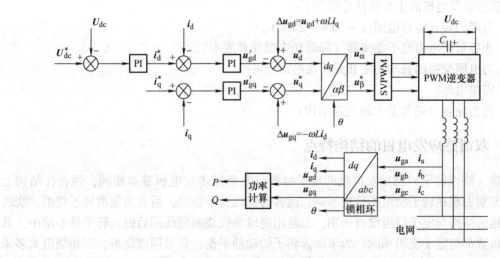

图 5-12　网侧变流器矢量控制算法

5.5　双馈异步风力并网发电

双馈感应发电机（Doubly Fed Induction Generator，DFIG）是具有定子和转子两套绕组的双馈异步发电机，其定子侧直接和电网相连，转子侧通过一个双向电压源型功率变换器连接到电网，如图 5-13 所示。

由于定子绕组直接和电网相连，因此它的电压频率和幅值恒定。

转子绕组由电力电子变流器供电，变流器能够给 DFIG 提供幅值和频率可变的三相励磁

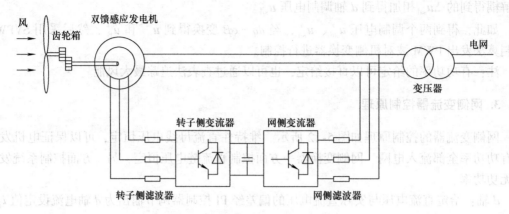

图 5-13　基于双馈感应发电机的结构拓扑图

电压。

　　这种配置特别有优势，因为它允许电力电子变流器的容量仅需发电机额定容量的 30%，和基于全功率变流器的发电技术相比，明显降低了成本和功率损耗。

　　通过矢量控制技术，双向功率变流器确保发电机在任何转速时都可以在额定电网频率和电网电压条件下发电。功率变流器的主要目标是通过转差控制来弥补转子转速和同步转速的差异。

　　双馈感应发电机的主要特性总结如下：

　　1）有限的转速运行范围（−30% ~ 20%）。

　　2）小容量的电力电子变流器（降低功率损耗和成本）。

　　3）与电网交换的有功功率和无功功率完全可控。

　　4）需集电环。

　　5）需齿轮箱（通常是三级变速结构）。

5.5.1　双馈感应发电机的结构特点

　　双馈（绕线转子）感应发电机的定子结构与笼型异步发电机基本相同，两者在结构上的主要差别表现在转子绕组的结构不同，前者为绕线转子绕组，后者为笼型转子绕组。绕线转子绕组的结构与定子绕组没有区别，也是用绝缘导线绕制成线圈后嵌入转子铁心槽中，其相数和极数都与定子绕组相同。为了改善转子的动静平衡，常采用波绕组，三相绕组大多采用丫接法。

　　为了使三相转子绕组与外部控制回路（回馈变流器）相连接，需要在非轴伸端的轴上装设 3 个集电环，再通过电刷引出。

　　定子由 p 对空间上互差 120° 的三相绕组构成。当这些定子绕组中通以频率为 f_s 的三相对称电压时，绕组中就会感应出磁链。该定子磁链将以恒定速旋转。旋转的速度称为同步旋转速 n_s（r/min），表达式如下

$$n_s = \frac{60 f_s}{p} \tag{5-17}$$

　　理论上讲，由法拉第定理可得该旋转定子磁链将会在转子绕组中感应出的电动势为

$$e_{ind} = (v \times B) \cdot L \tag{5-18}$$

式中，e_{ind} 为转子上导体感应的电动势；v 为导体相对于定子磁链的速度；B 为定子磁通密度矢量；L 为导体长度矢量。

该感应电动势与通过电刷连接的外部电源相互作用就会在转子绕组上产生电流。由楞次定律得，转子电流在转子上感应出的力 F，表达式如下

$$F = i \cdot (L \times B) \tag{5-19}$$

式中，F 为感应力（与电机的感应力矩相关）；i 为转子电流。

转子上感应电动势的大小取决于转子与定子磁链之间的相对转速。事实上，转子感应电动势和电流的电角频率可通过如下关系得到

$$\omega_r = \omega_s - \omega_m \tag{5-20}$$

式中，ω_r 为转子绕组电压和电流的角频率（rad/s）；ω_s 为定子绕组电压和电流的角频率（rad/s）；ω_m 为转子角频率（rad/s）。

而且

$$\omega_m = p\Omega_m \tag{5-21}$$

式中，Ω_m 为转子机械角速度（rad/s）。

既然稳态运行时转子绕组上感应出的电压和电流的角频率为 ω_r，因而转子外部供电电源的角频率也应该为 ω_r。

因此，通常用转差 s 来定义定转子之间角频率的关系

$$s = \frac{\omega_s - \omega_m}{\omega_s} \tag{5-22}$$

联立式(5-20) 和式(5-22) 可得转差与定转子角频率有如下关系

$$\omega_r = s\omega_s \tag{5-23}$$

由该表达式可等价得到定转子频率关系如下

$$f_r = s f_s \tag{5-24}$$

根据转差符号的不同，可将电机运行模式划分为三类：

1）$\omega_m < \omega_s \Rightarrow \omega_r > 0 \Rightarrow s > 0 \Rightarrow$ 亚同步运行；

2）$\omega_m > \omega_s \Rightarrow \omega_r < 0 \Rightarrow s < 0 \Rightarrow$ 超同步运行；

3）$\omega_m = \omega_s \Rightarrow \omega_r = 0 \Rightarrow s = 0 \Rightarrow$ 同步运行。

5.5.2 双馈感应发电机的变速恒频控制原理

双馈感应发电机（DFIG）采用交流励磁，可调量有励磁电流的幅值、频率和相位。改变励磁电流频率可以实现变速恒频运行；改变励磁电流幅值可以调节无功功率；改变励磁电流相位可使所建立的转子磁场在空间上有一个相应的位移，进而改变了发电机电动势矢量与电网电压矢量之间的相对位置，也即调节了发电机的功率角，调节有功功率。因此，可综合改变转子励磁电流的相位和幅值，实现输出有功功率和无功功率的解耦控制。

$$\frac{p\Omega_m}{60} + f_r = f_s \tag{5-25}$$

当发电机转速 Ω_m 变化时，可通过调节转子励磁电流频率 f_r 来保持定子输出频率 f_s 恒定，实现变速恒频发电运行。

双馈变速恒频（Variable Speed Constant Frequency，VSCF）风力发电系统主电路拓扑示

意图如图 5-14 所示，主要由风力机、增速齿轮箱、双馈感应发电机、转子侧变流器、网侧变流器、基于 DSP（Digital Signal Processor，数字信号处理器）的控制器系统、计算机控制台、隔离变压器等几部分组成。风力发电控制器通过检测风速和双馈感应发电机转速等，按最大功率点跟踪或者直接给定功率形成交流励磁控制器的给定值。其给定值为有功功率（或有功电流分量或转速）和无功功率（或无功电流分量）。交流励磁控制器控制转子侧变流器输出电压的幅值、频率、相位和相序，调节电机的转矩（或有功功率）和定子侧的无功功率。采用该方式的发电机可以工作在亚同步、同步、超同步的发电运行状态。

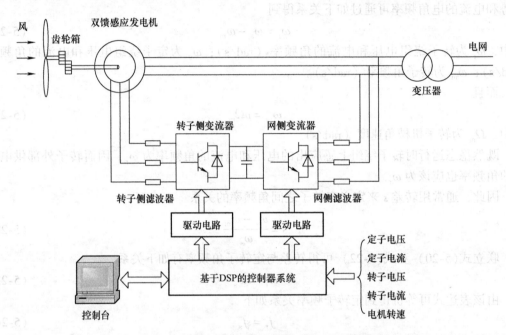

图 5-14　双馈风力发电系统主电路拓扑示意图

5.5.3　不同风速模式下的转子绕组功率流向

当忽略电机损耗并依照定子为发电机而转子为电动机的惯例时，发电机的定子输出电功率 P_s 等于转子输入电功率（转差功率）P_r 与电机轴上输入机械功率 P_m 之和，即

$$P_s = P_r + P_m \tag{5-26}$$

根据感应电机的运行原理，转子绕组的电功率和电机轴上的机械功率分别表示为

$$P_r = sP_s \tag{5-27}$$

$$P_m = (1-s)P_s \tag{5-28}$$

由式（5-26）和式（5-27）可知，当发电机在亚同步运行时，$s>0$，需要向转子绕组馈入电功率，由转子传递给定子的电磁功率为 sP_s，风力机传递给定子的电功率只有 $(1-s)P_s$。当发电机在超同步速运行时，$s<0$，此时转子绕组向外供电，即定转子同时发电，此时风力机供给发电机的功率增至 $(1+|s|)P_s$。

双馈感应发电机在亚同步和超同步运行方式下的输入输出功率关系，可用图 5-15 所示功率流向示意图表示。由于在亚同步和超同步运行方式下转子绕组的功率流向不同，因此需要采用双向变流器。

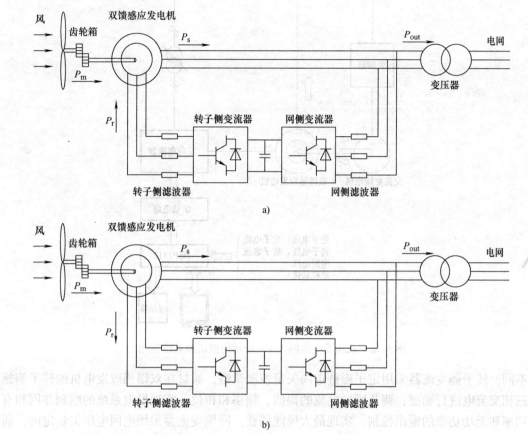

图 5-15　双馈风力发电的功率流向

a）亚同步运行　b）超同步运行

5.5.4　双馈感应发电机励磁控制系统的结构

为满足双馈感应发电机亚同步、同步和超同步运行的各种工况要求，向转子绕组馈电的双向变流器应满足输出电压（或电流）幅值、频率、相位和相序可调。通过控制励磁电流的幅值可以调节发电机的无功功率；通过控制励磁电流的相位可调节发电机的有功功率；通过控制励磁电流的频率可以调节发电机的转速，实现最大功率运行。

双馈感应发电机的变速恒频（VSCF）控制模拟试验系统框图如图 5-16 所示。该系统由额定功率为 3kW 的双馈感应发电机、4kW 交流变频电机、ABB 变频器、IPM 交直交双向变流器、DSP2812、PC 及参数显示器等组成。

5.5.5　双向变流器控制算法

双馈感应发电机的双向变流器根据工作状态的需要可以工作在整流状态或逆变状态，能量可以双向流动，定子侧电流、转子侧电流和网侧变流器电流的大小和功率因数都是可调的，双向变流器工作于四象限状态。在具体运行中，双向变流器根据控制算法的不同其功能

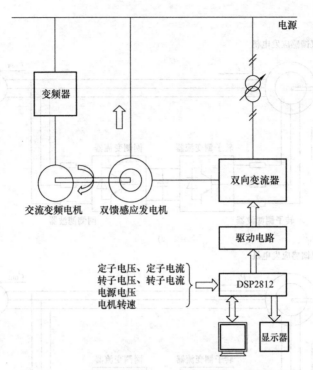

图 5-16　双馈发电机的 VSCF 控制模拟试验系统框图

也不同。转子侧变流器采用定子磁链定向矢量控制策略，通过在双馈感应发电机的转子侧施加三相交流电进行励磁，调节励磁电流的幅值、频率和相位，实现发电系统的顺利并网和有功功率和无功功率的输出控制，实现最大风能捕获。网侧变流器采用电网电压矢量定向，通过调节网侧的 d、q 轴电流，保持直流侧电压稳定，实现有功功率和无功功率的解耦控制，控制流向电网的无功功率，通常运行在单位功率因数状态，也可根据电网的需要提供一定的无功功率。

　　双向变流器的优点：

　　1）整个系统谐波很少，既可以实现定子电流的正弦化（减小了发电机的功率波动，并且也只有这样才能够应用发电机定子电流来分析发电机故障），也可以实现网侧电流的正弦化。

　　2）控制非常灵活，既可以控制发电机定转子电流，也可以控制电网电流，可以灵活地选择直流母线电压、控制风能最大跟踪以及有功功率和无功功率的控制。

　　转子侧变流器矢量控制算法如图 5-17 所示，其采用功率外环、电流内环的双闭环控制方式。

　　q 轴：由风场提供的功率-转速曲线得到某一转速下对应的最大功率作为外环功率参考值，与发电机实际的有功功率做比较得到一个偏差，经过比例积分控制器得到有功电流参考值 i_{rq}^*（也可以根据功率与电流的比例关系直接算出给定 q 轴的电流，这样对电流环的要求更高），进而控制电磁转矩。其与实际的 q 轴电流的偏差经过 PI 控制器调节后得到 u'_{rq}，然后与解耦得到的 Δu_{rq} 相加得到 q 轴调制电压。

　　d 轴：由主控功率计算得到所需要发的无功功率值，进而得到对应的励磁电流分量 i_{rd}^*，

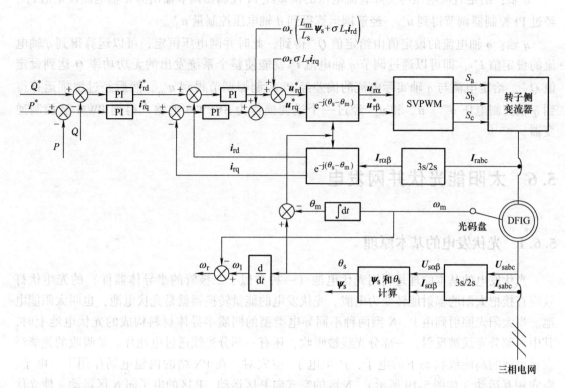

图 5-17 转子侧变流器矢量控制算法

其与实际的转子电流 d 轴分量的偏差经过 PI 控制器调节后得到 u'_{rd}，然后与解耦得到的 Δu_{rd} 相加得到 d 轴的调制电压。

网侧变流器矢量控制算法如图 5-18 所示。维持直流母线电压恒定，可以保证电机发出的有功功率全部流入电网。电网侧变流器一方面控制直流母线电压恒定，另一方面控制系统发出的无功功率。

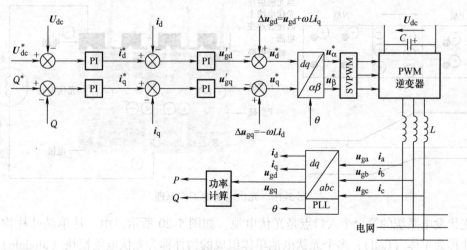

图 5-18 网侧变流器矢量控制算法

d 轴：给定直流电压与实际直流电压的偏差经 PI 控制器调节输出为 d 轴电流设定值 i_d^*，经过 PI 控制器调节得到 u'_gd，经解耦运算得到 d 轴电压控制量 u_d^*。

q 轴：q 轴电流的设定值由给定值 Q^* 得到，此时并网电压恒定，可以运算得到 q 轴电流的设定值 i_q^*，即可以通过调节 q 轴电流 i_q 就能使整个系统发出的无功功率 Q 达到设定值 Q^*。给定电流与 q 轴实际电流的偏差经 PI 控制器调节得到 u'_gq，然后经过解耦运算得到 q 轴控制电压 u_q^*。u_d^* 和 u_q^* 经过一个逆变换作为 SVPWM 的输入得到 PWM 波控制逆变器。

5.6 太阳能光伏并网发电

5.6.1 光伏发电的基本原理

光伏发电的基本原理是利用光伏电池（一种类似于二极管的半导体器件）的光生伏打效应直接把太阳的辐射能转变为电能。光伏发电的能量转换器就是光伏电池，也叫太阳能电池。当太阳光照射到由 P、N 型两种不同导电类型的同质半导体材料构成的光伏电池上时，其中一部分光线被反射，一部分光线被吸收，还有一部分光线透过电池片。被吸收的光能激发被束缚的高能级状态下的电子，产生电子-空穴对。在 PN 结的内建电场作用下，电子、空穴相互运动（如图 5-19 所示），N 区的空穴向 P 区运动，P 区的电子向 N 区运动，使光伏电池的受光面有大量负电荷（电子）积累，而在电池的背光面有大量正电荷（空穴）积累。若在电池两端接上负荷，负荷上就有电流通过，当光线一直照射时，负荷上将源源不断地有电流流过。单片光伏电池是一个薄片状的半导体 PN 结。标准光照条件下，额定输出电压为 0.5V 左右。为了获得较高的输出电压和较大功率容量，往往要把多片光伏电池连接在一起使用。光伏电池的输出功率随光照强度不同呈现随机性特征，在不同时间、不同地点、不同安装方式下，同一块光伏电池的输出功率也是不同的。

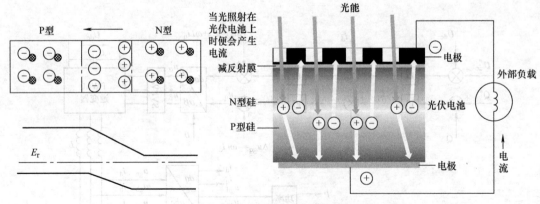

图 5-19 光伏电池的工作原理

光伏发电系统的第一个入口点是光伏电池。如图 5-20 所示，由一片单晶硅片构成的光伏电池称为单体（Cell）；多个光伏电池单体组成的构件称为光伏电池模块（Module）；多个光伏电池模块构成的大型装置称为光伏电池阵列（Array），阵列有公共的输出端，可直接向负荷供电。

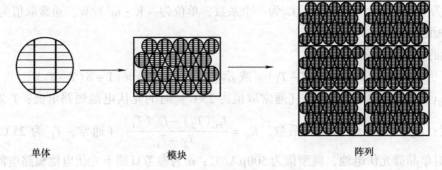

单体　　　　　　　　　　模块　　　　　　　　　　　阵列

图 5-20　光伏电池单体、模块或阵列

5.6.2　光伏电池的数学模型

光伏电池的模型有很多种，常见的一种如图 5-21 所示。

图 5-21 所示为单个光伏电池的数学模型，其输出电压一般为 0.5 ~ 0.6V，否则图中的二极管就会饱和导通。图中模型属于中等复杂的光伏电池模型，只有一个二极管（复杂的有两个二极管），有相应的串联电阻 R_S 与并联电阻 R_{SH}。一般来说，质量好的硅晶片 $1cm^2$ 的串联电阻 R_S 为 7.7 ~ 15.3mΩ，并联电阻 R_{SH} 为 200 ~ 300Ω。

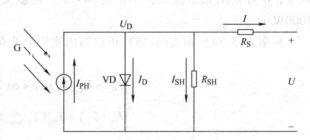

图 5-21　单个光伏电池的数学模型示意图

从图 5-21 中可以看出，在外接负荷的情况下，负荷电流 I 与 I_{PH}、I_D、I_{SH}（PH—Photovoltaic，D—Diode，SH—Shunt）的关系为

$$I = I_{PH} - I_D - I_{SH} \tag{5-29}$$

负载电压 U 与二极管电压 U_D 的关系为

$$U = U_D - R_S \times I \tag{5-30}$$

式（5-29）中，I_{PH} 为光伏电池的电流，同时是光伏电池的短路电流，也是光伏电池所能产生的最大电流，它在外接负荷为零（即 $U = 0$）时得到，短路电流用 I_{SC}（SC—Short Circuit）表示，有

$$I_{PH} = I_{SC} \tag{5-31}$$

注意，在一般的模型中，通常忽略并联电阻 R_{SH} 的影响，只考虑串联电阻 R_S 的作用，所以有

$$I = I_{SC} - I_D \tag{5-32}$$

1）环境温度 T_a 与光伏电池温度 T_c 的关系。

在多数情况下，环境温度 T_a（下标 a 表示环境，Ambient）与光伏电池的温度 T_c（下标 c 表示光伏电池，Photovoltaic Cell）并不相同，但很多文献都假定两者是一样的，也有文献给

出一个由环境温度简便计算出光伏电池温度的表达式

$$T_c = T_a + C_2 G_a \tag{5-33}$$

式中，T 为温度；G 为光照强度；C_2 为一个系数，单位为 $(K \cdot m^2)/W$，通常取值为 0.03。

2）短路电流 I_{SC}。

一般的，I_{SC} 可表示为

$$I_{SC} = I_{SC}(T_1) + K_0(T - T_1) \quad \text{或者} \quad I_{SC} = I_{SC}(T_1) \times [1 + \alpha(T - T_1)] \tag{5-34}$$

式中，$I_{SC}(T_1)$ 为在参考温度 T_1（通常取值为 25℃）时的光伏电池短路电流；T 为当前的环境温度；K_0 为光伏电池电流系数，$K_0 = \dfrac{I_{SC}(T_2) - I_{SC}(T_1)}{T_2 - T_1}$（通常，$T_1$ 为 25℃，T_2 为 75℃），对单晶硅光伏电池，典型值为 500μA/℃；α 为参考日照下光伏电池短路电流温度系数，厂家一般会给出。考虑太阳光照强度的情况，在相同温度下，光伏电池的短路电流只是光照强度的函数，I_{SC} 可表示为

$$I_{SC}(T_1) = I_{SC}(T_{1,\text{nom}}) \frac{G}{G_{\text{nom}}} \tag{5-35}$$

式中，G 为太阳光照强度，单位为 W/m^2，很多文献用 Suns 作为单位来表示，1Suns = 1000W/m²。

根据式(5-34) 和式(5-35) 可以写出光伏电池在任何光照强度与温度下的短路电流表达式

$$\begin{cases} I_{SC} = I_{SC}(T_1)[1 + \alpha(T - T_1)] \\ I_{SC}(T_1) = I_{SC}(T_{1,\text{nom}}) \dfrac{G}{G_{\text{nom}}} \end{cases} \tag{5-36}$$

3）二极管饱和电流。

二极管饱和电流可以表示为

$$I_D = I_0 \left(e^{\frac{q(U + I \times R_S)}{n \times k \times T}} - 1 \right) \tag{5-37}$$

式中，q 为电子的电荷量，一般取值为 1.6×10^{-19}C；k 是玻尔兹曼常数，一般取值为 1.38×10^{-23}J/K；T 为环境温度（℃），需要转换成绝对温度（$+273.15$K）；n 为二极管的理想因数（Ideality Factor），数值为 1~2，在大电流时接近 1，在小电流时接近 2，通常取为 1.3 左右；I_0 是温度的复杂函数，可以进一步表示为

$$I_0 = I_0(T_1) \times \left(\frac{T}{T_1} \right)^{\frac{3}{n}} \times e^{\frac{q \times U_g}{n \times k} \times \left(\frac{1}{T_1} - \frac{1}{T} \right)} \tag{5-38}$$

式中，U_g 为光伏电池带隙电压（Bang Gap Voltage），单晶硅为 1.12eV，非结晶硅为 1.75eV；$I_0(T_1)$ 可通过一定条件求解公式 $I = I_{SC} - I_D$ 表示为

$$I_0(T_1) = \frac{I_{SC}(T_1)}{e^{\frac{q \times U_{OC}(T_1)}{n \times k \times T_1}} - 1} \tag{5-39}$$

式中求解条件为：采用的参考环境温度为 T_1，负荷电流 $I = 0$，光伏电池的开路电压 $U = U_{OC}(T_1)$（OC—Open Circuit），为 $I = 0$ 时得到的二极管上的压降，它表达了光伏电池在夜间的电压，$U_{OC}(T_1)$ 可以表示为

$$U_{OC}(T_1) = \frac{n \times k \times T_1}{q} \ln\left(\frac{I_{SC}}{I_0} + 1\right) = U_t \ln\left(\frac{I_{SC}}{I_0} + 1\right) \tag{5-40}$$

式中，$U_t = \dfrac{k \times T}{q}$ 称为热电压（Thermal Voltage，一般取值25.68mV，$T = 25℃$）。

4）开路电压 U_{OC} 的表达。

$$U_{OC}(T) = \frac{n \times k \times T}{q} \ln\left(\frac{I_{SC}(T)}{I_0(T)} + 1\right) \tag{5-41}$$

也可将 U_{OC} 写成

$$U_{OC} = U_{OC}(T_1) \times [1 - \beta(T - T_1)] \tag{5-42}$$

式中，β 为参考日照下光伏电池开路电压温度系数（Temperature Coefficient of Open Circuit Voltage），单晶硅光伏电池的典型值为5mV/℃。

5）光伏电池的最大效率（Maximum Efficiency）。

定义光伏电池的最大效率为

$$\eta = \frac{P_{\max}}{P_{in}} = \frac{I_{\max} \times U_{\max}}{A \times G_a} \tag{5-43}$$

式中，$I_{\max}$ 和 $U_{\max}$ 为光伏电池最大功率点电流与电压；A 为光伏电池面积；G_a 为环境的太阳光照强度。

6）填充因数（Fill Factor）。

定义填充因数为

$$FF = \frac{P_{\max}}{U_{OC} \times I_{SC}} = \frac{I_{\max} \times U_{\max}}{U_{OC} \times I_{SC}} \tag{5-44}$$

对于性能理想的光伏电池，FF 值应该大于0.7，随着温度的增加，FF 值会下降。

最后可得，PV 电池 $I - U$ 曲线的表达式为

$$I = [1 + \alpha(T_c - T_{c1})/I_{SC}(T_{c1,nom})] \times I_{SC}(T_{c1,nom}) \times \frac{G_a}{G_a(nom)}$$

$$- \frac{I_{SC}(T_{c1})}{\left(e^{\frac{qU_{OC}(T_{c1})/N_c}{nkT_{c1}}} - 1\right)} \times \left(\frac{T_c}{T_{c1}}\right)^{\frac{3}{n}} \times e^{-\frac{qU_g}{nk}\left(\frac{1}{T_c} - \frac{1}{T_{c1}}\right)} \times \left(e^{\frac{q(U + IR_S)}{nkT_c}} - 1\right) - \frac{U + IR_S}{R_{SH}} \tag{5-45}$$

5.6.3 光伏电池发电的功率特性

1. 光伏电池的电流-电压特性

光伏电池把接收的光能转换成电能，其输出电流-电压的特性，即 $I - U$ 曲线如图 5-22 所示。在图中标注的各点在标准状态下具有以下含义。

1）最大输出功率（P_m）：最大输出功率工作电压（U_{PM}）×最大输出功率工作电流（I_{PM}）。

2）开路电压（U_{OC}）：正负极间为开路状态时的电压。

3）短路电流（I_{SC}）：正负极间为短路状态时流过的电流。

4）最大输出功率工作电压（U_{PM}）：输出功率最大时的工作电压。

5) 最大输出功率工作电流（I_{PM}）：输出功率最大时的工作电流。

图 5-22 中的最佳工作点是得到最大输出功率时的工作点，此时的最大输出功率 P_m 是 I_{PM} 和 U_{PM} 的乘积。在实际的光伏电池工作中，工作点与负荷条件和光照条件有关，所以工作点会偏离最佳工作点。

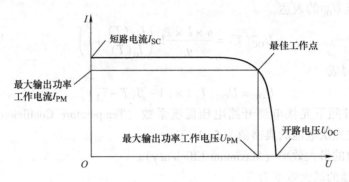

图 5-22　光伏电池的电流-电压特性

注：许多文献中经常提及的标准测试条件（Standard Testing Condition，STC）是指光伏电池表面温度 25℃，光照强度 1000W/m²。

2. 光伏电池的温度和光照强度特性

利用表 5-1 所示的光伏电池模型参数，对光伏电池在不同环境温度和光照强度条件下的运行特性进行分析，得到的 $I-U$ 和 $P-U$ 曲线如图 5-23 所示。

表 5-1　光伏电池模型参数

光伏电池模型参数	描　述	单　位
T_c	光伏电池温度	K
T_a	环境温度	K
G_a	光照强度	W/m²
C_2	系数	$C_2 = 0.03\text{K} \cdot \text{m}^2/\text{W}$
T_{c1}	标准测试环境下的光伏电池温度	$T_{c1} = 298.15\text{K}$
$I_{SC}(T_{c1,nom})$	标准测试环境下的光伏电池短路电流	$I_{SC}(T_{c1,nom}) = 8.15\text{A}$
$G_a(nom)$	标准测试环境下的光照强度	$G_a(nom) = 1000\text{W/m}^2$
α	短路电流的温度系数	$\alpha = 0.0033$
$U_{OC}(T_{c1})$	标准测试环境下的光伏电池开路电压	$U_{OC}(T_{c1}) = 29.4$
β	开路电压的温度系数	$\beta = -2.3 \times 10^{-3}\text{V/K}$
q	电荷量	$q = 1.602 \times 10^{-19}\text{C}$
k	玻耳兹曼常数	$k = 1.381 \times 10^{-23}\text{J/K}$
n	二极管理想因素	$n = 1.3$
U_g	光伏电池材料禁带电压	$U_g = 1.12\text{V}$
N_s	一个光伏电池模块中串联电池数	$N_s = 48$
R_S	光伏电池串联电阻	Ω
R_{SH}	光伏电池并联电阻	Ω

如果光伏电池表面温度变高，输出功率下降，呈现负的温度特性。晴天受到光照的电池表面的温度比外界气温高 20～40℃，所以此时电池板的输出功率比标准状态的输出功率低。另外，由于季节和温度的变化，输出功率也在变化。如果光照强度相同，冬季比夏季输出功率大。由图 5-23 可见，温度不变、光照强度变化的场合，短路电流（I_{SC}）与光照强度大致成正比，最大输出功率与光照强度也大致成正比；当光照强度不变、温度上升时，开路电压（U_{OC}）和最大输出功率（P_m）下降。

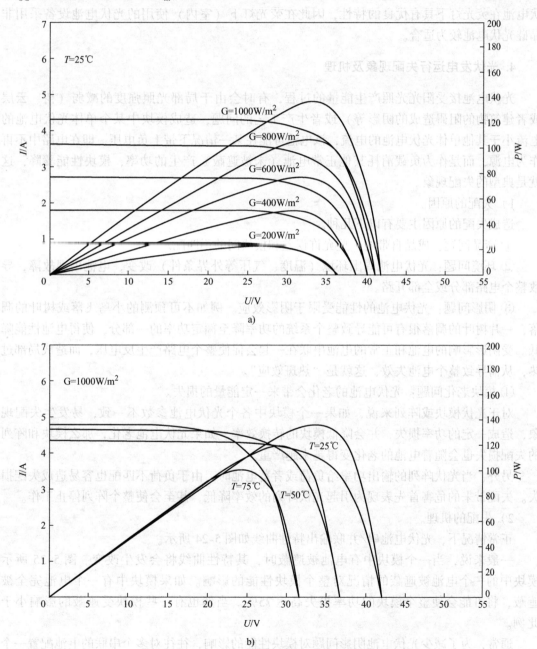

图 5-23　不同光照强度和不同环境温度下的 $I-U$ 和 $P-U$ 特性
a) 不同光照强度　b) 不同环境温度

3. 光伏电池的分光感度特性

对于光伏电池来说，不同的光照射产生的电能是不同的。例如，红色的光转换生成的电能与蓝色的光所生成的电能是不一样的。一般把光的颜色（波长）与其所转换生成的电能的关系用分光感度特性来表示。不同的光伏电池对于光的感度是不一样的，在使用光伏电池时特别重要。荧光灯的放射频谱与非晶硅光伏电池的分光感度特性非常一致，由于非晶硅光伏电池在荧光灯下具有优良的特性，因此在荧光灯下（室内）使用的光伏电池设备采用非晶硅光伏电池较为适合。

4. 光伏发电运行失配现象及机理

光伏电池接受阳光光照产生能量的过程，有时会由于局部光照强度的减弱（树、云层或者建筑物的阻碍造成的阴影等）或者生产工艺的问题，造成模块中某个单体光伏电池的电流小于其他单体光伏电池的电流，该电池可能在某一情况下带上负电压，即在电路中不再作为电源，而是作为负载消耗其他正常电池（未被遮蔽）产生的功率，模块性能骤降，这就是典型的失配现象。

1）失配的原因。

造成失配的原因主要有以下几种。

① 产品问题：成品自带的一些允许误差和模块间的不匹配。

② 环境问题：光伏电池周围环境（温度、气压等外界条件）改变，电池出现故障，导致整个电路部分或全部开路。

③ 阴影问题：光伏电池的性能受限于阴影效应。例如不可预测的小鸟飞落或树叶的凋落，一片树叶的凋落很有可能导致整个系统的功率降至额定功率的一部分，使得电池性能降低。受阴影影响的电池和正常的电池串联在一起会促使整个电路产生反电压，而造成局部过热，从而导致整个电池失效，这就是"热斑效应"。

④ 模块老化问题：光伏电池的老化会带来一定能量的损失。

对于光伏模块或阵列来说，如果一个模块中各个光伏电池参数不一致，易发生失配现象，造成一定的功率损失，并会降低模块的转换效率。如果光伏电池老化，那么模块和阵列的失配损失也会随着电池的老化变得越来越严重。

另外，当光伏阵列的输出功率给负荷或者蓄电池时，由于负荷不匹配也容易造成失配损失。失配带来的危害首先表现为引起光伏阵列的效率降低，甚至会使整个阵列停止工作。

2）失配的机理。

正常情况下，光伏电池串/并联输出特性曲线如图5-24所示。

一般来说，当一个模块中有电池被遮蔽时，其特性曲线将会发生改变。图5-25所示模块中的一个电池被遮蔽的情况对整个模块性能的影响。如果模块中有一个电池完全被遮蔽，将可能会使整个模块的功率损失高达75%。当然也有一些模块受遮蔽的影响小于此例。

通常，为了减少光伏电池阴影问题对模块性能的影响，往往对多个串联的电池配置一个或几个旁路二极管，以消除与其他电池串联在阴影问题造成的功率失配。

下面对两个特性曲线不一样的串联电池在接有旁路二极管和无旁路二极管接入两种情形

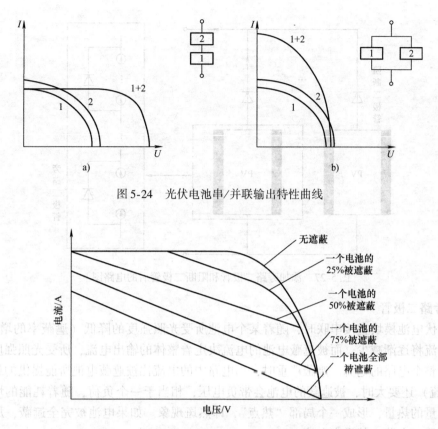

图 5-24 光伏电池串/并联输出特性曲线

图 5-25 一个电池被遮蔽的情况对整个模块性能的影响

下的伏安特性进行对比,如图 5-26 所示,当存在旁路二极管时,合成功率以及串联电池性能均得到改善。

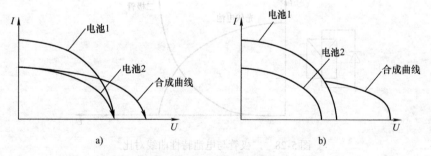

图 5-26 不同特性串联电池有无旁路二极管对比
a) 无二极管电池串联 b) 有二极管电池串联

此外,每个串联支路在和其他支路并联之前,需要先串联一个阻断二极管(如图 5-27 所示),阻断二极管在正常模块输出电压高于被遮蔽模块的最大输出电压时发挥作用,它给被遮蔽模块提供一个电压补偿作用,使两个并联支路的电压相匹配,从而防止电压倒灌、电流环流现象的产生。

这两种减轻功率失配损失的措施,在增加了设备成本的基础上,避免了个别光伏电池消耗其他光伏电池产生的能量。

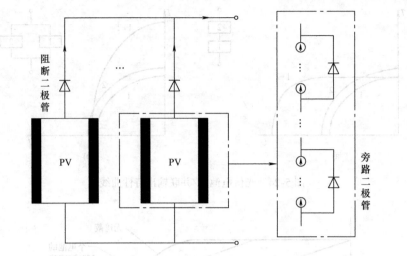

图 5-27　添加旁路二极管和阻断二极管后的电路图

① 旁路二极管。

当光伏电池模块直接串联时，随着某个电池所受光照强度的降低（遮蔽率的增加），电池输出电流将逐渐减少，而被遮蔽电池的电流决定着整体的输出电流，所受光照强度低的模块限制了整个电路的电流。遮蔽严重时，当电路中的电流比被遮蔽电池所能提供的最大电流（短路电流）还要大时，被遮蔽的电池会带负电压，相当于一个负荷，随着耗能的增加，将会产生大量的热量，形成一个局部"热点"，即热斑现象。如果电池被完全遮蔽，那么电路相当于开路，电路中就没有电流。

图 5-28 所示为二极管与电池特性曲线对比图。一个理想的二极管可以经受任何反向电压，当光伏电池模块存在反向电压时，它将作为一个恒流负载工作。

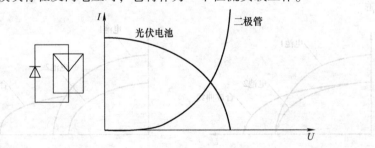

图 5-28　二极管与电池特性曲线对比

添加旁路二极管后的电路模型如图 5-29 所示。旁路二极管会在某个串联模块被遮蔽的情况下产生作用。此时，旁路二极管会适时正向导通，为其所并联的被遮蔽模块传输一定的补偿电流，使不匹配的两块电池的部分电流差从二极管中流过，减轻电流的降低程度；弥补电流的同时，还提供一个能量散逸的低阻抗路径来提高电路的性能及输出功率，虽然二极管的添加造成了一定的能量损失（自身散发热量），但电路的电流运行范围扩大了，整个电路的运行性能也得到较大的改善。所以，通过并联旁路二极管可以避免电池的不匹配和减少失配现象。

当把两个性能相同的模块串联到一起时，电流保持不变，电压将加倍。然而，当把两个

116

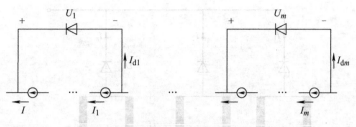

图 5-29　添加旁路二极管后的电路模型

性能不同的模块串联到一起时，电压仍叠加。但是电流将被限制在略高于串联模块中电流较小的模块产生的电流值，如图 5-30 所示。

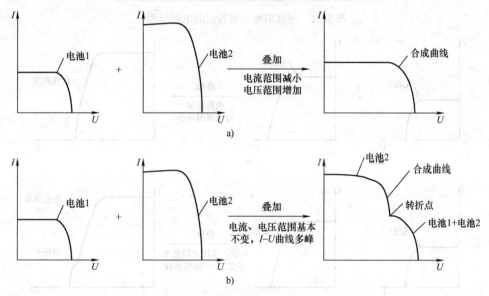

图 5-30　不同性能组件串联曲线合成

比如，一个由 48 个单体光伏电池串联的光伏模块中，每 12 个或者 24 个单体光伏电池会并联上一个旁路二极管，当被遮蔽部分带有负电压而且其大小也达到二极管导通电压的时候，旁路二极管可以把被遮蔽部分短路，使得只有很少的电流流过被遮蔽部分电路，从而避免失配现象带来的功率损失的影响。

② 阻断二极管。

为了获取较高的电流，满足部分大功率用户的要求，光伏电池组通常需要采用并联运行的方式。并联运行时，若太阳辐射不一致，电池板的电流及温度均会出现差异，从而导致两块并联模块的电压不同。根据并联电路的电压一致特性，受太阳照射正常的模块便会受到被遮蔽模块的影响。为了改善这一现象，可以在每条支路上串联一个阻断二极管，以防止由于支路故障或遮蔽而导致电流由强电流支路流向弱电流支路的现象发生。

添加阻断二极管后的电路模型如图 5-31 所示。每个串联支路在和其他支路并联之前，需要先串联一个阻断二极管，以防止全模块输出电压过低时功率倒送使光伏电池模块损坏。

当两个相同的模块并联到一起时，电压保持不变，电流将加倍。然而，当两个性能不同的模块并联到一起时，电流将增加，但是电压只是两者的平均值，如图 5-32 所示。

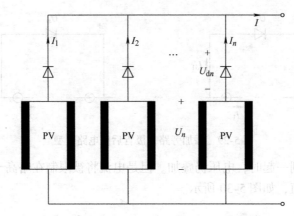

图 5-31　添加阻断二极管后的电路模型

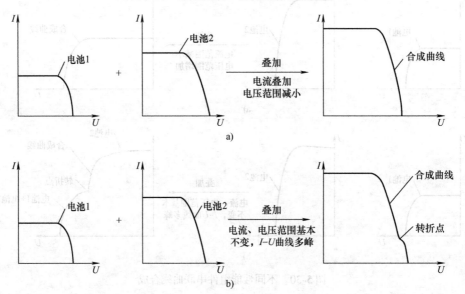

图 5-32　不同性能组件并联曲线合成

一般来说，在小系统的干路上用一个二极管就够了，因为每个阻断二极管会引起电压降低 0.4~0.7V，其电压损失是一个 20V 系统的 3%，这也是一个不小的比例。

5.6.4　光伏并网发电系统

与孤岛运行的光伏电站相比，并入电网可以给光伏发电带来诸多好处。首先，不必考虑为负荷供电的稳定性和供电质量问题；其次，光伏电池可以始终运行在最大功率点处，由电网来接纳太阳能所转的全部电能，提高了光伏发电的效率；再次，省略了蓄电池作为储能环节，降低了蓄电池充放电过程中的能量损失，免除了由于存在蓄电池而带来的运行与维护费用，同时也消除了处理废旧蓄电池带来的间接污染。

光伏并网发电系统由光伏阵列、变换器和控制器组成。变换器将光伏电池所发的电能逆变成正弦电流并入电网中；控制器控制光伏电池最大功率点跟踪、控制逆变器并网电流的波形和功率，使向电网传送的功率与光伏阵列所发的最大功率电能相平衡。典型的光伏并网系统的结构图包括光伏阵列、直流-直流变换器（DC-DC变换器）、PWM控制器和驱动电路等。光伏并网系统结构图如图5-33所示。通过DC-DC变换器，可以在变换器和逆变器之间建立直流环。根据电网电压的大小，用DC-DC变换器提升光伏阵列的电压，以达到一个合适的水平，同时DC-DC变换器也作为最大功率点跟踪器，增大光伏发电系统的经济性能。逆变器用来向交流系统提供功率；继电保护系统可以保证光伏发电系统和电力网络的安全性。

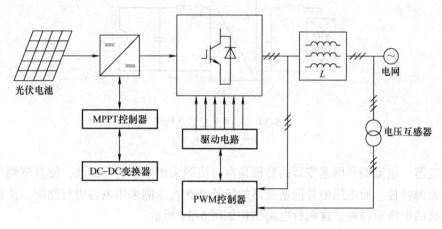

图5-33 光伏并网系统结构图

光伏并网系统的特点可以从以下几个方面来说明。

1）用途：太阳能光伏发电系统主要作为可再生的分布式电源，向独立发电系统或者电力网络供电，具有一般电力系统电源的特点。

2）能源流动：光伏并网系统的传输能量来源于光伏电池，从对光伏电池的分析可以看出，输出的电压和电流曲线是非线性的，两者之间有一定的约束条件，并且受光照强度和温度的影响，输出功率会有变化。光伏并网系统直流侧的伏安特性曲线呈非线性，输出特性比较"软"，但有功功率和无功功率的输出都是可控的，在一定条件下甚至可以实现有功功率和无功功率的解耦控制。

3）传输的能量等级：光伏并网系统受光伏电池的输出限制，所能输出的功率并不是很高，功率等级主要为千瓦至兆瓦级。

4）控制方式：光伏并网系统中需要对电流和功率进行控制，从而出现了电流内环控制和功率外环控制。内环控制主要采用各种优化的PWM控制策略，对给定的电流波形进行跟踪，外环控制主要是为保证光伏并网系统工作在最大工作点而采取的最大功率点跟踪（Maximum Power Point Tracking，MPPT）控制。

1. 并网方式

光伏发电系统有很多种并网方式，但通常都要通过电力电子变换器，将直流电变换为交流电并入电网。光伏发电系统的并网主要是逆变环节，通过对逆变环节的分类，就得到了不同的并网方式。

（1）按照输入电源类型分类

当前并网逆变器按照输入电源类型的不同，主要分为两大类：电流型并网逆变器和电压

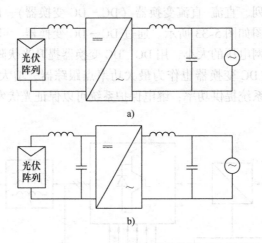

图 5-34 并网逆变器结构图

a) 电流型 b) 电压型

型并网逆变器。电流型并网逆变器的特征是在直流侧采用电感进行储能，使直流侧呈现出高阻抗的电流源特性。而电压型并网逆变器的特征是在直流侧采用电容进行储能，使直流侧呈现出低阻抗的电压源特性。这两种电路结构如图 5-34 所示。

电流型并网逆变器的直流侧须串联一个大电感来提供稳定的直流电流输入，但此大电感往往会影响系统的动态响应，因此当前世界范围内，大部分并网逆变器均采用电压型并网逆变器。通常情况下，电网可视为容量无穷大的交流电压源，可以控制光伏并网逆变器的输出为交流电压源或者交流电流源。若控制并网逆变器的输出为一个交流电压源，则光伏并网发电系统和电网实际上可以认为是两个交流电压源的并联。要保证整个系统的稳定运行，必须严格控制并网逆变器输出电压的幅值与电网同步。在这种情况下，要保证系统的稳定运行，需要采用锁相控制技术。但是锁相回路的响应较慢，不易精确控制并网逆变器的输出电压，而且还可能出现环流等问题，如不采取特殊措施，会导致系统不能够稳定运行，甚至发生故障。因此，光伏并网发电系统通常设计成电压源输入、电流源输出的结构。这样，并网发电系统与电网之间实际上就是交流电流源和电压源的并联。光伏并网逆变器输出电压的幅值可自动钳位为电网电压，同时采用控制技术以实现并网电流与电网电压的相位同步，从而使系统输出的功率因数为 1。

（2）按照拓扑结构分类

每一种逆变器都有相应的拓扑结构，拓扑结构的不同将影响逆变器的效率和成本，因此合适的拓扑结构对逆变器的设计来说起着十分重要的作用。一般光伏并网逆变器拓扑结构的设计应满足光伏阵列输出电能不稳定的要求，如总的谐波失真要小、功率因数接近 1、与电网电压同步等。

逆变器的拓扑结构种类很多，按照特性的不同，通常可以从变压器、功率变换级数的角度进行分类。

1）根据逆变器是否含有变压器及变压器的类型，可以将光伏并网逆变器分为无变压器型、工频变压器型和高频变压器型。上述三种逆变器的典型结构如图 5-35 所示。

在以上三种逆变器中，工频变压器型光伏并网在早期的光伏并网发电系统中应用较多，

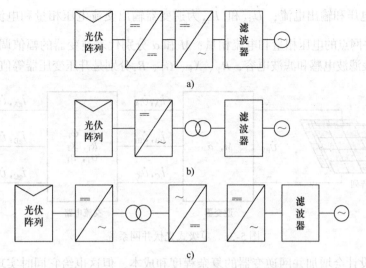

图 5-35　光伏并网逆变器按变压器分类的典型结构

a) 无变压器型　b) 工频变压器型　c) 高频变压器型

从图 5-35a 中可以看出它是一个单级的逆变系统。在工作时，首先将光伏阵列产生的直流电经逆变器变换成工频低压交流电，再通过工频变压器升压，然后并网或供负载使用。它的特点是电路结构紧凑、使用元器件少、控制简单。但是这种结构无法兼顾最大功率跟踪，因此效率不高，且操作可靠性低。同时由于采用工频，因此变压器体积、重量和噪声都比较大。随着并网逆变技术的发展，这种逆变器已逐渐被淘汰。与工频变压器型光伏并网逆变器相比，高频变压器型光伏并网逆变器的体积小、重量轻，不过采用这种方式的主电路及其控制都相对复杂。从图 5-35c 中可以看出，这种逆变器在工作时直流电经高频逆变后，再经高频变压器和整流电路得到高压直流电，然后经逆变器和滤波电路与电网连接或供负载使用。无变压器型光伏并网逆变器由于省去了变压器，体积更小，且重量轻、成本相对较低、可靠性高。不过，这种逆变器无法与电网隔离。目前并网逆变器的发展以后两种类型为主，其中对无变压器型光伏并网逆变器的研究较多。

2）根据并网系统中功率变换的级数，并网逆变器可以分为单级式变换和多级式变换两种拓扑结构。

单级式光伏并网逆变系统具有拓扑简单、成本较低的优点。但是这种系统中只存在一个能量变换环节，太阳能最大功率点跟踪、电网电压同步和输出电流正弦度等控制目标要求必须同时得到考虑。在光伏发电系统中，主要的问题是如何提高太阳能电池工作效率，以及提高整个系统工作的稳定性。由于单级式光伏并网逆变系统中只有一个能量变换环节，控制时既要考虑跟踪太阳能电池最大功率点，同时又要保证对电网输出电流的幅值和正弦度，因此控制较为复杂。目前实际应用的光伏并网系统采用这种拓扑结构的仍不多见。但随着现代电力电子技术以及数字信号处理技术的飞速发展，系统拓扑结构引起的控制困难正在逐渐被克服，单级式光伏逆变系统已成为国内外光伏发电领域的一个研究热点。

图 5-36 为一个单级式光伏并网系统的结构示意图。可以看到，基于逆变器并网的三相单级式光伏发电系统主要由光伏阵列、逆变器和交流电路 3 部分组成。$\dot{U}_{PV}$ 和 $\dot{I}_{PV}$ 是光

伏阵列的输出电压和输出电流；$\dot{U}_{iA}$ 和 $\dot{I}_{iA}$ 为逆变器输出交流电压相量和电流相量；$\dot{U}_{gA}$ 和 $\dot{I}_{gA}$ 分别代表并网点的电压相量和电流相量；M 和 α 分别代表逆变器的幅值调制比和移相角；L_f 和 C_f 分别代表滤波电感和滤波电容，R_T、X_T、G_T、B_T 分别是升压变压器等值电路参数。

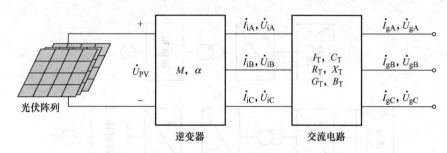

图 5-36　单级式光伏并网系统

多级拓扑设计会增加并网逆变器的复杂程度和成本，但这也给它同时实现多种功能带来可能，包括：逆变器低开关频率（100Hz）；DC-DC 变换器正弦半波直流输出；光伏电池与电网之间的能量解耦。因此多级拓扑设计可以在降低损耗的同时达到很好的最大功率点跟踪特性。

图 5-37 所示是一个多级并网逆变器的结构原理图。第一级的 Boost 电路起升压作用，它将光伏电池输出电压升高到 200V 左右，同时还实现最大功率点跟踪。Boost 电路中电感上还有一个绕组为辅助电源电路（Auxiliary Power Supply Unit，APSU）供电。第二级推挽电路控制输出电流波形为整流正弦波，同时实现电网和光伏电池的电隔离。最后一级为 100Hz 逆变器，起换相作用。由于升压比较大，三级中第一级的 Boost 电路是整个逆变器中损耗最大的部分。

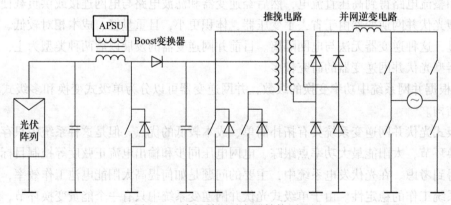

图 5-37　多级并网逆变器结构原理图

2. 并网控制策略

光伏并网控制主要涉及两个闭环控制环节：一是输出波形控制；二是功率点控制。波形控制要求快速，需要在一个开关周期内实现对目标电流的跟踪，而光伏阵列功率点控制则相对是慢速的。各环节的具体调控原理如下。

（1）最大功率点跟踪控制

最大功率点跟踪（Maximum Power Point Tracking，MPPT）是当前采用较为广泛的一种光伏阵列功率点控制方式。这种控制方法实时改变系统的工作状态，以跟踪光伏阵列最大功率工作点，实现系统的最大功率输出。MPPT控制有很多的实现方式，如双闭环法、干扰观测法、电导增量法、"上山法"等。其中，"上山法"又称为一阶差分算法，其应用较为广泛。系统通过对功率环的控制实现最大功率跟踪，同时也实现对光伏电池板的温度补偿，使系统具有较好的稳态性能。

光伏并网系统通常采用MPPT并输出单位功率因数的控制策略，这可以通过调整逆变器的幅值调制比 M 和移相角 α 来实现。依据该控制策略，可先由式(5-46)确定光伏阵列的最大功率点电压 U_{PV} 和功率 P_{PV}，再由光伏阵列运行在最大功率点处的电流值 I_{PV} 来确定并网点处的无功功率。

$$Q_g = \sqrt{(I_{PV} \times U_{PV})^2 - P_{PV}^2} \tag{5-46}$$

此外，还需要注意光伏发电系统运行参数应满足的一些约束条件：①容量约束，无功；②电压约束，直流母线电压和交流并网点电压在正常运行允许范围以内。

（2）波形跟踪和控制方法

当光伏并网系统的控制部分提供了电流参考值后，就需要一种合适的PWM控制方式使得并网系统发出的电流能够跟踪参考电流。目前有多种PWM控制方式，例如瞬时比较方式、定时比较方式和三角波比较方式等。

1）瞬时比较方式：这种方式把电流参考值与实际电流相比较，偏差通过滞环比较产生控制主电路中开关通断的PWM信号，从而控制电流的变化。这种方式硬件电路简单，电流响应快，电流跟踪误差范围固定。但是缺点也很明显，即电力半导体开关频率是变化的，尤其是当电流变化范围较大时。一方面，在电流值小的时候，固定的滞环宽度会使电流相对误差过大；另一方面，在电流值大的时候，固定的环宽度有可能使元器件的开关频率过高，甚至会超出元器件允许的最高工作频率导致元器件损坏。

2）定时比较方式：这种方式利用一个定时控制的比较器，每个时钟周期对电流误差判断一次，PWM信号需要至少一个时钟周期才会变换一次，元器件的开关频率最高不会超过时钟频率的一半。缺点是电流跟随误差是不固定的。

3）三角波比较方式：这种方式将电流误差经过比例积分放大器处理后与三角波比较，目的是将电流误差控制为最小。该方式硬件较为复杂，输出含有载波频率段的谐波，电流响应比瞬时比较方式要慢。

目前较好的闭环电流控制方法是基于载波周期的一些控制技术，例如 Deadbeat PWM（无差拍脉冲宽度调制）技术。这种控制技术将目标误差在下一个控制周期内消除，实现稳态的无静差效果。随着数字控制技术的不断发展，数字电路硬件成本的不断降低，此种数值化的 PWM 控制方式具有更加广泛的应用前景。基于 Deadbeat 的 PWM 实现方案，其控制系统由高性能数字信号处理器（Digital Signal Processor，DSP）实现。与模拟控制相比，数字化控制具有控制灵活、易于改变控制算法和硬件调试方便等优点。这种方法的原理是在每一个开关周期的开始时刻，采样光伏并网逆变器输出电流 i，并且预测出下一周期开始时刻光伏并网逆变器的电流参考值 i^*，由差值 $i^* - i$ 计算出开关器件的开关开通时间，使 i 在下一周期开始时刻等于 i^*。这种方法计算量较大，但其开关频率固定、动态响应快的特点受到了青睐，十分适用于光伏并网系统的数字控制。

此外，还有一种被称为瞬时值反馈的控制技术，也可以及时、有效地对逆变器输出波形进行控制。瞬时值反馈控制的原理是：通过负反馈使反馈量更加接近给定值，而抑制反馈环所包围的环节内的参数变动或扰动所引起的偏差。这种技术与上面讲的基于周期的控制技术的不同在于：基于周期的反馈控制的反馈量是谐波，而瞬时值反馈控制的反馈量不仅含有谐波，更主要的是含有占主导地位的基波分量。因此在反馈环节后就必须加入放大环节以减少调制波的基波损失。由于增大了前向通道的增益，系统的稳定性会有一定的影响，因此，瞬时值反馈一般用来消除死区因素造成的谐波畸变，但很难抑制非线性负荷的影响。根据香农定理，采样频率要高于待补偿的谐波频率的两倍，因此电流环的控制周期比较小，范围应该设定在微秒级，这么快的控制周期开关管很难满足要求。光伏阵列中的最大功率点跟踪部分的控制周期不需要很短，因为环境中气温和光照的变化是相对比较缓慢的，而且主电路存在的集总和分布的感性元件会影响电流控制的响应速度。控制周期过短会影响最大功率点跟踪的跟踪效果，甚至可能引起跟踪错误；控制周期过长则达不到最大功率点跟踪的跟踪要求。

5.7 燃料电池并网发电

5.7.1 燃料电池发电基本原理

燃料电池由一个负充电的电极（阳极）、一个正充电的电极（阴极）和一个电解质膜组成。图 5-38 所示为单个质子交换膜燃料电池示意图。氢在阳极氧化，氧在阴极还原。质子经电解质膜从阳极传送至阴极，电子经外部电路传送至阴极。在阴极，氧与质子和电子发生反应，产成水并产生热量。阳极和阴极都含有催化剂，以加速电化学过程。

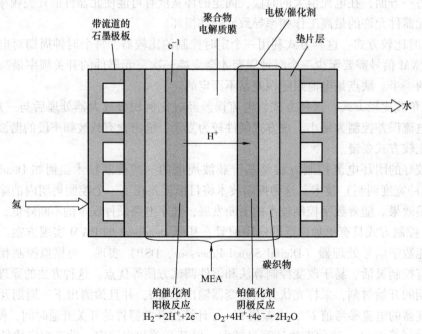

图 5-38 单个燃料电池示意图

它具有以下反应：

阳极：$H_2(g) \rightarrow 2H^+(aq) + 2e^-$

阴极：$\frac{1}{2}O_2(g) + 2H^+(aq) + 2e^- \rightarrow H_2O(aq)$

总反应：$H_2(g) + \frac{1}{2}O^2(g) \rightarrow H_2O(l) + 电能 + 废热$

反应物通过扩散和对流传送至含有催化剂的电极表面，在此之上发生电化学反应。

目前，世界各国开发的燃料电池种类很多，根据所使用的电解质和燃料的不同，可分为质子交换膜燃料电池（Proton Exchange Membrane Fuel Cell，PEMFC）、碱性燃料电池（Alkaline Fuel Cell，AFC）、磷酸型燃料电池（Phosphoric Acid Fuel Cell，PAFC）、固体氧化物燃料电池（Solid Oxide Fuel Cell，SOFC）、熔融碳酸盐型燃料电池（Molten Carbonate Fuel Cell，MCFC）、直接甲醇燃料电池（Direct Methanol Fuel Cell，DMFC）、锌空气燃料电池（Zinc Air Fuel Cell，ZAFC）、质子陶瓷燃料电池（Proton Ceramic Fuel Cell，PCFC）和生物质燃料电池（Biomass Fuel Cell，BFC）等几种。燃料电池的电解质决定了燃料电池系统的许多其他参数，如工作温度、电池材料以及燃料电池和堆的设计等，这些差别带来了各种燃料电池不同的重要特性和优缺点。

1. 质子交换膜燃料电池（PEMFC）

质子交换膜燃料电池（也称为聚合物电解质膜燃料电池或 PEM 燃料电池）在提供高能量密度的同时，具有质量轻、成本低、体积小等特点。

在质子交换膜燃料电池中，从燃料流道到电极的传输通过电导碳纸进行，在其两面涂有电解质。这些衬层通常是多孔的，孔径大小为 0.3~0.8mm，用于从双极板向反应堆以及从反应堆向双极板传输反应物和生成物。阳极上的电化学氧化反应产生电子，通过双极板/电池流向外部电路，同时离子通过电解质流向相反的电极。从外部电路返回的电子，参与阴极上的电化学还原反应。

2. 碱性燃料电池（AFC）

美国国家航空航天局（National Aeronautics and Space Administration，NASA）已将碱性燃料电池用于航天任务，发电效率高达 70%。这些燃料电池的工作温度在室温至 250℃之间，电解质为浸泡在槽中的碱性氢氧化钾水溶液（由于碱性电解质中阴极反应速度较快，意味着性能更高，因此这是它的一大优点），碱性燃料电池通常具有 300W~5kW 的输出功率。

碱性燃料电池的另一个优点是所用的材料成本低，如电解质和催化剂。催化剂层可以使用铂或非贵金属催化剂，如镍。碱性燃料电池的一个不足是必须往燃料电池中注入纯氢和纯氧，原因是它无法容忍大气中含有的少量 CO_2。因为随着时间的推移，CO_2 会造成 KOH 电解质的退化，这将带来大问题。

3. 磷酸型燃料电池（PAFC）

磷酸型燃料电池是一种非常高效的燃料电池，发电效率大于 40%。磷酸型燃料电池产生的大约 85% 的蒸汽可用于供发电。磷酸型燃料电池的工作温度范围为 150~220℃。在较低温度时，磷酸型燃料电池是一种不良的离子导体，阳极中铂的一氧化碳中毒现象会变得非常严重。

磷酸型燃料电池的两个主要优点包括接近 85% 的发电效率以及它可以使用非纯氢作为燃料。磷酸型燃料电池可容忍的 CO 浓度大约为 1.5%，这增加了可用的燃料类型数量。磷酸型燃料电池的不足包括使用铂作为催化剂（同大多数其他燃料电池），以及它的尺寸较大、质量较大。另外，相比其他类型的燃料电池，磷酸型燃料电池产生的电流和功率较小。

4. 固体氧化物燃料电池（SOFC）

固体氧化物燃料电池的化学成分是一种非多孔的固体电解质，如 Y_2O_3 稳定的 ZrO_2，其导电性基于氧离子。阳极通常由 $C_o - ZrO_2$ 或 $N_i - ZrO_2$ 黏合剂制成，而阴极由添加了 Sr 的 $LaMnO_3$ 制成。现有 3 种主要配置形式来制造固体氧化物燃料电池：管形配置、双极形配置和平面形配置。固体氧化物燃料电池的工作温度可达 1000℃，当电池输出高达 100kW 时，其发电效率可达 60% ~ 85%。

5. 熔融碳酸盐型燃料电池（MCFC）

熔融碳酸盐型燃料电池使用的电解质是一种碳酸锂、碳酸钠或碳酸钾的液体溶液，电极浸泡在其中。熔融碳酸盐型燃料电池的发电效率高达 60% ~ 85%，工作温度大约为 620 ~ 660℃。工作温度高是一大优势，原因是它能获得更高的效率，以及可以灵活地使用各种类型的燃料和廉价催化剂。熔融碳酸盐型燃料电池可以使用氢、一氧化碳、天然气、丙烷、沼气、船用柴油和煤气化产物作为燃料。熔融碳酸盐型燃料电池的一个不足是高温易造成燃料电池组成部件的腐蚀和损坏。

6. 直接甲醇燃料电池（DMFC）

直接甲醇燃料电池使用与质子交换膜燃料电池相同的聚合物电解质膜。不过，直接甲醇燃料电池的燃料为甲醇而非氢，甲醇作为燃料流过阳极，并分解为质子、电子和水。甲醇的优点包括其广泛的可用性以及可轻易地从汽油或生物材料重整而来。虽然它的能量密度只有氢的 1/5，但由于它是液态的，因此在 250 个大气压时，与氢相比，其单位体积的能量为氢的 4 倍。

直接甲醇燃料电池的一个主要问题是甲醇氧化会产生中间的碳氢化合物，它会使电极中毒。另一个限制是阳极上的甲醇氧化会变得像氧电极反应那么慢，并且为了实现大功率输出，需要大量的过电压。还有一个问题是，甲醇大量穿过电解质（燃料分子直接通过电解质扩散至氧电极），会造成功率的严重损耗，30% 的甲醇会因此而损失。

7. 锌空气燃料电池（ZAFC）

在锌空气燃料电池中，有一个气体扩散电极（Gas Diffusion Electrode，GDE）、一个电解质隔开的锌阳极以及某种形式的机械分隔器。

气体扩散电极是一种具有渗透性的膜，允许氧化物穿过它。氧化锌由氢氧离子和水（来自氧）生成，它与锌在阳极发生反应，并因此产生电势，锌空气燃料电池可以连接在一起，以获得所需的电力。锌空气燃料电池的电化学过程与质子交换膜燃料电池非常相似，但燃料加注过程具有电池的特性。

锌空气燃料电池包括一个自动再生燃料的锌"燃料罐"。锌燃料以小球的形式存在和消耗，并释放电子，驱动负荷。周边空气中的氧从负荷接收电子，并通过该过程产生钾锌酸盐。通过电解对钾锌酸盐进行重新处理，以生成锌小球和氧。该再生过程由外部电源供电（如光伏电池），并可无限地重复下去。

8. 质子陶瓷燃料电池（PCFC）

质子陶瓷燃料电池是一种新型的、基于陶瓷电解质材料的燃料电池，在高温下显示了很高的质子传导性。这种燃料电池与其他燃料电池有根本区别，原因是它依赖于高温下氢离子（质子）对电解质的传导性，而这种高温比其他质子传导型燃料电池可能会遇到的工作温度要高得多。质子陶瓷燃料电池具有同熔融碳酸盐型燃料电池和固体氧化物燃料电池一样的热量和动力优点，原因是其工作于高温（700℃）下，但这种燃料电池也显示了如同质子交换膜燃料电池和磷酸型燃料电池的质子传导优势。

质子陶瓷燃料电池产生电能的氢氧化反应发生于阳极上（燃料一侧），正好与其他高温燃料类型相反。在质子陶瓷燃料电池中，阴极的燃料通过空气流移动，使燃料的完全利用变为可能。燃料稀释现象不会出现在质子陶瓷燃料电池中。另外，质子陶瓷燃料电池用的是固体电解质，因此膜不会像质子交换膜燃料电池那样发干，液体也不会像磷酸型燃料电池那样溢出。

9. 生物质燃料电池（BFC）

生物燃料电池是一种可直接将生化能转化为电能的设备。在生物质燃料电池中，存在基于碳水化合物的氧化还原反应，如使用微生物或生化酶作为催化剂的葡萄糖和甲醇。生物质燃料电池的工作原理同其他燃料电池的主要区别在于生物质燃料电池的催化剂是微生物或生化酶，因此，催化剂无需贵金属，并且，其典型的工作条件为中等环境和室温。生物质燃料电池工作在液体媒介中，具有低温和接近中性环境等优点。此类燃料电池可能的潜在应用包括：①开发新的、实用的低功率能源；②制造基于直接电极相互作用的特殊传感器；③电化学合成某些化学物质。

对各种不同类型的燃料电池而言，有半个电池的反应（单独阴极或阳极）是不同的，但总的反应是类似的。必须持续不断地移去燃料电池产生的水和废热，这些可能是某些燃料电池工作过程中面临的关键问题。

5.7.2 质子交换膜燃料电池的数学模型

目前，质子交换膜燃料电池越来越受到人们的广泛关注。质子交换膜燃料电池除了具有洁净无污染、能量转换效率高等燃料电池的一般特点外，还具有接近常温工作及启动迅速的特性，而且没有电解液腐蚀与溢漏问题。质子交换膜燃料电池不仅可应用于航天、军事等特殊领域，在燃料电池电站、电动汽车、高效便携式电源等方面也具有很大的市场潜力。

根据质子交换膜燃料电池的电化学反应方程式，可以用许多方法来对质子交换膜燃料电池的性能进行建模。燃料电池电压 U 可以定义为三项之和：热动力电势、极化过电势和欧姆过电势。质子交换膜燃料电池（一种 H_2/O_2 燃料电池）在反应生成液态水的情况下，其理想标准电势（E_0）为 1.229V。由于不可逆损失，实际电池电势随平衡电势的降低而下降，实际燃料电池的不可逆损失常被称为极化过电势或者过电压，主要有 3 种极化导致不可逆损失：活化极化、欧姆极化和浓差极化。这些损失就会导致燃料电池电压 U 小于理想电势 E。

质子交换膜燃料电池运行时，考虑对反应气体进行饱和水汽增湿，增湿水的饱和蒸气压与电池温度 T 的关系表述如下

$$\lg(P_{H_2O}^{sat}) = 2.95 \times 10^{-2} \times (T - 273.15) - 9.18 \times 10^{-5} \times (T - 273.15)^2 + \\ 1.44 \times 10^{-7} \times (T - 273.15)^3 - 2.18 \tag{5-47}$$

情况 1：反应气体为空气和氢气

$$P_{O_2} = P_c - P_{H_2O}^{sat} - P_{N_2}^{channel} \times e^{\frac{0.291 \times (i/A)}{T^{0.832}}} \tag{5-48}$$

情况 2：反应气体为氧气和氢气

$$P_{O_2} = P_{H_2O}^{sat} \times \left[\frac{1}{e^{\frac{4.192 \times (i/A)}{T^{1.334}}} \times \frac{P_{H_2O}^{sat}}{P_c}} - 1 \right] \tag{5-49}$$

两种情况下：

$$P_{H_2} = 0.5 \times (P_{H_2O}^{sat}) \times \left[\frac{1}{e^{\frac{1.635 \times (i/A)}{T^{1.334}}} \times \frac{P_{H_2O}^{sat}}{P_a}} - 1 \right] \tag{5-50}$$

式中，P_a、P_c 分别为阳极和阴极的入口压力（atm，1atm = 101325Pa）；$P_{N_2}^{channel}$ 为空气中氮气在阴极气体流道内的分压（atm）；P_{H_2}、P_{O_2} 分别为氢气和氧气的有效分压（atm）；T 为电池温度，单位为 K，i 为电池电流，单位为 A；A 为电极面积，单位为 cm^2。

热动力电势 E 可由 Nemst 方程的展开式定义为如下形式

$$E = 1.229 - 0.85 \times 10^{-3}(T - 298.15) + 4.3085 \times 10^{-5} \times T \times (\ln P_{H_2} + 0.5 \ln P_{O_2}) \tag{5-51}$$

气液界面的溶解氧浓度（C_{O_2}）可由 Henry 定律表示为

$$C_{O_2} = P_{O_2} / (5.08 \times 10^6 \times e^{-498/T}) \tag{5-52}$$

由于极化和内阻导致的过电压参数方程可由经验分析获得，可如下表示

$$\eta_{act} = -0.9514 + 3.12 \times 10^{-3} \times T - 1.87 \times 10^{-4} \times T \times \ln(i) + 7.4 \times 10^{-5} \times T \times \ln(C_{O_2}) \tag{5-53}$$

$$R_{int} = 0.01605 - 3.5 \times 10^{-5} \times T + 8 \times 10^{-5} \times i \tag{5-54}$$

极化内阻由下式确定

$$R_a = -\eta_{act}/i \tag{5-55}$$

综合考虑热力特性、质量传递、动力特性和欧姆电阻作用下的电池输出电压可定义为

$$V = E - v_{act} + \eta_{ohmic} \tag{5-56}$$

从以上描述的模型可以看出：电池引入电流、电池温度、H_2 和 O_2 压力会影响电池电压。电池压降可以通过增加反应气体压力进行补偿。燃料电池电压的动态特性可通过在其稳态模型下增加一个电容 C 进行建模。如图 5-39 所示，双层电荷层间的作用可通过一个电容 C 与极化电阻并联的方式进行建模。电容的容量可通过下式计算

$$C = \varepsilon \frac{S}{d} \tag{5-57}$$

式中，ε 为介电常数，S 为表面积，d 为极板间距离。

R_{int} 电阻表示欧姆过电压，电池电流的变化就会立刻在此电阻上引起电压下降；R_a 电阻表示极化过电压，与其并联的电容 C 能有效"平滑"在此电阻上产生的电压降。如果考虑浓差过电压，则应把它综合在此电阻内。通常，双层电荷层电容的作用会使得燃料电池具有"优良"的动态特性。也就是说，当需求电流出现变化时，电压的变化响应相对来说是平缓的。

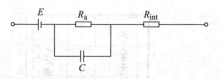

图 5-39　燃料电池单电池模型

单电池电压可用微分方程描述为

$$\frac{\mathrm{d}U_{act}}{\mathrm{d}t} = \frac{i}{C} - \frac{U_{act}}{R_a C} \tag{5-58}$$

燃料电池欧姆过电压可表示为

$$\eta_{ohmic} = -i \times R_{int} \tag{5-59}$$

燃料电池电堆由 n 个相同的单电池串联而成时，电堆电压可表示为

$$U_{stack} = n \times U \tag{5-60}$$

方程（5-58）的解为

$$U_{act} = i \times R_a - C_1 \mathrm{e}^{\frac{t}{R_a C}} \tag{5-61}$$

由上式，当 $t \to \infty$ 时，则 $C_1 \mathrm{e}^{\frac{t}{R_a C}} \to 0$。这就意味着质子交换膜燃料电池在稳定运行条件下，$U_{act} = i \times R_a$，也就是 $U_{act} = -\eta_{act}$。

稳态时，方程和可写为

$$U = E + \eta_{act} + \eta_{ohmic} \tag{5-62}$$

$$U_{stack} = n \times \left[E - i(R_a + R_{int}) \right] = U_0 - i \times R_{total}^{equ} \tag{5-63}$$

此处，U_0 为开路电压，R_{total}^{equ} 为电堆等效电阻（如图 5-40 所示）。

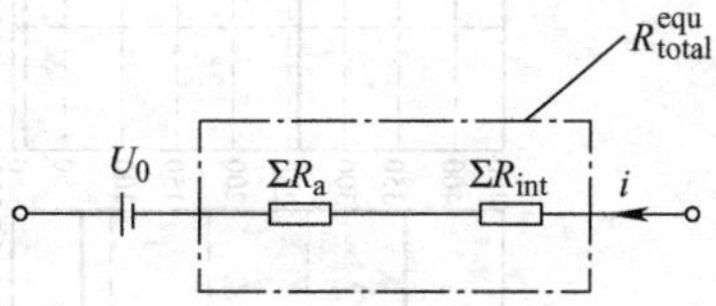

电堆输出功率为

$$P_{stack} = U_{stack} \times i \tag{5-64}$$

电堆等效电阻 R_{total}^{equ} 消耗功率表示为

$$P_{consumed} = i^2 \times R_{total}^{equ} \tag{5-65}$$

图 5-40　PEMFC 电堆等效电路

电堆效率 η 表示为

$$\eta = \frac{U_{stack} \times i}{U_0 \times i} = \frac{U_{stack}}{U_0} \tag{5-66}$$

以如下参数研究质子交换膜燃料电池的运行特性：单电池个数 24，电堆温度 80℃，反应气体为氧气和氢气，阳极入口压力是 $P_a = 2.50 \times 10^5 \mathrm{Pa}$，阴极入口压力 $P_c = 1.69 \times 10^5 \mathrm{Pa}$，电极面积 $A = 150 \mathrm{cm}^2$，与 R_a 并联的电容 $C = 3\mathrm{F}$。采用需求电流阶跃输入作为电流变化，得到电堆动态特性的各参数变量变化情况如图 5-41 所示。

由图 5-41 可见质子交换膜燃料电池的运行特性：质子交换膜燃料电池电堆输出电流增大时，输出电压减小，输出功率上升，电堆消耗功率也随着上升，电堆效率下降，电堆内阻减小，内阻功率损耗转变为热能，电堆的运行温度升高。

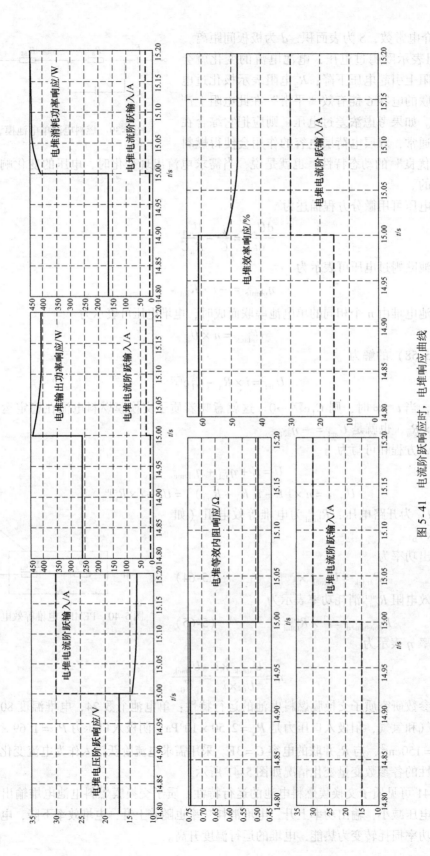

图 5-41 电流阶跃响应时，电堆响应曲线

5.8 练习

1. 介绍永磁同步发电机的工作原理。
2. 简要说明永磁同步发电机的结构特点。
3. 某风力发电机组，其年有效风时数为 7000h，风力发电机实际的工作系数为 0.92，该机平均输出功率是额定功率 750kW 的 30%，求该机型的年发电量。
4. 一厂家提供光伏电池，最大功率为 2000MW，光伏电池面积为 100cm^2，太阳标准光照强度为 1000W/m^2，求该电池的转换效率。
5. 某光伏电池转换效率为 14%，单片光伏电池面积为 24336mm^2，太阳标准光照强度为 1000W/m^2，求最大功率 P。
6. 什么是 PWM? PWM 变换器的工作原理是什么？
7. 简要说明机侧 PWM 变换器与网侧 PWM 变换器的关系。
8. 什么是矢量控制算法？
9. 什么是 MPPT，说明其工作原理。
10. 如图 5-37 所示，假设开路电压为 12V，电堆等效电阻为 3Ω，电流为 1.5A，求电堆效率 η。
11. 燃料电池的发电原理是什么？

参 考 文 献

[1] 郭冰. 直驱永磁风力发电机发展及其设计方法综述 [J]. 微特电机，2007，35（11）：56 – 59.

[2] Seul-Ki Kim, Eung-Sang Kim, Jae-Young Yoon, et al. PSCAD/EMTDC Based Dynamic Modeling and Analysis of a Variable Speed Wind Turbine [C]. IEEE Power Engineering Society General Meeting, 2004.

[3] 姚骏，廖勇，瞿兴鸿，等. 直驱永磁同步风力发电机的最佳风能跟踪控制 [J]. 电网技术，2008，32（10）：11 – 15，27.

[4] 张宪平. 直驱式变速恒频风力发电系统低电压穿越研究 [J]. 大功率变流技术，2010，4：28 – 31.

[5] 蔡国营. 基于 PSCAD 的永磁直驱风力发电系统最大风能追踪研究 [D]. 厦门：厦门大学，2009.

[6] 李建林，胡书举，孔德国，等. 全功率变流器永磁直驱风电系统低电压穿越特性研究 [J]. 电力系统自动化，2008，32（19）：92 – 95.

[7] 徐甫荣. 大型风电场及风电机组的控制系统 [J]. 自动化博览，2001，18（6）：20 – 23.

[8] 刘其辉，贺益康，赵仁德. 变速恒频风力发电系统最大风能追踪控制 [J]. 电力系统自动化，2003，27（20）：62 – 67.

[9] 马宏飞，徐殿国，苗立杰. 几种变速恒频风力发电系统控制方案的对比分析 [J]. 电工技术杂志，2000，10：1 – 4.

[10] Z Chen, E Spooner. Grid interface options for variable-speed, permanent-magnet generators [J]. IEEE Proceedings-Electric Power Applications, 1998, 145（4）：273 – 283.

[11] 闫耀民，范瑜，汪至中. 永磁同步电机风力发电系统的自寻优控制 [J]. 电工技术学报，2002，17（6）：82 – 86.

[12] Z Chen, E Spooner. Grid Power Quality with Variable Speed Wind Turbines [J]. IEEE Power Engineering Re-

view, 2001, 21 (6): 70.

[13] Z Chen, E Spooner. A Solid-state Synchronous Voltage Source with Low Harmonic Distortion [C]. International Conference on Opportunities and Advances in International Electric Power Generation, 1996.

[14] 郑康, 潘再平. 变速恒频风力发电系统中的风力机模拟 [J]. 机电工程, 2003, 20 (6): 40-43.

[15] 刘其辉, 贺益康, 赵仁德. 变速恒频风力发电系统最大风能追踪控制 [J]. 电力系统自动化, 2003, 27 (20): 62-67.

[16] Z Chen, E Spooner. Grid interface options for variable-speed, permanent-magnet generators [J]. IEEE Proceedings-Electric Power Applications, 1998, 145 (4): 273-283.

[17] 郑志杰, 李磊, 王葵. 大规模光伏并网电站接入系统若干问题的探讨 [J]. 电网与清洁能源, 2010, 26 (2): 74-76.

[18] 查晓明, 刘飞. 光伏发电系统并网控制技术现状与发展 (上) [J]. 变频器世界, 2010, 2: 37-42, 82.

[19] 杨金焕, 邹乾林, 谈蓓月, 等. 各国光伏路线图与光伏发电的进展 [J]. 中国建设动态-阳光能源, 2006, 4: 5-15.

[20] 王斯成. 我国光伏发电有关问题研究 [J]. 中国能源, 2007, 2: 7-11.

[21] 崔容强, 赵春江, 吴达成. 并网型太阳能光伏发电系统 [M]. 北京: 化学工业出版社, 2007: 26-75.

[22] 杨丽. 基于 DSP 的太阳能光伏并网发电系统的研究 [D]. 阜新: 辽宁工程技术大学, 2012.

第6章 微电网的储能系统

本章简介

储能系统是微电网系统中至关重要的一环，本章介绍了储能技术的原理，介绍几种常用的储能形式。详细介绍了电池储能系统模型、蓄电池建模及双向变流器数学模型。

6.1 储能技术原理及其分类应用

储能技术是通过装置将电能转换成其他形式的能量储存于物理介质中，以便在需要时再以电能的形式释放出来的技术。由储能元件组成的储能装置和由电力电子器件组成的电网接入装置成为储能系统的两大部分。储能装置主要实现能量的储存、释放或快速功率交换。电网接入装置实现储能装置与电网之间的能量双向传递与转换，实现电力调峰、能源优化、提高供电可靠性和电力系统稳定性等功能。储能系统的容量范围比较宽，从几十千瓦到几百兆瓦；放电时间跨度大，从毫秒级到小时级；应用范围广，贯穿整个发电、输电、配电、用电系统；大规模电力储能技术的研究和应用才刚起步，是一个全新的课题，也是国内外研究的热点领域。

在未来智能电网的不同配电系统中，将会出现诸如风能、太阳能、生物质能、海洋能发电等多种可再生能源电力。新能源发电技术的应用与发展都不够成熟，存在一定的技术应用缺陷，电力供应无法确保其稳定性与连续性，就需要通过储能技术来减少电力能源的无端损耗，提高能源转化效率，提高新能源电力系统的安全性与稳定性，进一步推动新能源电力系统的发展。储能技术的推广应用，可以有效整合配置这些能源资源，从而大幅提高资源综合利用率，平衡各种可再生能源发电输出的波动，减少电力系统故障的可能性，提高电力能源供应质量与效果，满足人们日益提升的电力能源需求，这就为可再生能源的大规模推广利用提供了可行之路。

储能技术按照储存介质进行分类，可以分为以下几种。

（1）机械储能

以动能和势能的形式储存电能的机械储能，如抽水蓄能（Pumped Hydropower Plant，PHPP）、压缩空气储能（Compressed Air Energy Storage，CAES）、飞轮储能（Flywheel Energy Storage，FWES）等。机械储能至今未实现大规模商业化应用，其中抽水储能和压缩空气储能相对比较成熟，飞轮储能尚处于研发阶段。

抽水储能技术是当前技术应用最为成熟的储能方法，具有运行成本低、水资源消耗大、储能消耗功率高等特点。这种技术的应用需要在河流的上下游各配建一个水库，波谷负荷时的蓄能技术，会使电动机处于工作状态，将下游水库中的水泵出，到上游水库中进行保存；在波峰负荷时的储能技术，会使发电机处于工作状态，利用上游水库中的水力进行发电。

压缩空气储能系统是一种新型的能量储存系统，它是在燃气轮机技术的基础上发展而来的。在用电低峰段，可以将电能转化为其他能量，并利用其储存能量。而在电力系统的用电高峰期，则可将高压空气释放出来，为发电机提供能量，使其能够保持正常工作状态。随着压缩空气储能系统研究的深入化，其形式越发多样化。可将其分为以下两种类型：第一，传统电站，利用洞穴和天然气储能，一台机组的规模通常会超过100MW；第二，新型压缩空气储能系统，能够缩小机组的规模，使其低于100MW。将储能系统是否能够与其他的热力系统进行耦合作为划分依据，压缩空气储能系统可以分为4种，即燃气蒸汽联合循环耦合系统、燃气轮机系统、内燃机系统和制冷循环耦合系统。目前，空气压缩储能技术的应用已经比较广泛，其储能效率能够达到70%，但在应用过程中，依然会受到化石燃料的影响，也会受到地理条件的限制。

（2）电磁储能

以电磁能量为储能介质的电磁储能，如超导电磁储能（Superconductor Magnetic Energy Storage，SMES）等。电磁储能是一种实现电磁能与电能相互转化的储能技术。超导电磁储能技术是将超导材料制成线圈，由电力网络经过变流器进行供电并提供工作磁场，能量转换效率较高，约达90%左右。超导电磁储能技术具有高转换效率、快速响应及环保等特点，在超导状态下，线圈的电阻可以忽略不计，对于能量的损耗极小，可以进行长期供能。由于超导线圈工作时必须在超低温液体中保存，因此超导电磁储能技术需要投入大量的成本，且技术应用较为复杂。超导电磁储能技术的应用，可以通过新能源电力系统合理控制电压与频率等，确保电力供应的稳定性。另外，这种技术的应用可以实时交换大容量电力能源，并且补偿其功率，在瞬态的情况下提高电能质量，在暂态的情况下提高电能稳定性。

（3）化学储能

以电化学反应为能量转换途径的化学储能，包括超级电容器（Super Capacitor Energy Storage，SCES）和各种蓄电池（Battery Energy Storage System，BESS），如铅酸（lead - acid）、镍镉（Ni - Cd）、镍氢（Ni - H）、钠硫（Na - S）和氧化还原液流电池（Redox Flow Batteries，RFBs）等。

超级电容器是一种新型的储能装置，其最为突出的特点是使用寿命长、功率大、节能环保等。超级电容器主要是通过极化电解质来达到储能的目的，电极是它的核心元器件，它可以在分离出的电荷中进行能量存储，用于存储电荷的面积越大，分离出来的电荷密度越高，电容量就越大。现阶段，德国的西门子公司已经成功研发出了超级电容器储能系统，该系统的储能量也已达到21MJ/5.7Wh，其最大功率为1MW，储能效率可以达到95%以上。

氢储能可看作是一种化学储能的延伸，其基本原理就是将水电解得到氢气和氧气。以风电制氢储能技术为例，其核心思想是当风电充足但无法上网、需要弃风时，利用风电将水电解制成氢气（和氧气），将氢气储存起来；当需要电能时，将储存的氢气通过不同方式（内燃机、燃料电池或其他方式）转换为电能输送上网。氢储能技术被认为是智能电网和可再生能源发电规模化发展的重要支撑，并日趋成为多个国家能源科技创新和产业支持的焦点。通常所指的氢储能系统是电—氢—电的循环，且不同于常规的锂电池、铅酸电池。其前端电解水环节的容量代表氢储能系统的"充电"功率，单位为kW；后端燃料电池环节的容量代表氢储能系统的"放电"功率，单位为kW；中间储氢环节的容量代表氢能系统的储存容量，单位为Nm^3，它的大小决定了氢储能系统可持续"充电"或"放电"的时长。如换算成电能容量，$1Nm^3$氢气大约可产生1.25kW·h电能。

储能技术的推广利用涉及材料、制造、设计、工程建设、控制等多个领域，基于储能技术的各种储能系统是储能技术在实际应用中的主要形式。储能系统主要由能量转换器件（由电力电子元件组成）和储能单元（由储能元件组成）构成。

长期以来，储能技术在实际工程中的应用都是非常有限的，大多数情况下只是以小规模的蓄电池储能或抽水蓄能电站的方式运行，目前，随着人们研究的深入和各种示范运行的推广，超导磁储能和飞轮储能等各种储能技术都取得了长足的进展，虽然这些原理和方式各异的储能装置大都处于研究阶段，甚至目前还存在着许多未解决的技术难点，但它们已经显示出了很好的应用前景，正有待进一步的研究和探索。

目前，微电网中的储能系统通常被划分为功率型储能和能量型储能两种。能量型储能以能量密度高为特点，主要应用于高能量输入、输出的场合；功率型储能以功率密度高为特点，主要应用于高功率输入、输出场合。能量型储能通常具有放电时间相对较慢且经历时间较长的特点，功率型储能则具有高放电速率的特点。

6.1.1 抽水蓄能

抽水蓄能电站（Pumped Storage Power Station）是抽水储能技术的应用，除了可以使系统的供电效果获得大幅度提升之外，还能使自然能源的使用量显著降低，有利于节约能源，符合持续发展的要求。抽水蓄能电站是目前在实际工程中技术最成熟，同时也是应用最广泛的一种储能方式，其示意图如图 6-1 所示。

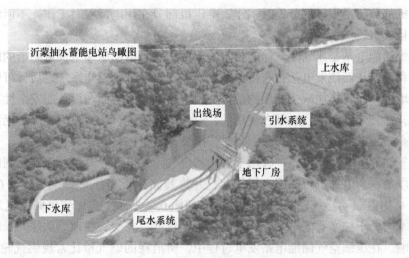

图 6-1 抽水蓄能电站示意图

抽水蓄能电站在构成上必须具有上、下两个水库，其工作原理是在电力负荷低谷时期，利用电网剩余电能将水从下游水库抽到上游水库，即相当于将电能转换成水的重力势能存储，在这个过程中，抽水蓄能装置工作于电动机状态；而在负荷高峰时段，系统利用存储于上游水库中的重力势能发电，补充电网容量不足，在这个过程中，抽水蓄能装置则是工作于发电机状态。抽水蓄能电站在建造容量方面具有很大的灵活性，理论上只要上游水库足够大，其电能储存容量就可以足够大，同时存储容量的释放时间可以从几小时到几天不等，并具有一定范围的可控性，能量利用效率在 70% ~ 85%。目前，其实际应用主要包括削峰填谷、调相、调频、黑起动以及旋转备用等，此外，通过削峰填谷还可以提高电力系统中火电厂的综合利益。

抽水蓄能电站是现在唯一可以大规模解决电力系统中峰谷调节困难的办法，其具有多个优点：技术上已经成熟，运行可靠，容量可以做得很大；缺点是地理条件因素会限制水库的建造，具有综合的高低水库且适合建造抽水蓄能电站的地理位置较少，一般又都远离负荷中心，输电损耗较大，地理位置偏僻也给其维护带来了不便，因此，还有相当数量的能量损失在抽水和发电两个过程之中。抽水蓄能电站的储能功率能量可表示为

$$P_c = \rho g Q H \eta \tag{6-1}$$

式中，P_c 是抽水蓄能电站的储能功率容量，单位为 W；ρ 是水的质量密度，单位为 kg/m^3；g 是重力加速度，单位为 m/s^2；Q 是通过涡轮发电的水流量，单位为 m/s^3；H 是有效水头高，单位为 m；η 是抽水蓄能电站综合效率。

6.1.2 压缩空气储能

传统的压缩空气储能（Compressed Air Energy Storage，CAES）是在燃气轮机技术原理的基础上提出的一种能量存储系统。环境空气经压气机部分压缩后升压，在燃烧室中与燃料混合燃烧，高温高压烟气进入透平膨胀做功。因为燃气轮机的压气机部分与透平机部分同轴，驱动压气机部分要消耗约 2/3 左右的透平输出功，因此燃气轮机的净输出功仅占透平输出功的 1/3 左右。压缩空气储能技术源于燃气轮机工作原理，不同之处在于压缩空气储能工作过程中，空压机部分与透平机部分错时工作，空压机部分在用电低谷时工作，不但储存了多余的电能，而且成本较低。

压缩空气储能电站是压缩空气储能技术的应用，它是借助压缩空气对剩余的能源进行充分、有效的利用，从而使发电运行获得保障。当高压空气进入燃烧系统之后，可以使燃烧效率获得显著增强，同时还能减少能源的浪费。由于压缩空气对储能设备的安全性有着较高的要求，因此，在具体应用中，必须在使用前，对储能设备进行全面检测，确认无误后，将荷载频率调至高效发电范围，从而确保燃烧时，压缩空气可以得到充分利用。

压缩空气储能电站实质上是一种用于调峰的燃气轮发电厂。其主要原理是利用电力系统负荷低谷时段的剩余电力进行压缩空气作业，并将其储存于高压密封设施内，在负荷高峰时段释放出来用以驱动燃气轮机发电，其结构如图 6-2 所示。压缩空气储能电站的建设投资和发电成本均低于抽水蓄能电站，但其能量密度较低，并受一些地形条件的限制，故布局受到一定影响。在压缩空气储能电站发电过程中，所消耗的燃气量比常规燃气轮机少 40%，能量利用效率得到了较大提升，同时在节约成本方面也很有优势。压缩空气储能电站在实际中的用途主要是峰谷电能回收调节、频率调节、平衡负荷、分布式储能以及发电系统备用。其优点是压缩空气储能电站储气库安全性比较高、运行可靠、寿命长、能够适用于冷起动和黑起动等，且响应速度快。

压缩空气储能与抽水蓄能类似，只要能做到较大规模，就可用于解决峰谷差问题。其关键问题就是找到一个适合储存压缩空气的场所，最合适的场所是水封恒压储气站。这种场所可以保持输出为恒压气体，能够保障燃气轮机运行稳定。

压缩空气储能技术基本成熟，由于储电规模大，成本低，在风力发电、光伏发电快速发

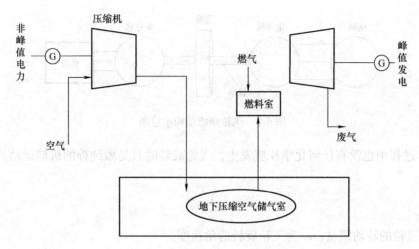

图 6-2 压缩空气储能电站结构示意图

展，又具有间歇性难以回避的大背景下，压缩空气储能技术已经获得广泛的认可，不同形式的压缩空气储能必将获得长足发展，以满足电网、用户不同级别的储电需求，特别是超临界压缩空气储能技术。

压缩空气储能技术的发展趋势就是改变系统储气室依赖的方式，减少温室气体的排放，因此，该技术的发展趋势应以液态空气储能技术为基础的超临界压缩空气储能技术为主，并向三个方向发展，一是小型化，与可再生能源发电系统匹配，有效减弱可再生能源先天性不稳定的影响；二是大型化，与电网匹配，为一个地区的供电稳定，提高供电安全性服务；三是微型化，特别是在生产工艺有大量余热又消耗大量电能的大型企业，建造微型超临界压缩空气储能系统，利用峰谷电价减少企业生产成本。

6.1.3 飞轮储能

飞轮储能（Fly Wheel Energy Storage，FWES）的基本原理是绕定轴旋转的转动刚体在转速变化时需要获得能量而加速，减速过程需要减少动能而释放能量。现代飞轮储能一般是指电能与飞轮动能之间的双向转化，因此特征是飞轮与电机同轴旋转，通过电力电子装置控制飞轮电机的旋转速度，实现升速储能、降速释放的功能。在混合动力车辆中，高速飞轮通过变速器与传动系机械连接，实现动能的存储与释放，为车辆驱动提供瞬时较大功率支撑。

依据轴系的旋转速度 6000～10000r/min 为限，分成低速和高速两类，但低速飞轮直径较大，边缘圆周速度远高于通用旋转机械，达到 200～300 m/s，存在结构强度问题。飞轮储能具有效率高（达 90%）、瞬时功率大（单台兆瓦级）、响应速度快（数毫秒）、使用寿命长（10 万次循环和 15 年以上）、环境影响小等诸多优点，是目前最有发展前途的短时大功率储能技术之一。

飞轮储能装置主要由高速飞轮、电动机、轴承支撑系统、电子控制系统和真空泵、功率变换器、紧急备用轴承等设备组成，其结构示意图如图 6-3 所示。

飞轮储能将电能通过内部的电动机转换为飞轮的动能。当系统释放能量时，再将飞轮的动能经过发电机还原为电能，输送给外部负荷使用。飞轮储能系统中没有任何化学活性物

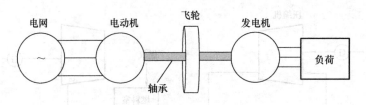

图 6-3　飞轮储能结构示意图

质，其工作过程中也没有任何化学反应发生，飞轮旋转时只是做纯粹的机械运动。其动能可表示为

$$E = \frac{1}{2}J\omega^2 \tag{6-2}$$

式中，J 为飞轮的转动惯量；ω 为飞轮旋转的角速度。

飞轮旋转过程中的动能与飞轮的转动惯量成正比，而飞轮的转动惯量又是正比于飞轮的直径的二次方和飞轮质量的，在高速旋转状态下，过于庞大、沉重的飞轮会受到极大的离心力作用，一旦这个离心力超出飞轮材料的极限物理强度，就非常容易造成不安全因素，因此，单纯通过增大飞轮转动惯量这种途径，对提高飞轮动能所起的作用是非常有限的，这就使飞轮储能系统的容量受到很大限制。

因此，更大容量的飞轮储能系统由多个飞轮储能单体组成飞轮阵列。目前，应用于交流微电网的飞轮储能阵列拓扑主要有两种：一是并联到直流母线，即多个飞轮单体通过 AC/DC 变流器并联到直流母线后，通过一个 DC/AC 变流器连接到交流母线；二是并联到交流母线，即各个飞轮单体通过 AC/DC－DC/AC 变流器并联到交流母线。对于并联到同一直流母线的飞轮储能阵列协调控制策略，等功率控制策略的荷电状态（SOC）变化率与 SOC 值无关，等转矩和等放电时间控制策略 SOC 值大的单元变化率更高、放电更快。考虑等放电时间策略进行功率分配时需要采样转速，最终选择等转矩控制策略。对于并联到同一交流母线的多个直流飞轮阵列组成的交流飞轮阵列，采用改进系数的下垂控制策略，根据 SOC 的比例分配功率；同时考虑到微网输电线电压低且阻抗小的特点，进一步采取引入虚拟阻抗的改进系数下垂控制策略，从而改善了系统功率分配精度。

总体来看，当前飞轮储能的功率密度已大于 5kW/kg，能量密度也超过 20W·h/kg，储能效率在 90% 以上，输出的持续时间可达数小时，工作过程中无噪声，无污染，维护简单，且可连续工作，通过积木式组合方法，容量可以达兆瓦级。目前，飞轮储能主要用于不间断电源系统（Uninterruptible Power Supply，UPS）、应急电源系统（Emergency Power System，EPS）、电网调峰以及频率控制。

飞轮储能技术发展以提高能量密度、效率以及降低成本为目标。低速飞轮储能不以高能量密度、高功率密度为目标，主要发挥其技术成熟、效率高、成本低廉的优势。高速飞轮储能系统技术门槛较高，复合材料结构技术、磁轴承技术、真空中的高速高效电机技术仍然有一些亟待解决的课题：如复合材料的使用寿命评估、电磁轴承和高温超导磁轴承的工程化应用问题、大功率高速电机转子材料和结构设计问题以及高速轴系的机电耦合转子动力学问题。飞轮储能技术产业化应用的途径是发展其特定领域的示范、推广和规模应用，而规模化生产是降低使用成本的关键因素。

6.1.4 超导磁储能

超导磁储能（Superconducting Magnetic Energy Storage，SMES）系统通过变流器控制超导磁体与电网直接以电磁能的形式进行能量交换。SMES 具有以下优点：①转换效率高，SMES 转换效率稳定在 97%～98%；②响应速度快，SMES 通过变流器与电网连接，响应速度最快可达到毫秒级；③大功率、大容量、低损耗，与常规的电感线圈相比，超导线圈有更高的平均电流密度，可以有很高的能量密度，运行在超导状态下没有直流的焦耳损耗；④可持续发展条件容易满足，建造地点可以任意选择，维护成本低，对环境的污染很小。

SMES 系统由超导线圈、制冷装置、低温容器、变流装置和测控系统等部分组成，其通过超导体制成的导电线圈储存能量，即由电网经变流装置供励磁，在线圈中产生磁场储存能量，并在用电高峰时将此能量经过电力调节装置变换后送回电网，以供用户使用。超导磁储能可分为低温超导磁储能和高温超导磁储能两种形式，相对于其他储能方式，其技术要求较低，无需使用旋转机械部件，也没有动密封等问题，但超导磁储能需要强而有力的制冷设备，致使整个系统结构较为复杂，另外也极大地增加了投资成本。其简化结构示意图如图 6-4 所示。

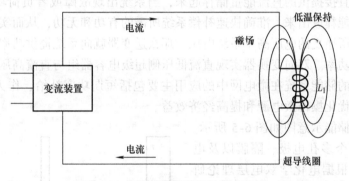

图 6-4　超导磁储能简化结构示意图

SMES 作为一种具有大功率密度、清洁无污染、快速响应、四象限调节等特点的储能装，在电力系统中具有广阔的应用前景。SMES 在电力系统中的主要有以下几个方面的应用：①改善电网电能质量；②提高电力系统稳定性，抑制电网低频振荡；③提供静止无功补偿，迅速降低电压波动和改善系统的暂态稳定性；④用于分散不间断电源，功率平滑输出和电压稳定。

相比于其他储能系统，SMES 的优势在于其快速的响应速度和四象限功率调节能力。SMES 不仅可以作为不间断电源降低电力系统短时功率缺额的影响，也可用于抑制电网的低频功率振荡，改善电网的电压和频率特性，还可用于功率因素的调节，实现电网的动态管理。随着新能源发电、电动汽车等新技术的快速发展，SMES 的应用场景也越来越广泛。

1）构建超导储能–限流系统（SMES–FCL），在原有双馈式感应发电机（Double-fed Induction Generator，DFIG）变流器的基础上，通过附加控制电路来同时实现储能与限流的功能。其中，限流功能能够有效地提高 DFIG 的低电压穿越能力，而储能功能则可以平滑 DFIG 输出的有功功率，具有良好的应用前景。

2）由于超导磁储能系统具有快速的功率吞吐及灵活的四象限控制能力，可将其应用于光伏发电系统。通过采集光伏发电系统的功率、电压等信号，实时调节超导磁储能系统变流器的输出指令，实现对发电系统有功、无功功率的补偿，平滑节点电压波动。此外，若配电网络发生故障，超导磁储能装置还可以补偿光伏发电系统机端电压跌落，提高其供电可靠性。

3）电动汽车负荷的大量应用将对系统电压、频率产生影响，而采用单一的储能装置无法实现大规模功率缺额的快速补偿。因此可以考虑将超导磁储能（快速响应）与蓄电池储能（大容量）构成一种新型的复合储能系统，以降低充电负荷对区域电网频率、电压的影响。

6.1.5　超级电容器储能

超级电容器通过电极—电解液界面的双电层储能，其性能介于传统蓄电池和传统静电电容器之间的储能元件。超级电容器储能（Super Capacitor Energy Storage，SCES）系统利用多组超级电容器将能量以电场能的形式储存起来。超级电容器储能系统的基本原理是三相交流电能经整流器变为直流电能，通过逆变器将直流逆变成可控的三相交流。正常工作时，超级电容器将整流器直接提供的直流能量储存起来，当系统出现故障或者负荷功率波动较大时，通过逆变器将电能释放出来，准确快速补偿系统所需的有功和无功，从而实现电能的平衡与稳定控制。如果所逆变的电压高于系统电压，那么逆变器就向系统提供功率；如果低于系统电压，它将吸收功率。双向变换器实现直流低压侧超级电容器组与直流高压侧之间的能量转换。超级电容器的储能系统在微电网中的应用主要包括短期功率补给、作为能量缓冲设备、提高电能质量、优化操作微电源和提高经济效益。

超级电容器储能示意图如图6-5所示。超级电容器由两个多孔电极、隔膜以及电解质组成。它是根据电化学双电层理论研制而成的，因此又称为双电层电容器。它具有比普通电容器更强的储电能力，由超级电容器构成的超级电容器储能装置是一种具有超级储电能力且可以提供强大脉冲功率的物理二次电源。电极材料是决定超级电容器性能的关键因素。超级电容器的材料主要包括具有双电层电容的碳材料，

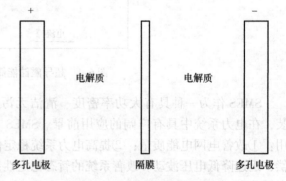

图6-5　超级电容器储能示意图

具有法拉第赝电容的金属氧化物和导电聚合物、结合双电层和准电容的碳基复合材料。

超级电容器的出现实现了电容器容量由微法级向法级的飞跃发展。目前，超级电容器已经形成了系列产品，实现的电容量达到了1000F，最高工作电压可达400V，最大放电电流接近2000A，同时，还可以提供强大的脉冲功率。超级电容器储能装置充电过程中，在处于理想极化状态的电极表面形成双电荷层，由于电荷层的间距非常小（一般为0.5mm以下），且又采用了特殊的电极结构，电极表面积可以成万倍增加，从而汇聚成极大的电容量。但由于电解质的耐压水平较低，存在漏电流，超级电容器储能装置的储能能量和保持时间受到一定限制。

超级电容器的充放电过程从始至终都是物理过程，并没有发生化学反应，因此，其性能稳定，工作可靠，其主要特点如下。

1）具有法级的电容量。

2）充放电循环寿命可在 10 万次以上。

3）脉冲功率比蓄电池高出近 10 倍。

4）有超强的荷电保持能力，漏电流极小。

5）能在 $-40 \sim 60$℃的温度环境中正常使用。

6）充电迅速、使用方便、充电电路简单、无记忆效应。

7）无污染，且无维护之忧。

在实际应用中，超级电容器主要有串联、并联以及串并混联三种组成方式。以串联方式组成的应用主要由于超级电容器的单体工作电压较低，不能满足常用工况的电压需求范围。将多个单体串联起来可以有效地改变这一状况，但由于单体电容器之间存在固有差异，串联于组件上的电容器并不能均匀地分配到组件的总电压，导致串联超级电容器内部电压分配失衡，严重时会击穿电容器。以并联方式组成的超级电容器组件在充电过程中能够输出或接受很大的电流，但是为确保每个单体之间的电压分布均匀，应串联充电电阻使用。这就存在另外一个问题：由于超级电容器本身的充电内阻是一个动态量，其随充电容量的变化而变化，具有一定的分散性，使得调整电阻变化的控制电路难以实现逐点控制，对其工作稳定性造成一定影响。而在其放电过程中，放电电阻的大小对其输出功率具有重要作用，合适的电阻值可以保证平稳的输出功率，但是为避免放电电流过大，电容器的储能容量应控制在允许的范围以内。串并混联的超级电容器组件融合了串联和并联两种方式的优点，同时也消除了两种方式的缺点，但这种方式中每个电容器都需要通过一个专门电阻来控制其充电过程的电压，因此结构较为复杂，成本也高。

作为介于传统电容器与二次电池的绿色储能器件，超级电容器电化学性能受电极材料、电解质以及结构的影响。依靠双电层储能的传统碳基超级电容器的能量密度受到理论比容量较低的限制，通常考虑引入第二相活性物质来获得储能比容量的提升。值得注意的是，赝电容活性材料尽管理论比容量高，然而其导电性差、结构不稳定，与碳材料复合获得的双电层/赝电容复合电极，在充放电过程中赝电容材料的膨胀和收缩会引起部分活性材料脱落，影响最终超级电容器的循环寿命。

近几年来，在液态电解质基超级电容器基础上发展的全固态柔性超级电容器取得了显著突破。然而，大部分全固态电解质，特别是水系凝胶电解质，受到了电压窗口限制，严重制约了柔性储能器件的功率密度与能量密度的发展。寻找适用于构造柔性全固态超级电容器的高电压电解质将会是未来的研究重点。在此基础上，合理构造与设计"能量转化-能量储存"集成系统，同时提高能量转化效率与能量存储效率，实现高效能源可再生与循环利用系统，将会是未来能源领域的重要发展方向。

6.1.6 电池储能

电池储能利用电池正负极的氧化还原反应进行充放电工作。目前，电池储能系统（Battery Energy Storage System，BESS）中常用的电池模块主要包括铅酸电池、镍镉电池、锂电池、钠硫电池和液硫电池等。其中，铅酸电池由于价格低廉，技术成熟，现已广泛应用于电力系统，其储能容量最高已达20MW。在电力系统正常运行时，铅酸电池可以为断路器提供合闸电源，大容量使用的情况下，还可以在发电厂、变电站发生故障时充当备用供电电源，为继电保护装置、通信设备、拖动电动机、事故照明等供电。铅酸电池的结构示意图如图6-6所示。

由于铅酸电池自身特性的制约，其一些不足之处正在慢慢凸现出来：

1）环境温度要求较高。传统储能系统的代表是铅酸电池，铅酸电池对环境温度要求比较高，也就提高了其使用场合的环境要求。

2）配电房要求高。一个系统的配电设备中，主要都是一些电源设备，而电源设备中电池房的面积及重量也是不容忽视的。

3）高倍率放电性能较差。在微电网的运行模式从并网运行切换到离网运行时，储能系统会在短时间内流过很大的电流，这就要求储能系统具有高倍率放电的性能，而传统储能系统的铅酸电池此性能较差。

4）监控不准确。铅酸电池的监控系大都是根据电压来进行判断，而此方法判断的准确性很有限，导致长时间使用后储能系统中所存储的电能计量会有很大偏差。

5）环境污染大。铅酸电池中因为含有对环境造成污染的铅，所以在对其生产及废品处理不当时，均会造成对环境的严重污染。

镍镉电池效率高，在使用过程中循环寿命也比较长，但其容量会随着充放电次数的增加而减少，电荷保持能力不足且会逐步下降，另外还存在重金属污染的弊端，目前已被欧盟成员国限用。

锂电池储能系统包括锂电池组、电池管理系统（BMS）和储能变流器（PCS）。电池组是实现电能存储和释放的载体。锂电池由于技术发展迅速、单体循环次数高、工作电压高、可大电流充放电等特点，成为大规模储能系统研究的热点，但其生产维护成本过高的弊端也使锂离子电池在短期内难以大规模推广应用。

磷酸铁锂电池是锂电池的一种，其正极材料是磷酸铁锂（锂的过氧化合物），负极材料是石墨或焦炭。与铅酸电池磷酸铁锂电池有如下一些优点：

1）能量密度高。在相同重量下，磷酸铁锂电池的能量密度是铅酸电池的3~5倍。

2）使用寿命长。铅酸电池的寿命在500次左右，而磷酸铁锂电池寿命可达到1600次，容量还能保持在80%，磷酸铁锂电池的寿命明显优于铅酸电池。

3）安全性强。锂电池的安全问题一直是阻碍其发展的关键原因，而磷酸铁锂电池完全解决了锂化合物的不稳定因素，精心设计的磷酸铁锂电池即使在剧烈的碰撞、穿透等情况下都不会发生爆炸。

4）具有无记忆效应。记忆效应是指可循环充放电电池长时间充满电而不使用，其容量会相对低于额定容量值。铅酸电池存在着明显的记忆效应，而磷酸铁锂电池基本上没有记忆效应。

钠可能是代替锂的首选，因为其嵌入机理与锂相同，且储量丰富，价格低廉。但钠比锂重，且正电性不及锂，因此其质量能量密度低。钠硫和液流电池是当前最有发展前景的大容量电力储能电池。2002年，钠硫电池技术在日本实现商业化，作用是均衡负载和调节电网峰值。

钠硫电池是一种高温型电池，在300℃左右的高温条件下进行充放电工作，其正极的活性物质为硫，负极的活性物质为钠，电解质则是一种特种氧化铝陶瓷材料，其化学能和电能的相互转化则是通过化学反应来实现。当前，钠硫电池储能密度可达 $140kW \cdot h/m^3$，而体积却只有普通铅酸电池的 1/5，其系统故障率高达 80%，单体寿命可达 15 年，且循环寿命可以超过 6000 次。另外，钠硫电池非常便于模块化制造，运输和安装方便，建设周期短，且可根据用途和建设规模进行分期安装，因此其在城市变电站的建设和一些特殊负荷中得到了较好的应用和发展。钠硫电池的结构示意图如图 6-7 所示。

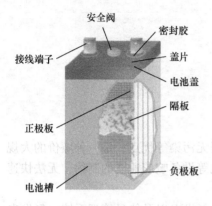

图 6-6　铅酸电池结构示意图

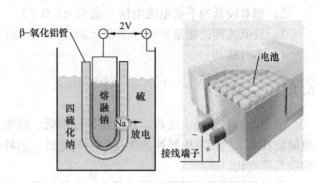

图 6-7　钠硫电池结构示意图

　　液流电池的正极和负极电解液装在两个储存罐中，工作过程中利用送液泵带动电解液完成与电池的循环。由于其电池组和电解液的储存罐可以分开放置，故安装利用较为方便。在电池内部，其正、负极的电解液通过离子交换膜进行隔离，电池外部可接各种负荷以及充电电源，液流电池的电化学极化小，因此能够 100% 的深度放电，同时储存寿命较长，且额定功率和容量可以相互独立，即通过增加电解液的量或者提高非电解质的浓度这两种途径，都可以达到增加电池容量的目的，此外，还可以根据使用场所的具体情况自由设计储藏形式以及安装形状。在液流电池的充、放电过程中，发生变化的仅有电解液中离子的价态，由此可知，由离子价态发生变化的离子对可构成多种液流电池。当前，液流电池已有全钒、钒-溴、多硫化钠/溴等多种系列类别，随着高性能离子交换膜的出现，液流电池产业得到更加迅猛的发展，现在已经研制成功并完成示范运行的有多硫化钠/溴和全钒氧化还原液流储能电池等。其中，全钒液流电池正负极活性物质都较稳定，且具有成本低、寿命长的优点，目前，其代表了液流电池商用化的主要方向。

　　全钒液流电池储能系统在微网能量管理系统的合理调度和储能就地监控系统的协调控制下，可实现微电网并网运行和离网运行两种工作模式的智能切换，能够有效提高城市园区可再生能源发电利用率，改善城市园区配网供电可靠性和电能质量，可安全、可靠、有序运行。

　　液态金属电池是一种新型电池，具有过载能力强、运行寿命长、经济环保等优点，非常适合电力系统储能，但其大规模配置成本较高。液态金属电池由两个液态金属电极以及分隔它们的熔融盐电解质组成。其中，负极通常是碱金属或碱土金属的单质或合金。正极通常是锑、铅、锡、铋等过渡金属及其合金。电解质通常是与负极金属对应的卤盐混合物。在电池运行时，电极及电解质受热熔融。由于互不相溶，液态组分根据密度差异自动分为 3 层。与锂离子电池等储能电池相比，液态金属电池具有如下优点：

1）制备工艺简单，生产成本低。

2）动力学特性好，可大电流充放电。

3）原材料储量丰富，具备成本优势（电池价格可低于 250 美元/kW·h）。

4）液态电极不会遭受永久破坏，电池具有潜在的超长寿命（理论循环寿命超过 10000 次）。

液态金属电池的缺点是：

1）较高的工作温度（通常 >200 ℃）。

2）相对较低的平衡电池电压（通常 <1.0 V）。

3）较低的理论能量密度（通常 <200 W·h/kg）。

4）不可移动。

6.1.7 氢储能

氢储能具有能量密度高、运行维护成本低、储能过程无污染等优点，是一种廉价的大规模储能技术。然而氢电转换速度受到燃气轮机、燃料电池等设备响应速度的制约，无法快速响应负荷变化。

狭义氢储能系统通常包括 4 部分：电解制氢、储氢、氢发电以及能量管理系统。氢发电过程多采用燃料电池的方式，即在催化剂的作用下，通过燃料电池装置将氢气和空气中的氧气发生化学反应（无燃烧），产生电能和水。广义的氢储能技术还包括氢后端的转化及应用，如氢燃料电池汽车供氢、合成甲烷、合成油等，最大限度地利用过剩电力。氢储能系统主要功能通过以下流程实现：制氢系统利用富余的可再生能源电力电解水制氢，由高效储氢系统将制得的氢气封存起来，待需要或者可再生能源发电低谷时通过燃料电池发电回馈到电网。同时，氢储能系统还可以与氢产业链中的应用领域结合，在化工生产、燃气、燃料电池汽车等方面发挥更大的作用。

为实现以氢气为核心的能量转换和利用循环，制氢、储氢和氢发电等技术是关键。

1）制氢技术。

电解水制氢技术工艺简单、制得氢气纯度高，也不存在污染，已经在工业领域应用较多。电解水制氢技术包括碱性电解法、固体高分子电解质电解以及高温固体氧化物电解 3 类。

2）储氢技术

与其他燃料相比，氢的质量能量密度大，但体积能量密度低（汽油的 1/3000），因此构建氢储能系统的一大前提条件就是在较高体积能量密度下储运氢气。尤其当氢气应用到交通领域时，还要求有较高的质量密度。此外，以氢的燃烧值为基准，将氢的储存运输所消耗的能量控制在氢燃烧热的 10% 内设为理想状态。对储氢技术的要求是安全、大容量、低成本和取用方便。目前氢气的储存可分为高压气态储氢、低温液态储氢和金属固态储氢。

3）氢发电技术

与传统化石燃料一样，氢气也可以用于氢内燃机（ICE）发电。由于燃料电池能将氢的化学能直接转化为电能，没有像普通火力发电机那样通过锅炉、汽轮机、发电机的能量形态变化，可以避免中间转换的损失，达到很高的发电效率，而且更高效环保，因此燃料电池更具实用性。根据工作温度的不同，燃料电池可以分为低温燃料电池（碱性燃料电池、固体高分子质子交换膜燃料电池和磷酸型燃料电池）和高温燃料电池（熔融碳酸盐燃料电池、固体氧化型燃料电池）。在可再生能源的氢储能应用中，通常使用纯氢作为燃料的固体高分子型质子交换膜燃料电池（PEMFC）。它具有高功率密度、高能量转换效率、低温启动、环保等优点。影响 PEMFC 性能的关键因素是质子交换膜、电催化剂和膜电极。

氢能是一种柔性的"绿色"能源载体，可以一次性获得并长期储存，通过氢能燃料电池技术成为电、热、气网的结合点，是大规模消纳新能源，实现电网和气网互联互通的重要手段，被认为是同时解决能源资源危机和环境危机的最佳途径。从技术瓶颈考虑，3 类问题亟待解决：一是高压高效水电解制氢、低成本储氢、燃料电池发电成本与效率等关键技术；二是分布式燃料电池发电并网技术；三是氢能的网络化及其与电网互联互通。今后氢储能的研究重点应集中在电解槽技术、燃料电池技术和储氢材料研发及性能综合评估方面。随着材料和技术的发展进步，同为清洁能源理想载体的新能源发电和氢能，具有明显的经济、社会和生态优越性，将在能源系统中扮演重要角色。

6.1.8　混合储能

由于各种储能技术缺点的限制，单一的储能设备将很难满足微电网运行功率和能量密度的需求，因此，必须结合两种或更多的储能组成混合储能系统，混合储能技术不仅兼具了能量密度和功率密度的优势，同时具备较强的互补性。

由于微电网中的微电源和负载具有波动性和随机性，因此储能系统是维持微电网安全可靠运行并改善电能质量的关键，蓄电池与超级电容器混合使用可以发挥蓄电池电池能量密度大和超级电容器功率密度大、充放电速度快的优势，提高微电网储能系统性能。针对微电网运行时惯性不足、容易产生电压频率波动及单一储能存在的严重缺陷等问题，将互补性较强的磷酸铁锂电池与超级电容器构成混合储能系统接入微电网，采用自适应协调下垂控制方法，在优化储能容量配比的基础上进行功率波动抑制，有效发挥了两类储能的互补优势，同时满足了能量密度与功率密度的要求，保证了电能质量。

单一的储能系统已经不能满足微电网的需求，因此采用超级电容器和多硫化物溴电池（PSB）混合储能系统，利用超级电容的快速响应和功率密度大等特性快速填补微电网的功率缺失，当需要长时间提供电能时则由 PSB 来填补。超级电容器与 PSB 组成的混合储能系统兼具功率型和能量型储能元件的优点，可以更好地发挥储能系统在微电网中的作用。

针对含有风光可再生能源的微电网系统，基于离散傅里叶变换的功率分配将不平衡功率分为低频和高频分量，使用柴油发电机平衡直流分量，铅酸电池和超级电容器分别平衡低频和高频不平衡分量，同时柴油机定期为储能补充能量，以补充储能充放电过程中的功率损耗。与单一储能微电网相比，该混合储能微电网可有效结合能量型储能和功率型储能的优点，总体上更为经济，且充放电过程对储能寿命影响较大，不得忽略。

由于微电网中不同负荷对于供电可靠性的要求并不相同，因此需要考虑不同储能设备的响应速度去匹配各种负荷的供电可靠性要求。在微电网中采用适当的储能配置方案能保证微电网运行的经济性和可靠性，例如，在考虑分布式电源的建设成本、运行维护成本、回收成本、环境成本和能源短缺补偿成本的基础上，对含电动汽车调度的微电网混合储能容量进行优化配置。采用基于人工蜂群算法的容量优化配置策略，可以使超级电容器容量下降，锂离子电池容量增加。由于电力的小波动基本上由超级电容器和锂离子电池快速补偿，因此使铅酸电池更加平稳运行，寿命延长，并提高微电网运行的经济性与可靠性。通过电动汽车调度，能减小典型日电力负荷的峰谷差，节省分布式电源的容量，增加电池储能系统使用寿命，并提高微电网运行的经济性。

在微电网中，风能和太阳能等可再生能源发电具有间歇性和波动性，将其直接接入电网会降低电能质量。借助大规模储能技术可以有效解决这一问题。目前主要的储能手段（如铅酸电池、锂离子电池、超级电容器等）普遍存在如存储能量少、释放效率低、占地面积大、充放电寿命有限和环境污染等问题，达不到电力系统对储能设备的容量和成本要求。与单一种类的储能装置不同，综合储能系统的运行涉及两种储能方式的协调配合，需要设计更复杂的调度方案。恰当的储能配置容量可以提高微电网的经济性，同时保证对分布式电能的充分利用。

将液态金属电池储能系统及配置方式与氢储能系统相结合共同构成综合储能系统，并应用于微电网中，实现了电能、氢能、光能的多能互补。采用经济合理的调度方案和液态金属电池储能系统的配置容量优化方法，可使综合储能系统的运行模式充分发挥两种储能方式的优点，使光、氢、电等多种能源得到充分利用。合适的储能容量不仅可以保证并网电能质量，还可以提高微电网的经济效益。

6.1.9 储能技术比较

各种储能技术的比较见表6-1。

表6-1 各种储能技术比较

分 类	种 类	特 点
机械类储能	抽水储能	容量大、技术成熟、成本低、受地点限制
	压缩空气储能	容量大、成本低、受地点限制，需气体燃料
	飞轮储能	功率高、能量密度低、成本高、技术需要完善
电气类储能	超导磁储能	功率高、能量密度低、成本高、需经常维护
	超级电容器储能	寿命长、效率高、能量密度低、放电时间短
电化学类储能	铅酸电池储能	成本低、寿命短、污染环境、需要回收
	氧化还原液流电池储能	容量大、功率和容量独立设计、能量密度低
	钠硫电池储能	能量密度低、功率密度低、成本高、安全性差

6.2 电池储能系统及其应用

电池储能系统（BESS）是最近几年国内外储能技术在电力系统研究与应用的热点问题之一。储能系统能否在电力系统领域得到大规模的应用和推广，首先应该考虑的是基于此种技术的储能系统的造价成本、安全可靠性、运行维护成本和规模化应用潜能等因素，其次还应考虑储能系统的能量转换效率、动态性能、运行寿命与调节能力等方面因素。

与此同时，结合我国国情以及电网建设的实际情况，对电力系统多种电能储存技术进行分析比较表明，电池储能在系统容量、使用寿命、能量密度、放电时间等方面均具有显著优势，非常适用于在大功率、大容量的场合下进行电能储存。

几种主要储能方式的动态响应特性见表 6-2。

表 6-2　几种主要储能方式的动态响应特性

储能方式	输出功率/kW	放电持续时间	响应时间	循环寿命/万次
飞轮储存	0 ~ 0.25	1ms ~ 15min	1 ~ 20ms	2
超导磁储能	0.01 ~ 10	1ms ~ 8s	1 ~ 5ms	10
超级电容器储能	0 ~ 0.1	1ms ~ 1h	1 ~ 20ms	5
铅酸电池储能	0 ~ 50	数秒 ~ 数小时	>20ms	1.2
钒液流电池储能	0.03 ~ 3	数秒 ~ 10h	20ms ~ 数秒	1.2
钠硫电池储能	0.05 ~ 8	数秒 ~ 数小时	20ms ~ 数秒	0.25

6.2.1　电池储能系统模型

目前，电池储能系统的建模研究主要集中在以下两个方面。

1）由理想电压源和等效内阻所构成的基本原理模型，以及在该初等模型的基础上，考虑荷电状态的改进模型和考虑过电压状态的 Thevenin 等效模型。在这些模型中，为了方便各种计算分析，把大多数参数都设置为了常量，且没有考虑发电过程中电池状态的变化，因此，它们只适用于假设从电池中可以得到无限能量，或者电池和荷电状态并不重要的场合。

2）Giglioli 四阶模型、SPICE 模型，以及考虑充放电过程中各种非线性变化的改进等效电路模型。这些动态模型均考虑了电池充放电过程中的非线性变化，其参数设置也比较复杂，适用于模型精度要求较高的场所。

电池储能系统主要由蓄电池组、变流器以及充放电控制装置组成，如图 6-8 所示，其中，R 为变流器串联及其内部电路损耗的等效电阻；L 为变流器自身电路等效电感；C 为直流侧的充电平波电容。交流系统与蓄电池组的能量交换是通过变流器的作用实现的，这一过程如下：首先通过控制装置对变流器中的可控开关器件输入相应的控制信号，从而控制每个开关在各个时刻的开关状态，其目的是使变流器工作于整流或逆变状态。当变流器工作于整流状态时，交流系统对蓄电池进行充电；当变流器工作于逆变状态时，蓄电池放电回馈给交流系统，从而实现交流系统与蓄电池组之间的能量流动。电池储能系统可以等效为蓄电池组数学模型和变流器数学模型的两部分进行研究分析。

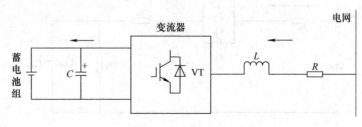

图 6-8　电池储能系统结构图

6.2.2　蓄电池组数学模型

目前，在电池储能系统的建模研究中使用的蓄电池组数学模型主要有两种，即内阻模型和阻容模型。

1. 内阻模型

内阻模型是将蓄电池等效为一个由理想直流电压源和一个电阻所构成的串联电路，如图 6-9 所示。

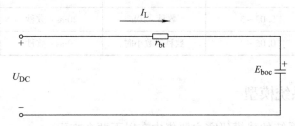

图 6-9　内阻模型等效电路

图 6-9 中，理想直流电压源 E_{boc} 表示的是蓄电池组电动势；U_{DC} 为蓄电池组的开路电压，若蓄电池组内阻足够小，则其大小可近似于蓄电池组电动势 E_{boc}；电阻 r_{bt} 为蓄电池组的内阻；I_L 为蓄电池组电流，它可以有两个方向，为正值时，蓄电池组处于充电状态，当其为负值时，蓄电池组处于放电状态。该电路数学模型描述为

$$I_L = \frac{U_{DC} - E_{boc}}{r_{bt}} \tag{6-3}$$

内阻模型的优点是模型简单实用，实现建模比较容易，同时数据处理也较为方便，因此具有一定的通用性；缺点是精度不高，不能很好体现蓄电池组在充放电过程中发生的动态特性变化，仅适用于电池荷电状态不重要的场合。

2. 阻容模型

在阻容模型中，蓄电池组被看成由 2 个电容和 4 个电阻所构成的混联等效电路，如图 6-10 所示。

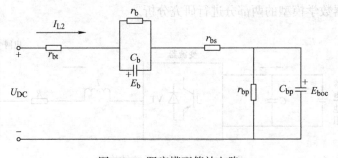

图 6-10　阻容模型等效电路

图 6-10 中，U_{DC} 为蓄电池组的开路电压；I_{L2} 为蓄电池组电流，该值类似于内阻模型中的 I_L，正值表示蓄电池组处于充电状态，负值则表示蓄电池组处于放电状态；电容 C_b 与电阻 r_b 并联，用以体现蓄电池组的自放电情况；r_{bs} 为蓄电池组的连接电阻；r_{bt} 为蓄电池组内阻；电容 C_{bp} 和电阻 r_{bp} 并联，用以体现蓄电池组的超电动势。

设 r_{bp} 和 C_{bp} 两端的开路电压为 E_{boc}，r_b 和 C_b 两端的开路电压为 E_b，根据电路基尔霍夫定律，可得出该电路数学模型如下：

$$\begin{cases} I_{L2} = \dfrac{U_{DC} - E_b - E_{boc}}{r_{bt} + r_{bs}} \\[2mm] \dfrac{E_{boc}}{r_{bp}} + C_{bp}\dfrac{dE_{boc}}{dt} = I_{L2} \\[2mm] I_{L2} = \dfrac{E_b}{r_b} + C_b\dfrac{dE_b}{dt} \end{cases} \tag{6-4}$$

式 (6-4) 构成的就是蓄电池组的改进 Thevenin 等效电路模型，也称为阻容模型。该模型充分考虑了蓄电池组在充放电过程中的动态特性情况，因此，其精度要比内阻模型高出很多，适用于对蓄电池组精度要求较高的场所。由于蓄电池组在充放电过程中产生非线性变化，想要达到准确测定其内部等效电容和电阻的参数的目的比较困难，同时各种数据的处理也比较烦琐，这也对电池储能系统的充放电控制装置设计造成许多不便。

6.2.3　双向变流器数学模型

双向变流器结构示意图如图 6-11 所示。

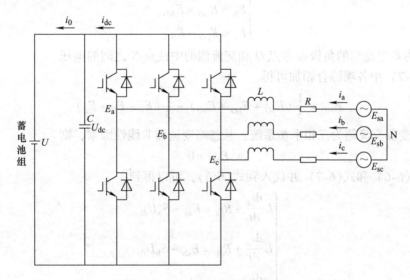

图 6-11　双向变流器结构示意图

双向变流器是实现电池储能系统与外部交流系统双向能量互动的装置，由于变流器内部开关的转换过程迅速而又频繁，其频率远高于调制波频率，故调制波频率的动态变化可以忽略不计。同时，三相系统中的三相电流是对称的，即其和为零，故此时零序分量也可以忽略不计。

参照图 6-11 所示电流参考方向，根据 KCL 及 KVL 电路定律，可以得到三相静止 abc 坐标系下变流器交流侧的电量关系

$$\begin{cases} L\dfrac{di_a}{dt} + Ri_a + E_a = E_{sa} \\[2mm] L\dfrac{di_b}{dt} + Ri_b + E_b = E_{sb} \\[2mm] L\dfrac{di_c}{dt} + Ri_c + E_c = E_{sc} \end{cases} \tag{6-5}$$

式中，E_{sa}、E_{sb}、E_{sc} 为外部交流系统的三相电压；i_a、i_b、i_c 为交流系统的三相电流；E_a、E_b、E_c 为变流器交流侧的三相电压。

假设变流器中的开关器件均为理想器件，其开关状态可通过两种开关信号来描述，且在这个过程中的任一时刻，同相桥臂的上下两个开关总是状态互补的，即只有一个导通，而同时另外一个是关断的。对于 a 相，当其上桥臂开通、下桥臂关断时，设此时 a 相的开关脉冲信号为 $S_a = 1$，则相对于直流侧蓄电池组的负极参考点 O，变流器 a 相的输出电压 $E_{ao} = U_{dc}$，其中，U_{dc} 为变流器的直流侧电压；而当上桥臂关断、下桥臂开通时，此时设 a 相开关脉冲信号为 $S_a = 0$，容易看出 $E_{aO} = 0$；同样，b 相和 c 相也可以通过这样的过程进行描述。

综上可得

$$E_{kO} = S_k U_{dc} \quad (k = a, b, c) \tag{6-6}$$

考虑到

$$\begin{cases} E_a = E_{aO} - E_{NO} \\ E_b = E_{bO} - E_{NO} \\ E_c = E_{cO} - E_{NO} \end{cases} \tag{6-7}$$

式中，E_{NO} 为蓄电池组的负极参考点 O 和交流侧的中性点 N 之间的电压。

将式(6-7) 中各项综合相加可得

$$E_{NO} = \frac{1}{3}(E_{aO} + E_{bO} + E_{cO}) - \frac{1}{3}(E_a + E_b + E_c) \tag{6-8}$$

假设逆变器交流侧为三相平衡系统，且忽略变流器非线性因素，则

$$E_{NO} = 0 \tag{6-9}$$

综合式(6-6) 和式(6-7) 并代入到式(6-5)，可以得到

$$\begin{cases} L\dfrac{di_a}{dt} + Ri_a = E_{sa} - S_a U_{dc} \\[2mm] L\dfrac{di_b}{dt} + Ri_b = E_{sb} - S_b U_{dc} \\[2mm] L\dfrac{di_c}{dt} + Ri_c = E_{sc} - S_c U_{dc} \end{cases} \tag{6-10}$$

同时，变流器直流侧电压、电流关系数学模型为

$$C\frac{dU_{dc}}{dt} = S_a i_a + S_b i_b + S_c i_c - i_0 \tag{6-11}$$

式(6-10) 和式(6-11) 共同构成了三相静止 abc 坐标系下变流器的数学模型。利用电力

系统中常用的经典派克变换，采用的派克变换矩阵为

$$
C = \frac{2}{3}
\begin{bmatrix}
\cos\omega t & \cos\left(\omega t - \dfrac{2\pi}{3}\right) & \cos\left(\omega t + \dfrac{2\pi}{3}\right) \\
-\sin\omega t & -\sin\left(\omega t - \dfrac{2\pi}{3}\right) & -\sin\left(\omega t + \dfrac{2\pi}{3}\right) \\
\dfrac{1}{\sqrt{2}} & \dfrac{1}{\sqrt{2}} & \dfrac{1}{\sqrt{2}}
\end{bmatrix}
\tag{6-12}
$$

同时，其逆变换为

$$
C^{-1} = \frac{3}{2}C^{\mathrm{T}} =
\begin{bmatrix}
\cos\omega t & -\sin\omega t & \dfrac{1}{\sqrt{2}} \\
\cos\left(\omega t - \dfrac{2\pi}{3}\right) & -\sin\left(\omega t - \dfrac{2\pi}{3}\right) & \dfrac{1}{\sqrt{2}} \\
\cos\left(\omega t + \dfrac{2\pi}{3}\right) & -\sin\left(\omega t + \dfrac{2\pi}{3}\right) & \dfrac{1}{\sqrt{2}}
\end{bmatrix}
\tag{6-13}
$$

根据此派克变换关系，可得变流器在 dq 同步旋转坐标系（d 轴与交流系统电压相量重合，q 轴超前 d 轴 90°）下的数学模型为

$$
\begin{cases}
L\dfrac{\mathrm{d}i_{\mathrm{d}}}{\mathrm{d}t} = E_{\mathrm{sd}} + L\omega i_{\mathrm{q}} - S_{\mathrm{d}}U_{\mathrm{dc}} - Ri_{\mathrm{d}} \\[2mm]
L\dfrac{\mathrm{d}i_{\mathrm{q}}}{\mathrm{d}t} = E_{\mathrm{sq}} + L\omega i_{\mathrm{d}} - S_{\mathrm{d}}U_{\mathrm{dc}} - Ri_{\mathrm{q}} \\[2mm]
C\dfrac{\mathrm{d}U_{\mathrm{dc}}}{\mathrm{d}t} = S_{\mathrm{d}}i_{\mathrm{d}} + S_{\mathrm{q}}i_{\mathrm{q}} - i_{0}
\end{cases}
\tag{6-14}
$$

式中，ω 为交流系统相电压的角频率；i_{d}、i_{q} 为交流系统电流相量的 d、q 轴分量；E_{sd}、E_{sq} 为交流系统电压相量的 d、q 轴分量；U_{dc} 为电池系统直流侧电压；S_{d}、S_{q} 为交流器开关函数的 d、q 轴分量。

变流器输出的有功功率、无功功率的数学表达式为

$$
\begin{cases}
P = E_{\mathrm{sd}}i_{\mathrm{d}} + E_{\mathrm{sq}}i_{\mathrm{q}} \\
Q = E_{\mathrm{sq}}i_{\mathrm{d}} - E_{\mathrm{sd}}i_{\mathrm{q}}
\end{cases}
\tag{6-15}
$$

由于三相平衡系统采用等功率变换，故式(6-15)可化简为

$$
\begin{cases}
P = E_{\mathrm{sd}}i_{\mathrm{d}} \\
Q = -E_{\mathrm{sd}}i_{\mathrm{q}}
\end{cases}
\tag{6-16}
$$

在式(6-16)中，由于交流系统三相参数完全一致，即 E_{sd} 是恒定值，此时，有功功率的大小与 i_{d} 成正比关系，而无功功率的大小则与 i_{q} 成正比关系，因此，通过对 i_{d} 和 i_{q} 的控制，可以得到所需要的变流器输出有功功率和无功功率。

6.3 练习

1. 介绍微电网内储能系统的原理。
2. 介绍几种常用的储能技术。

3. 按照阻容模型对蓄电池进行建模分析。

4. 三相静止 abc 坐标系如何转换为 dq 同步旋转坐标系?

参 考 文 献

[1] 郑重, 袁昕. 电力储能技术应用与展望 [J]. 陕西电力, 2014, 42 (7): 4-8, 30.

[2] 杨超. 储能技术在电力系统中的应用 [J]. 通信电源技术, 2018, 35 (3): 167-168.

[3] 陈海生, 刘金超, 郭欢, 等. 压缩空气储能技术原理 [J]. 储能科学与技术, 2013, 2 (2): 146-151.

[4] 张建军, 周盛妮, 李帅旗, 等. 压缩空气储能技术现状与发展趋势 [J]. 新能源进展, 2018, 6 (2): 140-150.

[5] 戴兴建, 魏鲲鹏, 张小章, 等. 飞轮储能技术研究五十年评述 [J]. 储能科学与技术, 2018, 7 (5): 765-782.

[6] 金辰晖, 姜新建, 戴兴建. 微电网飞轮储能阵列协调控制策略研究 [J]. 储能科学与技术, 2018, 7 (5): 834-840.

[7] 许崇伟, 贾明潇, 耿传玉, 等. 超导磁储能研究 [J]. 集成电路应用, 2018, 35 (8): 25-29.

[8] 夏亚君, 宋萌, 张立晖, 等. 含超导磁储能装置的电力系统关键技术研究 [J]. 超导技术, 2017, 45 (11): 47-51.

[9] 张婕. 浅谈超级电容器储能系统在微电网中的应用 [J]. 建材与装饰, 2017 (9): 236-237.

[10] 李乐, 黄伟, 马雪玲. 超级电容器储能系统在微电网中的应用 [J]. 智慧电力, 2010, 38 (8): 12-16.

[11] 宋维力, 范丽珍. 超级电容器研究进展: 从电极材料到储能器件 [J]. 储能科学与技术, 2016, 5 (6): 788-799.

[12] 桑丙玉, 杨波, 李官军, 等. 分布式发电与微电网应用的锂电池储能系统研究 [J]. 电力电子技术, 2012, 46 (10): 57-59, 99.

[13] 王小可. 磷酸铁锂电池在微电网储能系统中的应用 [J]. 中国高新技术企业, 2014 (3): 68-69.

[14] 吴战宇, 顾立贞, 朱明海, 等. 蓄电池在电网储能系统中的应用 [J]. 电池工业, 2012, 17 (4): 234-238, 243.

[15] 莫青, 马军, 郭锦龙, 等. 钒电池储能系统在城市微电网中的优化应用 [J]. 电源技术, 2016, 40 (6): 1233-1236.

[16] 彭勃, 郭姣姣, 张坤, 等. 液态金属电池——前景广阔的电网储能新技术 [J]. 电源技术, 2017, 41 (3): 498-501.

[17] 赵波, 赵鹏程, 胡娟, 等. 用于波动性新能源大规模接入的氢储能技术研究综述 [J]. 电器与能效管理技术, 2016, 16: 1-7.

[18] 唐莎莎. 氢储能技术及其在可再生能源发电储能中的应用 [J]. 农村电气化, 2018 (6): 62-64.

[19] 霍现旭, 王靖, 蒋菱, 等. 氢储能系统关键技术及应用综述 [J]. 储能科学与技术, 2016, 5 (2): 197-203.

[20] 于会群, 钟永, 张浩, 等. 微电网混合储能系统控制策略研究 [J]. 电子测量与仪器学报, 2015, 29 (5): 730-738.

[21] 张继红, 王澎续, 杨培宏. 混合储能在微电网系统中的应用 [J]. 电力与能源, 2016, 37 (3): 335-339.

[22] 谭嫄, 代焕利, 谭新玉, 等. 混合储能系统在微电网中的应用 [J]. 通信电源技术, 2016, 33 (4): 109-111.

[23] 高僮, 王国友, 杨传轩. 微电网中的多类型储能系统及其发展前景分析 [J]. 2016, (14): 56-61.

[24] 钟国彬，白云洁，曾杰，等. 计及储能寿命的微电网混合储能容量优化配置 [J]. 2018, 31 (7)：8-15.

[25] 马益平. 考虑电动汽车调度的微电网混合储能容量优化配置 [J]. 电力系统保护与控制, 2017, 45 (23)：98-107.

[26] 王治国，高玉峰，杨万利. 铅酸蓄电池等效电路模型研究 [J]. 装甲兵工程学院学报, 2003, 17 (1)：78-81.

[27] 张继元，舒杰，吴志峰，王浩. 微网双向变流器的解耦控制策略研究 [J]. 新能源进展, 2014, 2 (6)：476-480.

第7章 电力系统动态模拟

本章简介

电力系统动态模拟也称电力系统物理模拟，是进行电力系统分析和研究的重要方法之一。它是根据相似原理建立的一种接近于原系统物理本质的物理模型，是实际电力系统按一定比例关系缩小了的，而又保留其物理特性的电力系统复制品。电力系统动态模拟主要由模拟发电系统、模拟变电系统、模拟输电系统、模拟用电系统包括负荷和有关调节、控制、测量、保护等模拟装置组成。

7.1　电力系统动态模拟的特点

电力系统动态模拟具有以下特点：

1）可以在模型上直接观察到所研究课题在电力系统中产生的全部物理过程，获得明确的物理概念，并可方便地对电力系统特性和各种物理过程进行定性的研究。

2）对目前还不能或不完全能用数学方程很好描述的问题，可以方便地利用动态模拟探求问题的物理本质，也可以校验现有理论和数学模型的合理性、正确性，使理论和数学模型更加完善。

3）对一些新型的继电保护和自动装置，可以直接接入动态模拟系统研究。由于不可能在原型系统中人为制造各种短路事故，以校验继电保护装置的性能，因此将新型的继电保护装置接入动态模拟系统，进行各种短路故障试验，考核保护装置的各种性能。

动态模拟的缺点是模拟设备加工比较困难、建设周期长、投入经费大，同时，参数的调整受到一定的限制，对比较复杂的原型系统一般需要进行一些简化，才能在动态模拟上进行试验研究。

7.2　电力系统主要元件模拟

根据相似理论，模型和原型系统的物理现象相似意味着：在模型和原型中用以描述现象过程的相应参数和变量在整个研究过程中只差一个不变、无量纲的比例系数。只要模型系统的物理量标幺值与原型系统相等，就可定义为两者实现了相似。

1. 变压器的模拟

对于电力系统过渡过程，模拟变压器除绕组接线方式与原型的相同以外，还应满足如下要求。

1）模拟变压器短路电抗的标幺值与原型的相等。

2）模拟变压器短路损耗的标幺值与原型的相等。

3）模拟变压器在额定电压时的空载电流和空载损耗的标幺值与原型的相等。

4）模型和原型的空载特性以标幺值表示应相等。

为了模拟短路电抗不同的变压器，被模拟变压器的短路电抗是可以调节的。为了使短路电抗能在较大范围内调整，可以采用下列方法。

（1）磁分路法

在模拟变压器高低压绕组之间插入由硅钢片构成的磁分路，通过改变漏磁磁路的磁阻，改变短路电抗值。

（2）不平衡绕组法

变压器高低压绕组的位置可以互换，通过它们之间的不同组合改变漏磁磁路，进而改变短路电抗值。

2. 输电线路的模拟

实际系统的输电线路是具有分布参数的电路，具有串联的电阻、电感及并联的电容，三相输电线路之间都具有互感和互电容。在动态模拟实验中，输电线路模型一般不要求空间电磁场上的相似，只要求线路上某些点的电压与电流随时间变化过程相似，因此可以采用等值链型电路，以分段的集中参数模型来模拟分布参数模型。当在模型上研究电力系统的各种运行方式和机电暂态过程时，这种输电线路模型是完全可以满足要求的。集中参数的等值链型电路一般采用π形电路，每个π形电路代表的线路公里数与研究问题的性质有关，与要求模拟的精确度有关。

7.3 电力系统模拟方案的选择

要在动态模拟上对给定的原型系统进行模拟研究。首先，应确定被模拟的原型系统；然后，在动态模拟实验室构造一个与原型系统结构相同、参数及变量标幺值相等、时间常数相等的模拟系统，进而在该模型上进行试验研究。因为真实电力系统是复杂的，系统节点数、支路数、发电机台数有很多，且负荷分散，特性也是多种多样的。在动态模拟实验室中，对复杂的电力系统原型进行完全的模拟是不可能的，也是不必要的。

在建立模拟方案时需要考虑以下问题。

1）对需要研究的课题进行分析，明确任务、性质和范围；对需要着重研究的部分，应该精确模拟；对于其他部分，可以进行简化。

2）对原型系统应有深刻了解，对原型参数、特性及原型资料进行分析，对研究课题影响不大或不重要的部分进行合理的简化或等值，尽量使得被模拟的原型系统规模不要太大、太复杂。

3）应考虑实验室现有的模拟设备及其参数、特性，使得最后确定的原型系统的动态模拟模型是实验室可以实现的。

7.4 微电网动态模拟实验系统组成

一个完整的微电网动态模拟实验系统主要由操作后台、模拟风机和光伏发电系统、高低压测控屏、模拟输电线路、无穷大电源系统、四遥（遥信、遥测、遥控、遥调）系统等部分组成，是一个结构和特性都十分复杂的系统。

微电网物理模拟实验室建设应以实用性为原则，严格按照电力行业标准的要求建立模型，采用现代化的控制方式，模拟原型系统的控制设备特性，使模型系统更真实地反映原型系统，力争将物理模拟实验室建设成为实用性强、使用维护方便的电力系统综合试验研究平台。

微电网物理模拟实验室的建设采用总体规划、分期实施的原则，为新能源研究留有接口。一次设备的建设在近期规划有模拟 10kV 电压等级的架空线路、模拟 10kV/0.4kV 变压器、模拟故障系统、模拟无穷大电源系统、模拟静止负荷等，这些系统特性与原型一致，大小与原型成模拟比例，相互之间功率匹配。

设已知输电线路每相每千米正序网络参数为：

x_1——正序电抗（Ω/km）

r_1——正序电阻（Ω/km）

b_1——正序电纳（Ω/km）

如果用一个 π 形单元模拟长度为 $l$km 的线路，则以上各参数均应乘以 l，此段线路的三相网络接线图如图 7-1 所示。

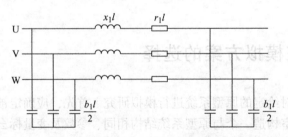

图 7-1　模拟输电线路三相网络接线图

对于较长的输电线路，需要由若干个 π 形等值单元串联而成。实验时，根据需要整定有关电抗、电阻和电容值。

7.5 模拟系统的继电保护

7.5.1 继电保护基本概念

在电力系统中，由于雷击或鸟兽跨接电气设备、设备制造上的缺陷、设计和安装的错误、检修质量不高或运行维护不当等原因，往往发生各种故障；在电力系统运行的过程中，存在着过负荷运行等的不正常运行状态。

无论电力系统是发生故障还是处于不正常运行状态，都会对电力系统的安全稳定运行、电力设备的安全以及电能质量产生不同程度的影响。继电保护装置，就是指反应电力系统中电气元件发生故障或不正常运行状态，并动作于断路器跳闸或发出信号的一种自动装置。

继电保护装置是保证电力元件安全运行的基本装备，任何电力元件不得在无继电保护的状态下运行；电力系统安全自动装置则用以快速恢复电力系统的完整性，防止发生或中止已开始发生的足以引起电力系统长期大面积停电的重大系统事故，如电力系统失去稳定、频率崩溃或电压崩溃等，两者是一种互相配合的关系。

7.5.2 继电保护的基本任务

1）发生故障时，自动、迅速、有选择地将故障元件（设备）从电力系统中切除，使非故障部分继续安全稳定运行。

2）发生不正常运行状态时，为保证选择性，一般要求保护经过一定的延时并根据运行维护条件（如有无经常值班人员）而动作以发出信号（减负荷或跳闸），且能与自动重合闸装置相配合。

7.5.3 电力系统对继电保护的基本要求

电力系统对继电保护装置的基本性能要求是：选择性、速动性、灵敏性和可靠性。

1）选择性是指保护装置动作时，仅将故障元件从电力系统中切除，使停电范围尽量缩小，以保证系统中的无故障部分仍能继续安全稳定运行。

2）速动性指的是在发生故障时，保护装置能迅速动作切除故障，从而缩小故障范围，减轻短路引起的破坏程度，减小对重大负荷、用户工作的影响，提高系统的稳定性。

3）灵敏性是指对保护范围内发生故障或不正常运行状态的反应能力。

4）可靠性是指在规定的保护范围内发生了属于它应该动作的故障时能正确动作，而对于不属于它动作的情况，则不误动作。

这些要求之间，有的相辅相成，有的相互制约，需要针对不同的使用条件分别进行协调，最终达到"四统一"。

7.5.4 继电保护的基本原理

继电保护装置的原理是利用被保护线路或设备故障前后某些突变的物理量作为信息量，当突变量达到一定值时，起动逻辑判断环节，最后由控制环节发出相应的跳闸脉冲或信号。

1. 利用基本电气参数的区别

发生短路后，利用电流、电压、线路测量阻抗等的变化，可以构成如下保护。

1）过电流保护。反应于电流的增大而动作，如图7-2所示，若在 BC 段上发生三相短路，则从电源到短路点 d 之间均将流过很大的短路电流 I_d，可使保护2反应于这个电流而动作。

2）低电压保护。反应于电压的降低而动作，如图7-2所示，若短路点 d 的电压 U_d 降至零，各变电站母线电压均有所下降，可以使保护2反应于这个下降的电压而动作。

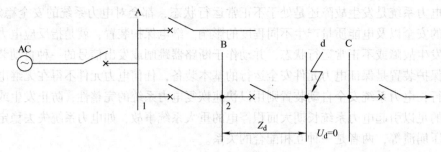

图 7-2　单侧电源线路

3）距离保护（或低阻抗保护）。反应于短路点到保护安装地之间的距离（或测量阻抗的减小）而动作，在图 7-2 中，设以 Z_d 表示短路点到保护 2（即变电站 B 母线）之间的阻抗，则 B 母线上残留的电压为 $U_{(B)} = Z_d \cdot I_d$，即 Z_d 就是在线路始端的测量阻抗，它的大小正比于短路点到保护 2 之间的距离。

2. 利用内部故障和外部故障时被保护元件两侧电流相位（或功率方向）的差别

在如图 7-3 所示的双侧电源网络中，统一规定电流的正方向是从母线流向线路。现在来分析被保护的元件线路 AB 的各种情况。

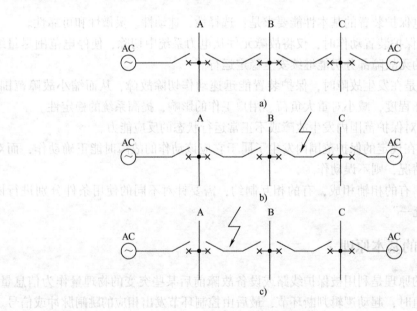

图 7-3　双侧电源网络

a）正常运行情况　b）线路 AB 外部短路情况　c）线路 AB 内部短路情况

正常运行时，A、B 两侧电流的大小相等，相位相差 180°；当线路 AB 外部故障时，A、B 两侧电流仍大小相等，相位相差 180°；当线路 AB 内部短路时，A、B 两侧电流大小不相等，在理想情况下（两侧电势同相位且全系统的阻抗角相等）两电流同相位。从而可以利用电气元件在内部故障与外部故障（包括正常运行情况）时，两侧电流相位或功率方向的差别构成各种差动原理的保护（内部故障时保护动作），如纵联差动保护、相差高频保护、方向高频保护等。

3. 根据不对称分量是否出现

电气元件在正常运行（或发生对称短路）时，负序分量和零序分量为零；在发生不对称短路时，一般零序分量和负序分量都较大。因此，可以根据这些分量是否存在构成零序保护和负序保护。此种保护装置都具有良好的选择性和灵敏性。

4. 反应非电气量的保护

反应变压器油箱内部故障时所产生的气体而构成瓦斯保护；反应于电动机绕组的温度升高而构成过负荷保护。

7.5.5 继电保护装置的组成

继电保护装置的种类虽然很多，但是在一般情况下都是由三个部分组成的，即测量部分、逻辑部分和执行部分。其原理结构如图7-4所示。

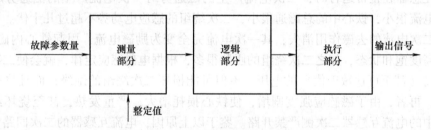

图 7-4 继电保护装置的原理结构图

1. 测量部分

测量部分是测量被保护元件工作状态（正常工作、非正常工作或故障状态）的一个或几个物理量，并和已给定的整定值进行比较，从而判断保护是否应该起动。

2. 逻辑部分

逻辑部分的作用是根据测量部分各输出量的大小、性质、出现的顺序或它们的组合，使保护装置按一定的逻辑程序工作，最后传到执行部分。

3. 执行部分

执行部分的作用是根据逻辑部分送来的信号，最后完成保护装置所担负的任务，如发出信号、跳闸或不动作等。

7.5.6 继电保护装置元件

一套完整的继电保护装置一般由负责采集一次设备电气量的测量元件、反映一个或多个故障量而动作的继电器、组成逻辑回路的时间元件和输入输出回路的中间元件等组成。

1. 测量元件

（1）电压互感器（Potential Transformer，PT）

电压互感器是一种将高电压按比例转换为低电压的电力设备，可向监控、测量、保护等系统提供所需的电压量。它可以将一次设备与二次控制回路分开，从而更好地实现对一次设备的监视。实际中，可将其看成一个内阻极小的电压源，正常运行时负荷阻抗很大，相当于开路状态，二次侧仅有很小的负荷电流；当二次侧短路时，负荷阻抗为零，则产生很大的短路电流，会将电压互感器烧坏。因此在实际电力系统中，运行中的电压互感器二次侧严禁短路。

（2）电流互感器（Current Transformer，CT）

电流互感器是将大电流按比例转换为小电流的电力设备，可向监控、测量、保护等系统提供所需的电流量。与电压互感器一样，它也可将一次设备与二次控制回路分开。实际中，可将电流互感器看成一个电流源。

电流互感器在正常运行时，二次电流产生的磁通势对一次电流产生的磁通势起去磁作用，励磁电流很小，铁心中的总磁通很小，二次绕组的感应电动势不超过几十伏。如果二次侧开路，二次电流的去磁作用消失，其一次电流完全变为励磁电流，引起铁心内磁通剧增。铁心处于高度饱和状态，加之二次绕组的匝数很多，根据电磁感应定律，就会使二次绕组两端产生很高（甚至可达数千伏）的电压，不但可能损坏二次绕组的绝缘，而且将严重危及人身安全；再者，由于磁感应强度剧增，使铁心损耗增大，严重发热，甚至烧坏绝缘。因此，运行中的电流互感器二次侧严禁开路。鉴于以上原因，电流互感器的二次回路中不能安装熔断器。

2. 继电器

（1）依照在继电保护装置中的不同作用，可将继电器分为测量继电器和辅助继电器两大类。

1）测量继电器能直接反应于电气量的变化。按所反应电气量的不同，又可分为电流继电器、电压继电器、功率方向继电器、阻抗继电器、频率继电器以及差动继电器等。

2）辅助继电器可用来改进和完善保护的功能。按其作用的不同，可分为中间继电器和信号继电器。

（2）继电器按结构类型分类，目前主要有电磁型、感应型、整流型以及静态型。

7.5.7 输电线路保护配置

线路保护的任务是有选择地、快速地、可靠地切除输配电线路发生的各种故障，根据电网的形式及发生故障的种类，线路保护有下述几种。

1. 过电流保护

输配电线路在运行中往往会发生相间短路，其重要特征是线路中的电流急剧增加。利用电流增加这一特点设计的保护装置称为过电流保护。

由于过电流保护是通过动作时间的配合实现其动作的选择性，故其动作时间较长，速动性较差。为此，经常要与瞬时电流速断保护配合使用。所谓瞬时电流速断保护，就是保护装置的动作时间是瞬时的，不设时间继电器。由于被保护线路的末端部分仍采用过电流保护装置，其动作时间较长，故对某些重要线路，通常还要再增加一种保护，即限时电流速断保护。

由瞬时电流速断、限时电流速断和过电流保护相互配合，构成一整套线路保护，称之为三段式电流保护。其中，瞬时和限时电流速断保护构成线路的主保护，当线路任何一点短路时，主保护都会在 $0.5s$ 的时间内灵敏动作。过电流保护是作为本线路的近后备保护和下一段线路的远后备保护。

2. 单相接地保护

单相接地是输配电线路常见的故障之一。对于中性点直接接地的电网，即大电流接地系统，当发生单相接地故障时，短路电流很大，因此，通常在这种电网中利用单相接地电流的零序分量，构成零序电流保护。而对小电流接地系统，当发生单相接地故障时，接地电流为电容电流，由于其幅值较小，不会对电网造成很大的威胁，按运行规程要求，可以带故障运行 $2h$，在运行中查明并消除故障。因此，小电流接地系统中常利用单相接地电容电流构成的接地保护装置，常发出报警信号，而不动作于断路器进行跳闸。

3. 过负荷保护

线路一般不设置过负荷保护，只有经常发生过负荷的电缆线路才设置过负荷保护。

7.6 练习

1. 说明电力系统动态模拟的特点。
2. 如何对输电线路进行合理的模拟？
3. 建立模拟方案时，应该注意哪些问题？
4. 什么是继电保护？并阐明原理。
5. 电力系统对继电保护的基本要求有哪些？
6. 什么是过电流保护？
7. 什么是过电压保护？
8. 继电保护装置的组成部分有哪些？并详细说明。
9. 如何判断故障点位置？并举例说明。

参 考 文 献

[1] 王兆安, 黄俊. 电力电子技术 [M]. 北京: 机械工业出版社, 2006.
[2] 吴天明. MATLAB 电力系统设计与分析 [M]. 北京: 国防工业出版社, 2007.
[3] 孟祥忠, 王博. 电力系统自动化 [M]. 北京: 北京大学出版社, 2006.
[4] 于永源. 电力系统分析 [M]. 北京: 中国电力出版社, 2007.
[5] 马永翔, 王世荣. 电力系统继电保护 [M]. 北京: 北京大学出版社, 2006.

[6] 陈伯时. 电力拖动自动控制系统 [M]. 北京：机械工业出版社，1997.

[7] 艾永乐，李端. 滞环比较器及其在电力电子中的应用 [J]. 汕头大学学报（自然科学版），2008，23（4）：71-74.

[8] 余健明，同白前. 瞬时谐波电流检测方法的动静态特性分析 [J]. 电力电子技术，1999（2）：15-17.

[9] Manwali, Mohammad Nanda. Digital control of pulse width modulated inverters for 11igh Performance uninterruptible power supplies [D]. Columbus：Ohio State University，2004.

[10] Vladimir Blasko, Vikram Kaura. A new mathematical model and control of a three-phase AC - DC voltage source conveaer [J]. IEEE Transactions on Power Electronics，1997，12（1）：116-123.

[11] 金东海. 电源论—电力电子时代论电源 [J]. 电工技术杂志，2003（10）：15-20.

[12] 黄家裕. 电力系统数字仿真 [M]. 北京：中国电力出版社，2003.

[13] 张炳达，姚剑锋. 基于 PWM 技术的功率负荷模拟器 [J]. 电力电子技术，2006，40（4）：111-113.

第8章　能源互联网

本章简介

本章在能源互联网的大背景下，介绍了目前全球能源发展现状，化石能源日益减少，清洁能源日益崛起。详细介绍了智能电网与能源互联网的概念，提出构建全球能源互联网的设想与框架，从环境、经济、社会三个方面简要介绍了能源互联网的综合效益。

最后列举几个微电网与分布式能源的案例，可以帮助读者更好地理解能源互联网的概念。

8.1　全球能源发展现状

8.1.1　基本概况

全球能源发展经历了从薪柴时代到煤矿时代，再到油气时代、电气时代的演变过程。长期以来，世界能源消费总量持续增长，能源结构不断调整。19世纪中叶，人类消耗的能源以薪柴为主，煤炭占比不足20%。随着工业革命的推进，煤炭比重大幅度上升，到20世纪初达到70%以上。20世纪以来，随着石油、天然气的比重不断上升，煤炭比重快速下降。20世纪60年代，石油超过煤炭成为世界第一大能源；1973年石油占比达到峰值，在经历20世纪七八十年代两次全国石油危机之后，石油比重逐步下降，天然气比重不断上升，煤炭比重有所回升。为适应未来能源发展需要，水能、风能、太阳能等清洁能源正在加快开发和利用。特别是近20年，世界能源发生了深刻改革，总体上形成煤炭、石油、天然气三分天下，清洁能源快速发展的新格局。

全球化石能源资源虽然储量大，但随着工业革命以来数百年的大规模开发利用，正面临资源枯竭、污染排放严重等现实问题；清洁能源不仅总量丰富，而且低碳环保、可以再生、未来开发潜力巨大。

全球水能、风能、太阳能等清洁能源资源非常丰富。根据世界能源理事会（WEC）估算，全球清洁能源资源每年的理论可开发量超过150000万亿千瓦·时，按照发电煤耗300g标准煤/（kW·h）计算，约合45万亿吨标准煤，相当于全球化石能源剩余探明可采储量的38倍。清洁能源资源分布也很不均匀。水能资源主要分布在亚洲、南美洲、北美洲、非洲中部的主要河流；风能资源主要分布在北极、亚洲中部及北部、欧洲北部、北美中部非洲东部地区，在各州近海地区也拥有一定的优质风能资源；太阳能资源主要分布在北非、东非、中东、大洋洲、中南美洲等赤道附近地区，在地球其他沙漠、戈壁滩等干燥气候地区也拥有优质的太阳能资源。这些清洁能源富集地区大多地广人稀，远离人类的生产生活中心数百到数千千米，需要大范围配置才能开发利用。世界水能、风能和太阳能的资源分布情况见表8-1。

表 8-1　世界水能、风能和太阳能资源分布情况

地区	水能		风能		太阳能	
	理论蕴藏量/ (万亿千瓦·时/年)	占比/%	理论蕴藏量/ (万亿千瓦·时/年)	占比/%	理论蕴藏量/ (万亿千瓦·时/年)	占比/%
亚洲	18	46	500	25	37500	25
欧洲	2	5	150	8	3000	2
北美洲	6	15	400	20	16500	11
南美洲	8	21	200	10	10500	7
非洲	4	10	650	32	60000	40
大洋洲	1	3	100	5	22500	15
合计	39	100	2000	100	150000	100

资料来源：世界能源理事会，World Energy Resources：2013 Survey；联合国政府间气候变化专门委员会（Intergovernmental Panel on Climate Change，IPCC），the IPCC Special Report：Renewable Energy Resources and Climate Change Mitigation（SRREN），2011 年 5 月。

8.1.2　能源消耗

全球能源消耗呈现总量和人均能源消耗量持续"双增"态势。亚太地区逐渐成为世界能源消耗总量最大、增量最快的地区。随着产业转移和人口比重变化，发达国家在世界一次能源需求中所占比重趋于下降，发展中国家占比趋于上升。

世界能源消费结构长期以化石能源为主，但其所占比重正在逐步下降。电能占终端能源消费比重逐步提高，随着电气化水平提高，越来越多的煤炭、天然气等化石能源被转化为电能，化石能源在世界终端能源消费结构中的比重持续下降。1973~2012 年，煤炭、石油在世界终端能源消费中的比重分别下降了 3.6%、7.5%，而电能所占比重从 9.4% 增长到 18.1%，仅次于石油占比，位居第二位。2012 年中国终端能源消费中，终端用电所占比重已经超过 20%，达到 22.6%，高于世界平均水平，但仍低于日本等一些电气化水平高的国家。

2017 年，全球能源结构向清洁、低碳方向的转型速度继续加快。据统计，2017 年全球可再生能源消费量为 486.8Mtoe（ton oil equivalent，吨油当量），比 2016 年增长 16%，持续保持两位数增长速度。其中，太阳能利用量 75.4Mtoe，增速 29.6%，风能利用量 217.1Mtoe，增速 15.6%。如将核能、水电和天然气考虑在内，2017 年全球清洁能源比重已达到 38%，超过了煤炭消费比重 28% 和石油消费比重 34%。我国在能源消费总量增长中实现了结构逐步改善，主要表现为煤炭比重从 2013 年开始大幅度下降，可再生能源、水电、核电消费增长速度超过化石能源。

8.1.3　清洁能源

清洁能源主要包括风能、水能、太阳能、核能、海洋能、生物质能等，其资源丰富，开发潜力巨大。随着清洁能源开发技术的突破，经济性大幅提升，以清洁能源代替化石能源将成为全球能源发展的重要趋势，全球水能资源超过 100 亿千瓦，陆地风能资源超过 1 万亿千瓦，太阳能资源超过 100 万亿千瓦，可开发总量远远超过人类全部能源需求。

到 2015 年底，全球累计非水可再生能源装机达到 785GW，其中风电 433GW、太阳能发

电 227GW，生物质能发电 106GW，地热能发电 13GW，太阳能热发电约 4.80GW。2017 年，全球可再生能源发电占全球发电净增量的 70%，是可再生能源发电量增长最快的一年。可再生能源仍延续其比重不断提升的趋势。

1. 水能

水能是目前技术最成熟、经济性最高、已开发规模最大的清洁能源。根据世界能源理事会统计，全球水能源资源理论蕴藏量约为 39 万亿千瓦·时/年，主要分布在亚洲、南美洲、北美洲等地区，其中亚洲理论蕴藏量约为 18 万亿千瓦·时/年，约占世界总量的 46%；南美洲 8 万亿千瓦·时/年，约占世界总量的 21%；北美洲 6 万亿千瓦·时/年，约占世界总量的 15%。世界各大洲水能资源量如表 8-2 所示。

表 8-2 世界各大洲水能资源量

地区	理论蕴藏量/(万亿千瓦·时/年)	技术可开发量/(万亿千瓦·时/年)
亚洲	18.31	7.20
欧洲	2.41	1.04
北美洲	5.51	2.42
南美洲	7.77	2.87
非洲	3.92	1.84
大洋洲	0.65	0.23

资料来源：世界能源理事会，World Energy Resources：2013 Survey。

从国家来看，水能理论资源蕴藏量居前五位的国家分别为中国、巴西、印度、俄罗斯、印度尼西亚，分别达到 6.08 万亿千瓦·时/年、3.04 万亿千瓦·时/年、2.64 万亿千瓦·时/年、2.30 万亿千瓦·时/年、2.15 万亿千瓦·时/年。水能资源可开发量居前五位的国家分别为中国、俄罗斯、美国、巴西、加拿大。

2. 风能

风力发电是风能最主要的利用形式。20 世纪 90 年代以来，世界风电技术不断取得突破，开发成本迅速下降。近年来，风电开发成本已经逐渐接近传统能源发电成本，开发规模迅速增长，已经与核电基本相当。尽管当前风电在全球发电量中比重仅为 3%，但越来越多的国家已经将风电纳入国家能源发展战略，并制定了发展规划。未来，随着风能技术经济性和市场竞争力的不断提高，风电将成为全球重要的能源品种之一。

全球风能资源非常丰富，世界风能资源理论蕴藏量约为 2000 万亿千瓦·时/年。受大气环流、地形、海陆和水体等因素影响，全球风能资源分布很不均匀。从各大洲风能资源分布来看，非洲、亚洲、北美洲、南美洲、欧洲、大洋洲分别占全球风能理论蕴藏量的 32%、25%、20%、10%、8%、5%。世界各大洲风能资源量如表 8-3 所示。

国际可再生能源署报告显示，2010 年以来，可再生能源发电成本大幅下降，陆上风力发电度电成本从 2010 年的 8 美分下降到 2017 年的 6 美分，总体下降 23%。截至 2017 年，全球风力发电装机容量总计为 539GW。国际可再生能源署预计，考虑到控制碳排放的要求，到 2050 年风电占世界总发电量比重有望提高到 30%，年发电量可达到 22 万亿 kWh。

表 8-3 世界各大洲风能资源量

地　区	理论蕴藏量/(万亿千瓦·时/年)	占全球总量比重/%
亚洲	500	25
欧洲	150	8
北美洲	400	20
南美洲	200	10
非洲	650	32
大洋洲	100	5

3. 太阳能

太阳能来自太阳辐射，是世界上资源量最大、分布最为广泛的清洁能源。太阳能发电是太阳能开发利用的最主要方式。20 世纪以来，全球太阳能发电呈现快速发展趋势，超过风电成为增长速度最快的清洁能源发电品种。德国、美国、日本等国家和地区太阳能发电起步较早、发展较快、规模较大。中国太阳能发电虽然起步较晚，但发展速度快，规模已经居德国之后，处于世界第二位。由于受到技术和成本制约，当前世界太阳能发电总规模还不大，装机容量不足风电的一半。但从未来发展趋势看，考虑到太阳能资源丰富，如果技术突破带动成本显著下降，太阳能发电潜力巨大，将成为未来世界的最主要能源。

太阳能开发潜力巨大，地球上除了核能、潮汐能和地热能等，其他能源都直接或间接来自太阳能。从能量角度来看，太阳一年辐射到地球表面的能量约 116 万亿吨标准煤，相当于 2013 年世界一次能源消费总量（181.9 亿吨标准煤）的 6500 倍，超过全球化石能源资源储量。

各地太阳能资源量有两个主要决定因素：一是阳光照射角度，阳光直射表面单位面积的能量必然大于斜射角度的能量，因此以赤道为中心、南北回归线之间的地带太阳能资源最为丰富；二是大气散射，大气中的颗粒越多，散射越强，达到地球的太阳能辐射越大。高原地区空气稀薄，大气对太阳光照的散射作用小，因此同纬度低海拔地区辐射量大，中国青藏高原太阳能资源比很多低纬度地区丰富。世界主要太阳能富集地区如表 8-4 所示。

表 8-4 世界主要太阳能富集地区

地　区		太阳能富集地区	年辐照强度/(千瓦·时/米²)	年技术可开发量/(万亿千瓦·时)
亚洲	中东	以色列、约旦、沙特阿拉伯、阿联酋等	2000～2700	120
	中国西部	西部及西北部五省（自治区）：新疆、内蒙古、西藏、甘肃、青海	1500～2150	14
欧洲	南欧	葡萄牙、西班牙、意大利、希腊、土耳其	1600～2100	3
北美洲	美国西南部	加利福尼亚州、堪萨斯州、科罗拉多州、俄克拉荷马州、得克萨斯州、犹他州、新墨西哥州、内华达州、亚利桑那州	2100～2500	80
南美洲	秘鲁、智利	阿塔卡玛沙漠	2000～2500	15
非洲	北非	撒哈拉沙漠及以北地区	2000～2700	141
	东非	埃塞俄比亚、苏丹、肯尼亚等国家和地区	1900～2800	187
大洋洲	澳大利亚	北部地区	1800～2500	65

太阳能发电是实现太阳能高效利用的最重要形式之一。按照发电原理，太阳能发电主要包括光伏发电和光热发电两种方式。近年来，光伏发电已经进入了大规模商业化开发阶段。截至2017年底，世界光伏发电总装机容量达到约4.025亿千瓦，年新增装机容量与水电基本相当，且首次超过风电。德国、中国、意大利、日本和美国5个国家的光伏发电装机总量均超过1000万千瓦，17个国家超过100万千瓦。从项目类型来看，地面光伏电站装机比重逐步提高，在世界新增装机容量中所占比重已从2009年的23%提高到2013年的45%。

2017年世界太阳能发电平均度电成本降至10美分，相比2010年下降了73%。截至2017年，全球光伏发电累计装机容量约为390GW，与全球核电装机水平大致相当，新增光伏发电装机量大于煤电、天然气发电和核电净增装机量之和。国际可再生能源署预计，从现在到2022年间全球光伏发电装机每年将以6.7%速度稳定增长，2022年全球光伏发电累计装机容量将达871GW，2030年全球光伏发电累计装机将达1757GW。风力发电、太阳能发电等可再生能源未来将继续保持快速发展的趋势。

4. 核能

世界天然铀资源较为丰富，分布集中。截至2015年1月1日，全球已探明开采成本低于260美元/吨的铀资源总量为764.16万吨，开采成本低于130美元/千克的总量为571.84万吨，开采成本低于80美元/千克的总量为212.47万吨，开采成本低于40美元/千克的总量为64.69万吨。

核电占世界总装机容量比重持续下降，目前，核电普遍利用的是核裂变技术，全球核电站采用的堆型都是裂变堆，核聚变是未来核电的发展方向，但受技术突破制约，前景尚不明确。

5. 其他能源

生物质能由于能源产品多样和用途广泛，被认为是未来全方位替代化石能源的主力。前面提到的，2030年全球36%的能源消费来自可再生能源，其中生物质将占到60%，包括发电、供热和为交通提供的液体燃料。生物质能开发技术主要包括燃料乙醇技术、生物柴油技术、生物质发电技术和沼气技术。由于受到生态环境、粮食安全、技术进步、开发经济性等多重因素的影响，大规模开发利用仍面临严峻挑战。

地热能热利用是地热开发利用的主要方式，占地热总利用量的2/3，其余1/3是地热发电。地源热泵是地热能热利用最主要的、也是增长最快的领域，在许多国家都得到了广泛应用。我国地源热泵的供暖（部分制冷）面积已超过2亿平方米，随着对空气质量提高的呼声诉求不断升温，政府对清洁供暖的发展目标也会落实成为具体的行动方案，并破解市场规范和标准缺乏以及运维服务不到位等难题。地热发电项目主要集中在菲律宾、印度尼西亚等高温地热资源丰富的国家。

海洋能不同的技术处于不同的成熟化阶段。海洋能发电包括潮汐发电、波浪发电、海流发电、温差发电、盐差发电，目前只有潮汐发电技术相对比较成熟，其他发电技术还处于示范或研发阶段。潮汐发电技术与传统水力发电技术在原理上一样，不过由于潮汐能的品质较差加之海水腐蚀等问题，投资和发电成本难以在短时间内下降。除了潮汐能、波浪能技术相对成熟外，整体上还不具备规模化、商业化开发的条件，已有的项目多数是处于试点示范阶段。目前全球近 30 个沿海国家在开发海洋能，英国在技术上处于领先地位。

8.2　智能电网与能源互联网

当前，以"互联网＋"和"智能化"为主要特征的全球新一轮产业革命正在孕育兴起，先进信息技术及互联网理念与传统产业的不断融合，推动着新业态的产生与发展，为相关产业带来了前所未有的发展机遇。在能源和电力需求增长的驱动下，世界电网经历了从传统电网到现代电网，从孤立城市电网到跨区、跨国大型互联电网的跨越发展，进入了智能电网为标志的新阶段。适应"两个替代"的新要求，智能电网将向全球广泛互联方向加快发展，构建全球能源互联网，为世界经济社会发展提供更安全、更经济、更清洁、可持续的能源。

8.2.1　智能电网

自 1875 年在法国巴黎建成世界上第一座火力发电厂开始，至今世界电力工业已发展了130 多年。进入 21 世纪，建设具有跨国和跨洲电力配置能力、灵活适应新能源发展和多样性需求服务的现代电网体系——智能电网，成为世界电网发展的方向和战略选择。

智能电网指的是电网的智能化，智能电网是建立在集成的、高速双向通信网络基础之上的，通过先进的传感与测量技术、先进的设备、先进的控制方法以及先进的决策支持系统技术的应用，实现电网安全可靠、经济高效、环境友好以及使用安全的目标。智能电网是由一系列技术和系统、软硬件设备、通信系统和控制系统组成的复杂电力网络，可为发电、输电、配电和用电提供高水平的预测控制方案。根据美国能源部"Grid 2030"计划，智能电网是一个完全自动化的电力传输网络，能够监视和控制每个用户和电网节点，保证从电厂到终端用户整个输配电过程中所有节点之间的信息和电能的双向流动。中国对智能电网的定义是，以物理电网为基础将现代先进的传感测量技术、通信技术、信息技术、计算机技术和控制技术与物理电网高度集成而形成的新型电网。

与普通电网相比，智能电网拥有更为显著的优点：

1）拥有强大的技术支撑体系与电网基础体系，能够更有效地抵抗各种外来的干扰，能够更适应大规模的清洁能源与可再生能源，大大地提升了电网的坚强性。

2）能够将信息技术、自动控制系统等与电网基础设施进行有机结合，能够及时地获取电网的全景信息，对可能发生的故障进行预测。当故障发生时，也能够快速地将故障进行隔离，实现自我恢复，避免更大问题的发生。

3）将通信与现代管理技术等综合运用，不仅能够大大提升电力设备的使用效率，而且能够降低电能的损耗，促进电网经济、高效地运行。

世界电网在需求增长和技术进步的推动下呈现出电压等级由低到高、联网模式从小到大、自动化水平由弱到强的发展规律。

（1）电压等级提高

由于电网输电损耗与线路电流平方成正比，在输送同样功率的情况下，提高电网电压、减小线路电流，是实现电力远距离、大容量、低损耗输送的有效途径。随着电力系统容量逐渐扩大，电力负荷越来越高，对线路的输送功率需求越来越大，输送线路电压等级需要逐渐提高。一般来讲，更高一级电压的引入时间，就是系统尖峰负荷功率增长到初始值的4倍及以上所需的时间一般为15～20年。

（2）互联网模式扩大

从19世纪末到20世纪中期，电网发展以城市电网、孤立电网和小型电网为主，规模很小，仅在局部实现电力平衡。随着接入电网的发电装机容量不断增长，要求电网提高资源配置能力、扩大输电范围。电网开始向以高电压、强互联为特征的大型互联电网发展，逐步形成以330kV、500kV、750kV超高压和1000kV特高压构建的跨区大电网。目前，全球已经形成了北美互联电网、欧美同一电网、俄罗斯-波罗的海电网等跨国互联大电网。

（3）自动化程度增强

在过去的一百多年里，随着电子信息技术推陈出新，自动化技术更新换代，电网自动化程度呈现出由弱到强的演进过程，电力生产的信息化、自动化、互动化水平不断提高。从19世纪末到20世纪中期，电网采用简单保护和经验型调度，系统自动化多限于单项自动装置，且以安全保护和过程自动调节为主，整体自动化程度较低，电网故障经常导致停电，供电可靠性相对较低。从20世纪中期至20世纪末，区域联网的形成在系统稳定、经济调度和综合自动化方面提出了新的要求，电网实现了较复杂的保护和调度，各种自动装置得到推广使用，远动通信技术得到广泛采用，数据采集和监控系统（SCADA）开始出现，继电保护装置中逐渐采用微型计算机，电网自动化程度快速提升，供电可靠性也显著提高。从20世纪末至今，随着电网规模和范围的扩大，现代控制、信息通信等先进技术得到越来越广泛的应用，电力系统自动化处理的信息量越来越大，考虑的因素越来越多，直接客观可测的范围越来越广，可实现闭环控制的对象越来越丰富。同时，通过智能电网技术寻求更高的安全性和可靠性成为一种主流趋势。现代电力系统已成为集成计算机、控制、通信、电力装备及电力电子装置的统一体，电网安全稳定水平大幅提升。

世界电网发展总体划分为三个阶段。

1）第一阶段是小型电网。

2）第二阶段是互联大电网。

3）第三阶段是坚强智能电网。

中国是智能电网发展较早的国家之一，结合能源资源布局特点和经济社会快速发展的需求，在实施"一特四大"战略（即加快特高压电网建设，促进大煤电、大水电、大核电、大型可再生能源基地集约开发）的基础上，提出了坚强智能电网发展理念。

坚强智能电网是以特高压电网为骨干网架、各级电网协调发展，涵盖电源接入、输电、变电、配电、用电和调度各个环节，集成现代通信信息技术、自动控制技术、决策支持技术与先进电力技术，具有信息化、自动化、互动化特征，适应各类电源和用电设施的灵活接入与退出，实现与用户友好互动，具有智能响应和系统自愈能力，能够显著提高电力系统安全可靠性和运行效率的新型现代化电网。"坚强"与"智能"是现代电网发展的基本要求。"网架坚强"是基础，是大范围资源配置能力和安全可靠电力供应能力的保障；"泛在智能"是关键，是指各项智能技术广泛应用在电力系统各个环节，全方位提高电网的适应性、可控性和安全性。现代电网发展必须坚持"坚强"与"智能"并重，缺一不可。

随着电网技术的不断发展以及与智能化技术的广泛融合，现代电网的形态、功能正在发生深刻变化，电网功能将由单一的电能输送载体向具有强大能源资源优化配置功能的智能化基础平台升级。随着"两个替代"的加快推进，清洁能源利用规模越来越大，电能在终端能源需求中的比重越来越高，电网配置能源资源的效益更加显著，将进一步促进全球范围内电网向互联互通迈进，逐步实现电网全球互联、清洁能源全球配置，形成全球互联的坚强智能电网。

8.2.2　全球能源互联网

作为第三次能源革命的核心技术，能源互联网（Global Energy Interconnection，GEI）代表着能源产业的未来发展方向。能源互联网是以电力系统为核心，以互联网技术和新能源发电技术为基础，结合了交通、天然气等系统构成的复杂多网流系统。建立能源互联网的主要目标是利用互联网技术推动由集中式化石能源利用向分布式可再生能源利用的转变。能源互联网发展的核心目的是利用互联网及其他前沿信息技术，促进以电力系统为核心的大能源网络内部设备的信息交互，实现能源生产与消耗的实时平衡。能源互联网将代表未来信息与能源—电力技术深度融合的必然趋势，是新一代工业革命大潮的重要标志，也是智能电网的重要组成部分和未来发展前沿。2013 年 12 月国家电网公司在科技日报发文明确指出，未来的智能电网就是"能源互联网"。

全球能源互联网是以特高压电网为骨干网架，以输送清洁能源为主导，全球互联泛在的坚强智能电网。全球能源互联网将由跨国跨洲骨干网架和涵盖各国各电压等级电网的国家泛在智能电网构成，连接"一极一道"和各州、各国大型能源基地，适应各种分布式电源接入需要，能够将风能、太阳能、海洋能等可再生能源输送到各类用户。概括地讲，全球能源互联网就是"特高压电网 + 泛在智能电网 + 清洁能源"，是服务范围广、配置能力强、安全可靠性高、绿色低碳的全球能源配置平台，能够将存在时区差、季节差的各大洲电网连接起来，突破资源瓶颈、环境约束和时空限制，实现风光互补、地区互补，保障能源供应、提高经济效益，减少环境损失、降低社会成本，有效解决能源安全发展、清洁发展、高效发展、可持续发展问题，使全世界成为一个能源充足、天蓝地绿、亮亮堂堂、和平和谐的"地球村"。全球能源互联网的范例显示，我们可以利用现有的技术，包括电网互联和扩容、智能电网和特高压，加速可再生能源技术的应用，从而提高能源效率，使清洁能源比以往任何时候都更加实惠。

全球能源互联网的发展框架可以概括为一个总体布局、两个基本原则、三个发展阶段、四个重要特征、五个主要功能，如图 8-1 所示。全球能源互联网将形成由跨洲电网、跨国电网、国家泛在智能电网组成，各层级电网协调发展的总体布局，坚持清洁发展和全球配置两个基本原则，经过国内互联、洲内互联、洲际互联三个阶段，具备网架坚强、广泛互联、高度智能、开放互动四个重要特征，实现能源传输、资源配置、市场交易、产业带动和公共服务五个主要功能。

1. 总体布局

全球能源互联网是一个由跨洲电网、跨国电网、国家泛在智能电网组成，各层级电网协调发展的有机整体。在全球范围看，全球能源互联网将依托先进的特高压输电和智能电网技术，形成连接北极地区风电、赤道地区太阳能发电和各州大型可再生能源基地与主要负荷中心的总体布局。

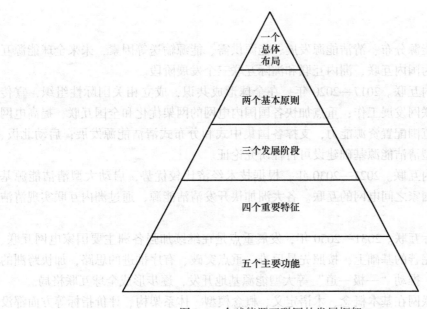

图 8-1　全球能源互联网的发展框架

全球能源互联网发展的核心是建设连接包括"一极一道"在内的全球各类清洁能源基地与主要负荷中心的跨国跨洲骨干网架和洲际联网通道。其中，"一极一道"清洁能源基地向负荷中心的输电通道包括：北极地区风电基地向亚洲、欧洲、北美洲送电，北非、中东太阳能发电基地向欧洲、南亚送电，澳大利亚太阳能发电基地向东南亚送电。跨洲电网互联主要包括：亚洲与欧洲互联、亚洲与北美洲互联、欧洲与非洲互联、亚洲南部和非洲互联、北美洲与南美洲互联。此外，还包括各洲内大型能源基地向所在洲负荷中心的送电通道。

2. 基本原则

全球能源互联网是落实全球能源观、实现"两个替代"的重要载体。在其发展过程中，最核心的就是要坚持两个基本原则。

（1）清洁发展的原则

清洁发展是应对气候变化、实现人类可持续发展的根本要求。在形成全球广泛共识的基础上，各国应围绕清洁低碳发展目标，制定能源发展战略规划，加快转变能源发展方式、提高清洁能源比重，共同推动全球清洁能源开发利用。

（2）全球配置的原则

实施全球配置是由全球能源资源与负荷中心逆向分布特征所决定的。全球能源互联网建设要立足世界能源资源禀赋，统筹考虑全球政治、经济、社会、环境因素，构建连接能源基地、负荷中心的全球能源配置平台，实现全球能源的高效开发、优化配置和有效利用。具有大容量、远距离输电能力的特高压输电技术发展，为实现电力跨大洲、大规模、高效率配置奠定了技术基础。通过清洁能源全球配置，还有利于将经济不发达地区的资源优势转化为经济优势，促进区域经济协调发展。

3. 发展阶段

综合考虑全球能源分布、清洁能源发展、能源供需、能源输送等因素，未来全球能源互联网发展可以划分为国内互联、洲内互联和洲际互联三个发展阶段。

第一阶段：国内互联。2017—2020 年，在全球形成共识，成立相关国际性组织，宣传和推动全球能源互联网发展工作；重点加快各国国内电网的网架优化和全国互联，提高电网安全承载能力和大范围配置资源能力，支撑各国集中式和分布式清洁能源发展；启动北极、赤道及各洲各国大型清洁能源基础建设可行性研究论证。

第二阶段：洲内互联。2021—2030 年，根据技术经济比较优势，启动大型清洁能源基地建设，加强洲内国家之间电网的互联。各大洲加快开发清洁能源，通过洲内互联实现清洁能源输送和消纳。

第三阶段：洲际互联。2031—2050 年，发展重点是在继续加强各洲主要国家电网互联、洲内互联电网不断完善的基础上，按照先易后难、重点突破、有序推进的思路，加快跨洲的电网互联工程建设，推动"一极一道"等大型能源基地开发，逐步形成全球互联格局。

目前，能源互联网在基本概念、术语定义、概念模型、体系架构、评价指标等方面都没有统一的规定，同时 GEI 涉及领域广泛、结构复杂且现有标准匮乏，没有统一的标准，亟须规范 GEI 标准体系。然而，开展对 GEI 涉及的所有领域标准的规范化工作，将是一个耗时且成本巨大的复杂过程。现实的做法是从 GEI 涉及的众多领域中甄选出特定的技术领域，优先开展标准制定工作。GEI 涉及的技术领域众多，在已有的上千个标准中，识别出亟须制定的标准需求，是一项难度极高的工作，也是优先领域研究所要面临的挑战。

4. 关键技术

（1）GEI 架构

GEI 旨在将全球能源的供给和需求高效智能地配置给世界各地的用户（GEI 的用户既包含发电方，也包含用电方）。以全球视角看，GEI 骨干网架将实现能源的东西半球跨时区补偿、南北半球跨季节调节，跨洲联网输电通道分别由非洲—欧洲联网、亚洲—欧洲联网、亚洲—非洲联网、北美洲—南美洲联网、大洋洲—亚洲联网、亚洲—北美洲联网以及欧洲—北美洲联网等组成。根据自身特点，各大洲将分别扮演能源基地、负荷中心或两者兼具的角色。

（2）GEI 建模

电力系统建模是电力系统计算分析和运行控制的基础，模型的准确程度直接影响电力系统仿真的结果和结论。不合适的模型会导致计算结果与实际情况存在差异，偏保守或偏乐观，从而给系统带来潜在风险或无谓的浪费。我国采用传统的电力系统仿真模型时，电网的稳定水平无法达到预期目标，而通过调整模型与参数可将传输功率极限提升约1/4。因此，采用合适的电力系统模型，既可提高传输能力，还能消减安全隐患，具有显著的经济社会效益。

（3）可再生能源发电技术

可再生能源发电主要有风能、太阳能和海洋能发电等，其中风能、太阳能已进入商用阶段，海洋能蕴藏量十分丰富，虽尚未投入商用，但近年来逐渐成为研究热点。目前发电方面需要重点攻关的方向有：大规模新能源发电并网控制技术；大型集群风电接入输电系统规划，含风电的电力系统综合频率特性，风电场运行状态与备用容量评估，风电场自动控制和电网继电保护与安全自动装置的配合；大规模光伏发电接入输电系统的布局规划，有功、无功控制，电能质量监测及治理，分层分区、多级协调自动电压控制，安全评估，广域协调；海洋能综合发电场系统建模，网源协调控制，电网分层次控制策略体系。

(4) 智能电网技术

智能电网技术包括智能输电网技术、智能配电网技术和智能电网运行控制技术。GEI 以智能电网为主要载体，可再生能源将成为发电的主角，智能输电网则是实现大规模可再生能源发电传输和全球优化配置的关键举措。智能配电网是 GEI 中连接输电网与终端用户的关键环节，它具备自愈性、高安全性、互动性等诸多特性，其最新发展趋势是主动配电网，即内部具有分布式能源，具备控制和运行能力的智能配电系统。由于 GEI 包含特大型交直流混合电网是电力规模化集中汇集、远距离跨洲传输、大范围灵活配置的重要基础平台，因此智能电网运行控制技术是构建 GEI、保障安全稳定运行的关键。

(5) 储能技术

储能技术是电力系统中的电能储存环节，可使电力实时平衡的"刚性"电力系统变得更为"柔性"，有利于平抑大规模清洁能源发电接入电网带来的随机非线性波动，从而提高电网运行的安全性、经济性和灵活性。未来应用于 GEI 的以电储能为主，其存储容量至少要达到兆瓦级，因此构建 GEI 需要大力发展大规模、大容量储能技术。

(6) 信息技术

信息技术主要包括大数据、云计算、物联网和移动互联。大数据指无法在可承受的时间范围内用常规工具捕捉、管理和处理的数据集合。运用全新的处理模式、高性能计算平台和分析技术收集 GEI 数据，并进行优化分析处理，应用于超实时的电力系统状态仿真，可促进提高分析决策的智能化水平。云计算是通过互联网来提供动态易扩展且经常是虚拟化资源的一种计算方式。云计算为大数据提供弹性可拓展的基础平台，有助于提高对海量数据分析的速度和精度，实现全球性电力调度和交易。物联网是通过二维码识读设备、红外感应器和全球定位系统等信息传感设备，按约定协议把任何物品与互联网相连接，进行信息交换与通信，以实现智能化识别、定位、跟踪、监控和管理的一种网络。物联网技术有助于在构建 GEI 中制定电力物联网应用总体规划、标准规范，研究关键技术与智能设备，推进其在电力生产、输送、消费、管理各环节的应用。移动互联是将移动通信技术与互联网二者结合并实践的活动总称。移动现场作业及公共服务智能化是电网企业信息化建设的重要内容。电力系统移动互联主要应用于电力线路移动巡检作业、应急抢修和智能家居等。

5. 重要特征

全球能源互联网是全新的全球能源配置平台，具备网架坚强、广泛互联、高度智能和开放互动四个重要特征。

1) 网架坚强是构建全球能源互联网的重要前提。

2) 广泛互联是全球能源互联网的基本形态。

3) 高度智能是全球能源互联网的关键支撑。

4) 开放互动是全球能源互联网的基本要求。

6. 主要功能

全球能源互联网是未来重要的能源和服务枢纽，以此为基础实现能源流、信息流和业务流的统一。全球能源互联网具备以下五个主要功能。

（1）能源传输

能源传输是全球能源互联网最基本的功能，煤电、水电、核电、风电、太阳能发电等电能的传输都通过电网进行。全球能源互联网是能源资源优化配置的载体，能够将各种一次能源转化为电能在电网上传输。依托全球能源互联网，可以实现能源和电力的光速传输。

（2）资源配置

全球能源互联网是能源资源优化配置的重要平台。通过这个平台，可以连接各类电源和用户，实现各类资源的集约开发和高效利用。随着全球能源互联网互联范围的逐步扩大，能源资源配置的范围更广、能力更强，北极地区、赤道地区等远离负荷中心的大能源基地得以开发和建设，有力促进能源结构和布局优化。

（3）市场交易

全球能源互联网是全球电力市场交易的物理基础。电能无法大规模储存，电力供需必须时刻保持平衡，这一客观规律决定了电力市场交易必须以电网为载体，电网的覆盖范围决定了电力市场的物理边界。覆盖全球的能源互联网，既承担着能源电力交易的平台职责，又肩负着电网调频、系统备用、无功调压等服务任务，在全球电力市场建设中发挥了关键作用。

（4）产业带动

全球能源互联网是培育战略型新兴产业的孵化器。全球能源互联网是技术创新的重要领域，也是新技术应用的重要载体，对新能源、新材料、智能设备、电动汽车、信息技术等新兴产业具有很强的带动作用。

（5）公共服务

全球能源互联网是未来生产生活不可或缺的公共服务平台，服务全社会各行各业、千家万户。随着与物联网、互联网的深度融合，全球能源互联网成为功能多元、智能先进的社会公共平台，为用户提供能源、电力、信息等综合服务，满足用户多样化、高品质的服务需求，推动生产生活方式改变。

8.3 全球能源互联网综合效益

"全球能源互联网"概念的提出为统筹解决能源问题和环境问题等提供了新的思路，在大数据的背景下，全球能源互联网将通过云计算和数据挖掘等技术，对海量数据进行分析，对全球能源进行合理分配。构建全球能源互联网将产生巨大的经济、社会、环境效益。一是全球能源互联网促进可再生能源的自愿开发与消纳，大幅度降低化石能源消费，能够有效控制温室气体排放，保护生态环境；二是将各大洲电网连接，由于各大洲存在时差和气候带差，负荷的峰谷值不同，以及能源资源决定的电源结构差异，洲际电网联合运行将带来巨大的联网效益；三是将各大型可再生能源基地的低成本电力输送到发电成本较高的电力受入地区，可降低受电地区的电力供应成本；四是通过促进发展中国家可再生能源的开发利用，有利于拉动当地经济增长，促进区域协调发展。

1. 环境效益

能源网的构建对能源网、信息网、交通网三网融合的世界网络经济发展格局愈显重要。由此可见，世界三网融合发展的核心就在全球能源互联网。通过将清洁能源大规模开发、大范围配置，在东南亚、南亚等能源资源及环境负载能力均不足的国家和地区，全球能源互联网思路可解决世界资源环境难题。

可再生能源开发利用可代替大量化石能源消耗，减少大量污染物和温室气体的排放，并避免化石能源开发和利用过程中对水资源的消耗及对生态系统造成的破坏。

根据预测，在全球能源互联网加快发展情景下，2050 年非化石能源发电量将达到 66 万亿千瓦·时，比 2010 年增长近 60 万亿千瓦·时，占全部发电量的 90%，在《世界能源展望 2014》的政策情景下，2040 年清洁能源发电量约 18 万亿千瓦·时，接近总发电量的 50%。如果采用 WEO2014 中的清洁电量占总发电量的比重（约 50%），则在 2050 年全球能源互联网情景下，多发清洁能源总量 29 万亿千瓦·时，按照替代量的燃煤发电量考量，可节约标准煤 90 亿吨/年，减少的二氧化碳、二氧化硫、氮氧化物和烟尘分别达到 250 亿吨/年、5370 万吨/年、5640 万吨/年、940 万吨/年，节约用水 700 亿吨/年。

根据能源基地开发进度，预计 2030、2040、2050 年"一极一道"电力输送规模分别为 0.9 万亿千瓦·时、4.2 万亿千瓦·时、12 万亿千瓦·时。如果按替代等量的燃煤发电量计算，可减少标准煤消费 3 亿吨、13 亿吨、38 亿吨，相当于减少二氧化碳排放量约 8 亿吨/年、37 亿吨/年、105 亿吨/年，减少二氧化硫排放量 180 万吨、790 万吨、2230 万吨，减少氮氧化物年排放量 190 万吨、830 万吨、2340 万吨，减少烟尘排放量约 30 万吨/年、140 万吨/年、390 万吨/年，年节约用水约 20 亿立方米、100 亿立方米、290 亿立方米。全球联网促进清洁能源开发利用，环境效益显著。根据 IPCC 的研究报告，能够实现《联合国气候变化框架公约》提出的"到 2050 年将全球平均气温上升幅度控制在 2℃以内"的目标，从根本上解决冰川消融、海平面上升等影响人类生存的重大问题，保障人类可持续发展。

2. 经济效益

保障经济社会发展的能源供应。依托全球能源互联网，能够开发利用分布广、潜力大的清洁能源，保障能源长期稳定供应。取得清洁能源规模化开发和外送效益，能够有效降低电力供应成本。以亚欧洲际输电为例，在亚洲送端地区汇集天然气、风能和太阳能等清洁能源，利用 ±1100kV 高压直流输电技术向德国输电，直流通道利用小时数为 5500h，与德国接受海上风电相比，亚欧洲际输电项目通过俄罗斯圣彼得堡进行接力的输送方案比德国海上风电便宜 30.4%，最大电价差为 0.3648 元/（千瓦·时）；在亚欧直达输电方案中，电价差最大为 0.526 元/（千瓦·时），相比德国海上风电便宜 43.8%。通过实施亚欧洲际输电，可有效降低德国电力供应成本，洲际输电效益明显。

获取显著联网效益。由于各大洲间存在着时差、南北半球间存在着季节差，构建全球能源互联网，进行各大洲电网互联，可以有效利用各大洲电力负荷特性曲线的互补性，进行跨洲峰谷调节和全球范围的可再生能源优化配置消纳，提高各大洲发电设备的利用率、降低系统设备容量。当欧洲和非洲是白天，处于负荷高峰期时，东亚和北美洲是夜晚，处于负荷低谷时段。由于夜晚风电出力通常大于白天，而负荷又处于低谷，通过全球联网，可将东亚和北美洲的风电在夜晚送欧洲进行跨洲际消纳。反之，当欧洲、非洲处于夜晚低谷时段，可将欧洲北海风电、北非风电跨洲际送东亚和北美洲消纳。以2050年的北半球三大洲——欧洲、亚洲、北美洲互联为例，图8-2比较了三个区域联网前的负荷曲线和联网后的拟合负荷曲线。可以看出，在各州电网充分互联的情况下，实现三大区联网负荷峰谷值互补效果明显，联网后将形成日内各时段负荷分配均衡的状态，峰谷负荷差由三个区域电网的25%~40%降低到10%以内。

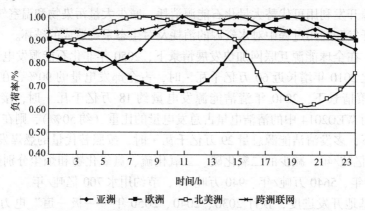

图8-2　欧洲、北美洲和亚洲负荷曲线互补关系示意图

拉动全球经济增长。为实现2050年全球能源的低碳清洁发展，预计到2050年全球发电装机规模将达到350亿千瓦，比2020年增长约300亿千瓦。以十年为一个阶段来看，未来电源装机呈快速增长态势，与此相应的是电力投资规模也呈快速增长态势。估算结果表明：2020—2030年间，需规模约为20万亿美元的电源电网投资；2030—2040年间，需规模约为39万亿美元的电源电网投资；2040—2050年间，需规模约为46万亿美元的电源电网投资，对经济拉动作用巨大。未来电力投资规模估算如图8-3所示。

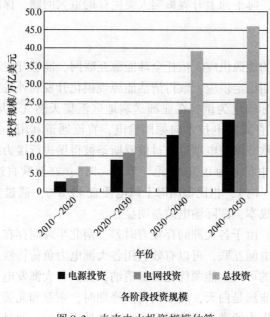

图8-3　未来电力投资规模估算

3. 社会效益

1）促进发展中地区的资源优势向经济优势转化。

目前尚未大规模开发的清洁能源多位于非洲、亚洲、南美洲等地区，通过构建全球能源互联网将促进这些地区的资源优势转化为经济优势，为当地居民提供就业机会，提高发展中国家的居民福利，缩小全球发展中国家与发达国家之间的差距，实现人类的共同可持续发展。

2）促进能源等相关产业的技术升级。

全球能源互联网的构建，将推动清洁能源发电、特高压输电、大规模储能以及智能配电网和微电网等技术实现突破和广泛应用，传统的材料行业将在纳米、超导等方面实现技术创新。依托能源、信息、材料等行业的技术改造和创新，发达国家将逐步摆脱经济危机的困扰，发展中国家将加快经济发展的速度与质量，最终实现全球人类的共同发展。

3）促进人类和谐开发利用能源。

化石能源具有稀缺性、地域性、主权性、开发利用涉及领土主权和国家安全问题。而通过全球能源互联网开发取之不尽、用之不竭的可再生能源，能够实现资源和平利用，能源的生产关系得到本质性的改善。在可再生能源体系中，人类从掠夺、独占转向合作和共享。各国在能源、开发、利用过程中相互协同、交互，形成更大范围的能源生态系统。全球能源互联网将从根本上解决影响人类生态文明建设的能源环境问题，改善能源发展的方式、产业发展的方式、经济发展的方式、社会生活的方式，最终实现全球和谐发展。

8.4 微电网工程实践

微电网示范工程是微电网相关技术及研究成果的集中验证和展示，对微电网的研究和应用均具有重要意义。目前全球规划、在建及投入运行的微电网示范工程超过 400 个，分布在北美、欧洲、东亚、拉美、非洲等地区。

美国在世界微电网的研究和实践中居于领先地位，拥有全球最多的微电网示范工程，数量超过 200 个，占全球微电网数量的 50% 左右。美国微电网示范工程地域分布广泛、投资主体多元、结构组成多样、应用场景丰富，主要用于集成可再生分布式能源、提高供电可靠性及作为一个可控单元为电网提供支持服务。欧洲重视可再生清洁能源的发展，是开展微电网研究和示范工程较早的地区，1998 年就开始对微电网开展系统的研发活动，相继建设了一批微电网示范工程，如希腊基斯诺斯岛微电网示范工程、德国曼海姆微电网示范工程、丹麦法罗群岛微电网示范工程、英国埃格岛微电网示范工程等。日本是亚洲研究和建设微电网较早的国家，拥有全球最多的海岛独立电网，因此发展集成可再生能源的海岛微电网，替代成本高昂、污染严重的内燃机发电是日本微电网发展的重要方向和特点。目前巴西、智利、墨西哥、哥伦比亚等拉丁美洲国家已有一些微电网示范工程正在建设或投入运行。其他国家和地区也开展微电网相关研究和示范工程建设，如韩国济州岛示范工程、印尼电信产业微电网工程、澳大利亚珀斯等地的 9 个微电网示范工程、泰国 Kohjig 等地的 7 个微电网示范工程、南非罗本岛微电网示范工程等。

目前，我国微电网示范工程对负荷的处理普遍比较单一，微电网在电力系统中扮演的角色也相对简单。我国微电网示范工程大致可分为 3 类：边远地区微电网、海岛微电网和城市微电网。2017 年 5 月 11 日，国家发改委、国家能源局官网对外正式发布了《关于新能源微电网示范项目名单的通知》，28 个新能源微电网示范项目获批，其中并网型微电网项目 24 个，离网型微电网项目 4 个。这批项目带来的新增光伏装机为 899MW，新增电储能装机超过 150MW。此外，这批项目也涉及各种热储能、风电等其他类型能源。

8.4.1　北京延庆分布新能源并网项目

北京延庆境内拥有丰富的太阳能、风能、生物质能等绿色可再生能源，新能源发电潜力巨大。根据资料显示，延庆是北京风力资源最大的区域，独特的地理位置和气候条件决定了延庆具有较丰富的太阳能、风能。年有效发电小时数在 1800h 以上；北京年平均日照数在 2600h 左右，而延庆县和古北年日照 2800h 以上，为北京太阳能最丰富地区，因此延庆在建设新能源并网项目方面具有得天独厚的优势。

延庆新能源总体概括如下：

1）有效风能储量 5832MJ/（m² · 年）。

2）太阳能辐射总量 5600 ~ 6000MJ/（m² · 年）。

3）生物质能资源量 37 万吨。

1. 八达岭太阳能热发电站并网

位于北京延庆的八达岭太阳能热发电站是亚洲最大的塔式太阳能热发电站，如图 8-4 所示。该电站运行平稳，同时并网发电。八达岭太阳能热发电站年发电量可达 195 万千瓦·时，该电站采用光—热—电的发电方式，通过地面 100 多面自动跟踪日光的定日镜把太阳光反射到位于太阳聚热塔顶的集热器表面，形成高温蒸汽推动蒸汽轮机发电。相比较传统的火力电站，每年可以节约标准煤 663t，减少排放二氧化碳 2336.6t，粉尘颗粒 136.3t。

图 8-4　八达岭太阳能热发电站并网项目

相对于太阳能光伏发电，太阳能热发电由于其可储能、电力输出相对平稳可调、环境影响小等优势，在应用于大型电站方面具有独特优势。在国家"863"计划、北京市科委重大项目、中国科学院知识创新工程方向项目的支持下，发电站开展了大量太阳能热发电系统关键技术等方面的研究。

作为中国首座太阳能热发电站，参与研发的单位协同攻关，自主完成了太阳能塔式电站的概念设计、初步设计、施工设计及设备安装和调试工作，建立起太阳能热发电技术的研发体系和标准规范体系，全面掌握了高精度聚光器、聚光场、直接过热型吸热器、储能和发电单元及系统设计技术，以及总体、光场、机务、仪控和电气设计技术，取得了以光热场耦合直接产生过热蒸汽工艺为代表的一批自主创新成果，编制了太阳能热发电首部国家标准，并实现了 100% 的设备国产化率。

2. 德青源 2MW 沼气发电

北京德青源 2MW 热电肥联产沼气发电项目位于北京德青源健康养殖生态园内,如图 8-5 所示。该项目处理日 260 万羽蛋鸡粪便 212t,年产沼气 700 万立方米,发电 1400 万千瓦·时,电网并入国家电网,发电机组余热用于冬季厌氧罐的增温和蔬菜大棚供暖,发酵后的沼液用于周围 1 万亩果园和 2 万亩饲料基地的优质液态有机肥料,该分布式发电工程已建成运行。

图 8-5　德青源 2MW 沼气发电项目

北京德青源健康养殖生态园 2MW 沼气发电工程是目前我国蛋鸡养殖行业最大的沼气发电工程,采用了发达国家先进的沼气工艺和设备,将养殖粪便等废弃物转化为清洁的沼气资源,沼气通过热电联产机组发电,电能并入电网,热能用于厌氧自身增温和蔬菜大棚供暖。发酵液用于周围苹果、葡萄和饲养基地的液态有机肥料,实现废弃物的零排放和甲烷的零逸散,具有显著的经济效益、社会效益和节能减排效益。

8.4.2　"渔光互补"光伏发电项目

所谓"渔光互补"就是指对水域资源立体式综合利用,在保证下层水域渔业养殖的同时,利用水域上方空间建设光伏水电,形成"上可发电、下可养鱼"的发电新模式,其本质和太阳能屋顶类似。"渔光互补"光伏发电项目较好地解决了发展新能源和大量占用土地的矛盾,能够获得良好的生态和经济效益。此外,"渔光互补"项目不但不会额外占用耕地,还极大地提高了水面资源利用效率、单位面积的经济价值和土地产出率,能对土地综合利用与新能源产业结合发展起到良好的示范作用。

"渔光互补"选址的要求如下。

1) 明确地址的土地性质、使用权状况,以及是否纳入土地利用规划。

2) 查明站址地质情况。

3) 合理评价地质构造及地震效益。

4) 评价站址及邻近区域水文地质条件。

5）对高差较大、塘深较深的站址应评估场平后可能产生的开、填方边波性质、规模。

6）确定地址周边人文情况、运输条件等。

2017年1月11日，中国最大"渔光互补"光伏发电项目在浙江省宁波市慈溪周巷水库和长河水库投运，如图8-6所示。该项目所发电能全部接入国家电网，业主年售电收入约2.4亿元，年渔业收入可达1300万元。同时，该项目为宁波乃至浙江省输送绿色能源，预计年均发电量2.2亿千瓦·时，可以满足10万户家庭一年的用电量，相当于节约标准煤7.04万吨。

图8-6　"渔光互补"光伏发电项目

国网宁波供电公司积极服务光伏等新能源发展，优化电源结构，提高可再生能源比例，减轻环保压力，共为该项目建设2个110kV升压站，敷设电力电缆共计14.29km。2016年，国网宁波供电公司累计受理宁波市10kV分布式光伏项目接入申请81个，发电容量为23.3万兆瓦；完成并网30个，发电容量为9.6万兆瓦。2016年1~12月，结算发电电量3801.6万千瓦·时，共计发电补助金额1976.8万元，上网电量215.9万千瓦·时，共计上网电费金额72.9万元。2016年年底，宁波市还投运了2个35kV光伏电站项目，分别为位于象山的高塘岛直落岙20兆瓦农光互补发电项目和贤庠珠溪25兆瓦农光互补发电项目。

8.4.3　厦门五缘湾微电网工程

在2013年1月31日，"海西厦门五缘湾1号光储微电网试点工程"在福建厦门通过验收，正式投运。该试点工程是海西厦门岛智能电网综合建设工程内容之一，是集分布式光伏发电、储能系统接入、协调控制和能量管理系统于一体的智能微电网工程。该工程重点研究了光储型微电网在城市园区配电网中的典型建设模式、应用模式和运营模式，客户负荷优化分组设计及区域能源优化管理等技术。中国电力科学研究院自主研发的微电网控制器和能量管理系统，实现了分布式光伏发电最优利用和储能优化调度，有效提高了小区供电可靠性和能源利用率。

厦门五缘湾微电网是一个光储互补微电网，主要包括分布式光伏发电系统、储能系统、测控保护系统、计量通信、微电网运行监控平台与能量管理系统等。系统集成自动化、信息化、互动化等多种新技术，是一种跨技术领域、多系统协调集成的综合应用，在实现高可靠供电的同时，实现可再生能源的优化利用和系统的经济运行。

该试点工程的建设将形成标准化、可复制、可推广的城市光储微电网典型建设和应用模式，推动我国资源节约型、环境友好型智能配电网的建设。海西厦门岛智能电网综合建设工程由 13 个子项目组成。该工程将促成政府、社会用户和电网企业"三方参与"，把厦门电网打造成"先行先试、坚强自愈、集成优化、兼容互动、清洁高效"的海西智能城市电网，实现全岛供电可靠率 99.993%，达到国网公司系统一流水平，与国际先进水平接轨。

2013 年 8 月 28 日 3 时 54 分，国网厦门供电公司配网调度控制中心的监控屏幕上，出现线路跳闸告警，故障点定位图随之自动弹出——滨南基金环网柜 10kV 基金回 902 开关跳闸了。而在线路跳闸后不到一分钟时间内，监控屏幕就显示故障区域自动隔离，转电方案生成。这一系列动作，都是由配电自动化系统自主完成。从故障发生到复电，全过程只用了一分钟，而且还不需要任何抢修人员到现场，一些不敏感的用电客户甚至感觉不到停电。配电自动化系统建成后，不论工作效率，还是供电可靠性都有了大幅提升。自厦门岛配电自动化工程建成投运以来，自动化主站平均运行率 100%，终端平均在线率 96.2%，成功遥控开关 17018 次，故障处理 447 次，用户年平均停电时间减少约 48.36 分钟。

8.4.4　南麂岛微电网工程

南麂岛微电网工程位于浙江省平阳县鳌江口外 30 海里的南麂列岛，它属于离网型微电网，如图 8-7 所示。该示范工程充分利用阳光和风，在岛上建设风力发电系统、光伏发电系统以及储能系统，同时还结合电动汽车充换电站、智能电表、用户交互（可中断负荷交互）等先进的智能电网技术。系统采用单母分段主接线方式，由 6 组 500kW 储能变流器 PCS、4 组 500kW·h 锂电池、2 组 500kW×10s 超级电容构成储能系统，545kWP 光伏电池组、10 台 100kW 风力发电机组及 2 台 300kW 柴油发电机、2 台 500kW 柴油发电机构成发电系统，平均负荷在 1MW 左右。其中，柴油发电机距离主站 0.5km，10 台风机分成两组，每 5 台共用一台变压器升压，两条风力发电输电线路长 4km，光伏发电后隆站输电线路长 2.5km，两条配电线路分别长 8.5km 和 4km，共有 23 台配电变压器，用电负载为 1MW。

图 8-7　南麂岛微电网工程

基于此通信网络架构的南麂岛微电网已于 2014 年 9 月 26 日正式投入运行，已为岛上居民提供光伏发电、风力发电等清洁能源。分级结构的海岛微电网通信网络由"上"至上级远方调度主站的通信网络、微电网主站内配置的两层通信网络和对"下"至配用电环节接入通信网络的三级通信网络构成。海岛微电网涵盖电力系统的"发、输、变、配、用、调度"的六大环节，其运行控制与管理模式完全依赖于可靠的信息采集与传输，可靠、安全、经济、高效的通信系统是微电网运行控制与管理的基础环节。

从柴油到自然能源，南麂岛离网型微网示范工程充分利用阳光和风，在岛上建设风力发电系统、光伏发电系统以及储能系统，以满足南麂岛生态保护、大力发展旅游的需求。同时还结合电动汽车充换电站、智能电表、用户交互（可中断负荷交互）等先进的智能电网技术，成为国内外标志性的绿色能源综合利用智能岛屿，满足建设生态海岛、环保海岛的需要。据统计，在后隆底至三盘尾一带的山脊上，10 台单机容量为 100kW 的永磁直驱型风力发电机年上网总量能达 250.5 万千瓦时，减少柴油使用量 550 吨，减少排放二氧化碳 2063.2 吨、二氧化硫 16.7 吨，节约用水 4896.1 吨。

8.4.5　东福山岛微电网工程

东福山岛微电网工程位于浙江舟山群岛东北部海域的东福山岛，它属于孤岛发电系统，采用可再生清洁能源为主电源，柴油发电为辅的供电模式，为岛上居民负荷和一套日处理 50t 的海水淡化系统供电，如图 8-8 所示。工程配置 100kWP 光伏、210kW 风电、200kW 柴油机和 960kW·h 铅酸交替蓄电池，总装机容量 510kW，接入 0.4kV 电压等级。

图 8-8　东福山岛微电网工程

根据东福山岛微电网工程风光柴蓄的电源设置和负荷情况，其孤网运行的供电系统汇流方案主要有交流汇流方案和直流汇流两种方案。

（1）交流汇流方案

该方案以风电、光伏、柴油发电机为主电源，采用蓄电池、柴油发电机出力调节来维持电压和频率稳定。根据风力发电机组、太阳能发电装置的出力情况、蓄电池的储能情况和用电负荷变化情况，以尽可能利用风光可再生能源、减少蓄电池充放电次数、节约燃油为原则，由监控系统控制发电机组的运行和用电负荷的投切，以交流汇流母线维持系统电压和频率的稳定和电力平衡。

（2）风机直流汇流方案

该方案以风光可再生能源为主，柴油发电机为辅。根据风力发电机组、太阳能发电装置的出力情况和用电负荷变化情况，控制风光发电出力和用电负荷的投切；海水淡化装置、供水水泵安排在有富余电力时运行。

东福山岛微电网工程由国电浙江舟山海上风电开发有限公司负责运营，2011年4月建成投运，可独立运行。东福山岛微电网工程是一个比较典型的离网运行的风光柴蓄发电系统，风力发电机组、太阳能光伏电池和柴油发电机组组成发电系统，铅酸蓄电池组成储能系统，配置双向逆变器及监控系统，另装设一套日产海水50t的海水淡化系统以解决岛上居民用电、用水问题。

8.4.6 鹿西岛微电网工程

鹿西岛微电网工程位于浙江省温州市洞头区东北部的鹿西乡，它属于兆瓦级并网型微电网，如图8-9所示。鹿西岛微电网工程的风力发电系统、光伏发电系统、储能系统、微电网中央运行监控及能量管理系统以及单户模式微电网系统，能实现并网和离网两种运行模式的灵活切换，可以为全岛用户提供清洁可再生能源。当太阳能、风能这类分布式电源足够岛上用电时，微电网控制系统会把多余的电送入大电网，当分布式电源不足的时候则由大电网来供电，形成双向调节平衡，为岛上用电提供保障。

图8-9 鹿西岛微电网工程

鹿西岛微电网采用双微电网结。在单个微电网的结构中，系统主母线电压等级为10kV，系统频率为50Hz，各微源采用交流方式并网，其中3×500kW储能系统、300kW光伏系统通过AC/DC能量转换装置（包含升压变压器）并网，780kW风电机组通过异步发电机并网，微电网通过并网点的永磁高压快速开关并入配电网，功率参考方向以流入母线为正。微电网在并网运行模式下，所有微源运行于P/Q控制模式；在离网运行模式下，其中一个储能系统采用U/f控制模式，为系统提供电压与频率参考，其他微源运行模式不变。根据系统功能及负荷需求，微电网中配置3套500kW铅酸电池储能系统，作为微电网运行的核心部件。系统并网运行时，3台储能变流器（PCS）都采用P/Q控制，参与功率调节。离网运行时，一台PCS作为主机，采用U/f控制模式，提供系统的电压频率支撑；另外2台PCS为从机，仍以 P/Q 方式运行，参与系统功率平衡。该微电网系统控制采用基于 IEC61850 标准的三层控制体系，包括就地控制层、协调控制层、系统监控与优化控制层。

鹿西岛微电网工程 2014 年 1 月 21 日投入运行。该工程的投运充分开发和利用了岛上丰富的风、光能等绿色资源和可靠的微型智能供电网络，有效解决了海岛电力供应问题。该工程对分布式电源、储能和负荷构成的新型电网运营模式进行了有益的探索，对推动新技术在海岛电网应用具有积极意义，为浙江乃至全国海岛供电提供了范本。

8.5 练习

1. 什么是全球能源互联网？这个概念提出的背景是什么？
2. 简单介绍能源发展的现状。
3. 介绍几种清洁能源，并结合中国国情加以说明。
4. 什么是智能电网？
5. 全球能源互联网的发展框架是什么？
6. 介绍全球能源互联网的主要功能。
7. 如何实现全球能源互联网？
8. 举例阐述全球能源互联网的经济效益。

参 考 文 献

[1] 王蕾，裴庆冰. 全球能源需求特点与形势 [J]. 中国能源，2018，40 (9)：7, 13 – 18.

[2] 苗红. 全球可再生能源现状及展望 [J]. 世界环境，2017 (2)：65 – 67.

[3] 闫强，陈毓川，王安建，等. 我国新能源发展障碍与应对：全球现状评述 [J]. 2010，31 (5)：759 – 767.

[4] 刘恒，夏水斌，何行，等. 从智能电网到能源互联网的探索 [J]. 仪表技术，2018 (1)：38 – 40.

[5] 董朝阳，赵俊华，文福拴，等. 从智能电网到能源互联网：基本概念与研究框架 [J]. 电力系统自动化，2014，38 (15)：1 – 11.

[6] 韩董铎，余贻鑫. 未来的智能电网就是能源互联网 [J]. 中国战略新兴产业，2014 (22)：44 – 45.

[7] 杰弗里·萨克斯. 构建"全球能源互联网" [J]. 中国经济报告，2018 (8)：52 – 53.

[8] 靳博阳. 大数据背景下全球能源互联网的发展趋势 [J]. 科技经济导刊，2017 (32)：96 – 97.

[9] 杨得润. 刘振亚：以全球能源互联网解决资源环境难题 [J]，电气时代，2017 (4)：42, 44.

[10] 张晶，刘晓巍，张松涛，等. 全球能源互联网标准体系优先领域研究 [J]. 供用电，2018，35 (8)：61 – 66, 72.

[11] 薛斌，唐卓贞. 全球能源互联网关键技术进展及展望 [J]. 电力系统及其自动化，2017，39 (2)：79 – 82.

[12] 王成山，周越. 微电网示范工程综述 [J]. 供用电，2015 (1)：16 – 21.

[13] 田盈，孟赛，邹欣洁，等. 兆瓦（MW）级海岛微电网通信网络架构研究及工程应用 [J]. 电力系统保护与控制，2015，43 (19)：112 – 117.

[14] 黄晓敢，孙科，刘秋华. 东福山岛风光柴蓄及海水淡化综合系统工程实践 [C]. 中国水电工程顾问集团公司 2011 年青年技术论坛，2011：638 – 644.

[15] 张雪松，赵波，李鹏，等. 基于多层控制的微电网运行模式无缝切换策略 [J]. 电力系统自动化，2015，39 (9)：179 – 184, 199.